工业和信息化精品系列教材

网络技术

U0597246

华为版微课版

高级网络互联技术项目教程

第2版

崔升广 王东梅 ◉ 主编

杨宇 崔凯 卢盛继 王玉 ◉ 副主编

人民邮电出版社

北京

图书在版编目（CIP）数据

高级网络互联技术项目教程 ：华为版微课版 / 崔升广，王东梅主编. -- 2 版. -- 北京 ：人民邮电出版社，2024. --（工业和信息化精品系列教材）. -- ISBN 978-7-115-64850-1

Ⅰ. TP393.4

中国国家版本馆 CIP 数据核字第 2024R3J957 号

内 容 提 要

本书基于华为网络设备构建网络实训环境，以实际项目为导向，共 13 个项目，包括 MUX VLAN 技术、MSTP、VRRP、RIP 与高级配置、OSPF 协议与高级配置、IS-IS 协议、BGP、路由策略、策略路由、GRE 协议、IPSec、MPLS 技术和防火墙技术。

本书是理论与实践相结合的项目化教材，配有丰富的网络拓扑图、案例和微课视频，实用性强，简单易学，能够帮助读者在训练过程中巩固所学的知识。

本书适合作为高校计算机网络技术专业及其他计算机相关专业的教材，也适合网络工程技术人员参考使用。

◆ 主　　编　崔升广　王东梅
副 主 编　杨　宇　崔　凯　卢盛继　王　玉
责任编辑　郭　雯
责任印制　王　郁　焦志炜

◆ 人民邮电出版社出版发行　　北京市丰台区成寿寺路 11 号
邮编　100164　　电子邮件　315@ptpress.com.cn
网址　https://www.ptpress.com.cn
天津画中画印刷有限公司印刷

◆ 开本：787×1092　1/16
印张：16.25　　2024 年 11 月第 2 版
字数：493 千字　　2025 年 7 月天津第 2 次印刷

定价：69.80 元

读者服务热线：(010)81055256　印装质量热线：(010)81055316
反盗版热线：(010)81055315

前 言

党的二十大报告提出：教育、科技、人才是全面建设社会主义现代化国家的基础性、战略性支撑。随着计算机网络技术的不断发展，计算机网络已经成为人们生活、工作的重要组成部分。以网络为核心的工作方式将成为未来发展的趋势之一，培养大批熟练的网络技术人才是当前社会发展的迫切需求。计算机网络技术的普遍应用，使得网络互联技术受到人们越来越多的重视，越来越多的人从事网络相关领域的工作，计算机相关专业也开设了相关课程。“高级网络互联技术”是一门实践性很强的课程，需要一定的理论基础，同时需要大量的实践练习。

作为重要的专业基础课程教材，本书的特点如下。

1. 以华为网络设备搭建网络实训环境

本书以华为网络设备搭建网络实训环境，在介绍相关理论与技术原理的同时，还提供了大量的网络项目配置案例，以达到理论与实践相结合的目的。

2. 内容安排深入浅出，配备微课视频

编者精心选取本书的内容，并对教学内容进行了整体规划与设计，使本书在叙述上简明扼要、通俗易懂，既方便教师讲授，又方便学生理解与掌握。同时，本书使用了大量的网络拓扑图、案例和微课视频讲解相关知识。

3. 与时俱进，内容紧跟技术变革

本书可以让读者学习到最前沿和最实用的技术，为以后的工作储备基础知识。

本书由崔升广、王东梅任主编，由杨宇、崔凯、卢盛继、王玉任副主编。崔升广精心组织本书内容，使本书在叙述上简明扼要、通俗易懂；王东梅从职业教育角度，对本书的教学方法与教学内容进行整体规划与设计，使本书既方便教师讲授，又方便学生学习。

由于编者水平有限，书中难免存在不足之处，请广大读者批评指正。读者可加入人邮网络技术教师服务交流群（QQ 群号：837556986）与编者进行联系。

编 者

2024 年 6 月

目录

项目 12

项目 13

项目1 MUX VLAN技术

【学习目标】

- 掌握MUX VLAN应用场景及配置方法。
- 掌握端口隔离应用场景及配置方法。

【素质目标】

- 引导学生认识到掌握MUX VLAN技术不仅能提升个人专业能力，还能为社会提供安全、高效的网络服务，增强学生为国家信息化建设和社会经济发展贡献力量的责任感。
- 培养学生的团队协作精神，学会在团队中发挥各自优势、共同解决问题。

1.1 项目描述

随着公司业务扩张，网络工程师小李面临新挑战：在二层网络环境中，相同 VLAN 的用户之间可互通，不同 VLAN 的用户之间则相互隔离。这导致两个问题：首先，为实现跨 VLAN 通信，企业依赖三层网络，增加了技术实施的复杂性；其次，为了隔离同一 VLAN 内的用户，必须创建更多 VLAN，因为受限于交换机最多支持 4094 个 VLAN，所以网络架构变得愈发复杂，加重了网络管理员的负担。公司期望在二层网络层次既能实现 VLAN 间的通信，又能确保 VLAN 内部的用户隔离。那么小李应使用什么技术来满足上述需求呢？

1.2 必备知识

1.2.1 MUX VLAN 概述

多路虚拟局域网（Multiplex Virtual Local Area Network，MUX VLAN）提供了一种通过 VLAN 进行网络资源控制的机制。我们知道，VLAN 技术的产生是为了隔离广播域，在企业网络中，企业员工和企业客户可以访问企业的服务器，企业希望企业内部员工之间可以互相交流，而企业客户之间是隔离的，不能互相访问。为了满足所有用户都可访问企业服务器的需求，可配置 VLAN 间的通信。如果企业规模很大，拥有大量的用户，那么就要为不能互相访问的用户分别分配 VLAN，这不仅需要耗费大量的 VLAN ID，还增加了网络管理员配置和维护的工作量。而 MUX VLAN 提供的二层流量隔离机制可以使企业内部员工之间互相访问，并使企业客户之间是隔离开的，能够满足企业的需求。

V1-1 MUX VLAN 概述

1.2.2　MUX VLAN 基本概念

1. MUX VLAN 类型

MUX VLAN 分为主 VLAN（Principal VLAN）和从 VLAN（Subordinate VLAN），从 VLAN 又分为隔离型从 VLAN（Separate VLAN）和互通型从 VLAN（Group VLAN）。

（1）主 VLAN：Principal Port（主端口）可以和 MUX VLAN 内的所有端口进行通信。

（2）隔离型从 VLAN（简称隔离 VLAN）：Separate Port（隔离端口）只能和 Principal Port 进行通信，和其他类型的端口实现了完全隔离。每个隔离 VLAN 都必须绑定一个主 VLAN。

（3）互通型从 VLAN（简称组 VLAN）：Group Port（互通端口）可以和 Principal Port 进行通信，同一组内的端口也可互相通信，但不能和其他 Group Port 或 Separate Port 通信。每个组 VLAN 都必须绑定一个主 VLAN。

MUX VLAN 中的主 VLAN、从 VLAN 以及 Principal Port、Separate Port、Group Port 之间的通信关系如图 1.1 所示（注：×代表不可通信）。

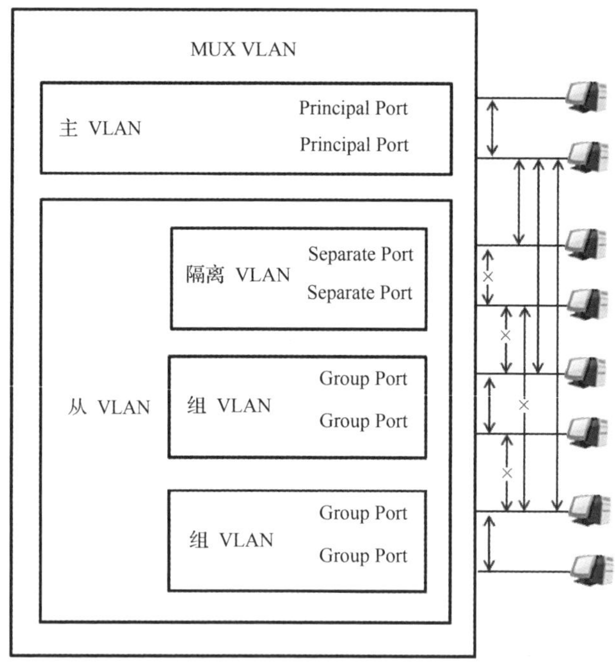

图 1.1　MUX VLAN 的通信关系

2. 配置 MUX VLAN 注意事项

（1）如果指定 VLAN 已经用于主 VLAN 或从 VLAN，那么该 VLAN 不能再用于创建 VLANIF 端口，或者不能在 VLAN Mapping（映射）、VLAN Stacking（堆叠）、Super-VLAN、Sub-VLAN 的配置中使用。

（2）禁止端口 MAC 地址（物理地址）学习功能或限制端口 MAC 地址学习数量，会影响 MUX VLAN 功能的正常使用。

（3）不能在同一端口上配置 MUX VLAN 和端口安全功能。

（4）不能在同一端口上配置 MUX VLAN 和 MAC 地址认证功能。

（5）不能在同一端口上配置 MUX VLAN 和 IEEE 802.1x 认证功能。

（6）当同时配置动态主机配置协议（Dynamic Host Configuration Protocol，DHCP）Snooping

（嗅探）和 MUX VLAN 时，如果 DHCP Server（服务器）在 MUX VLAN 的从 VLAN 侧，而 DHCP Client（客户机）在主 VLAN 侧，则会导致 DHCP Client 无法正常获取 IP 地址。因此，应将 DHCP Server 配置在主 VLAN 侧。

（7）端口启用 MUX VLAN 功能后，该端口不可再配置 VLAN。

1.3 项目实施

1.3.1 MUX VLAN 配置

（1）配置 MUX VLAN，进行网络拓扑连接，如图 1.2 所示。

V1-2　配置 MUX VLAN——LSW1

V1-3　配置 MUX VLAN——LSW2

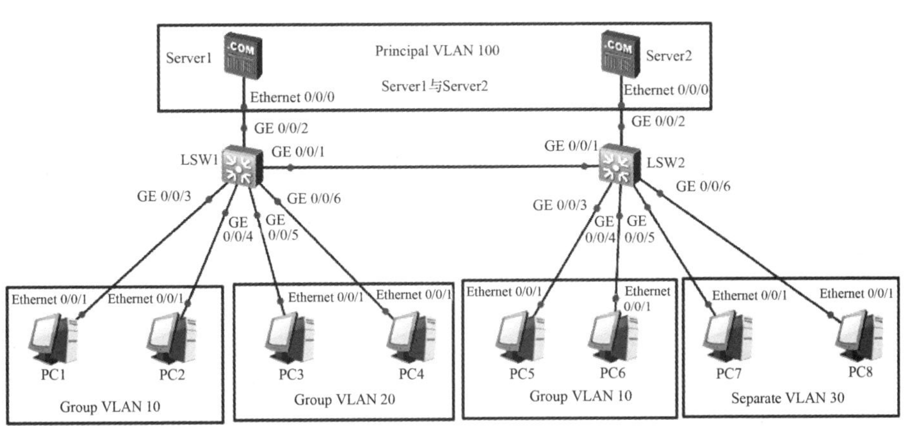

图 1.2　配置 MUX VLAN

服务器 Server1 连接在交换机 LSW1 上，服务器 Server2 连接在交换机 LSW2 上，服务器 Server1 与服务器 Server2 同属于 VLAN 100。VLAN 100 为主 VLAN。

主机 PC1 与主机 PC2 连接在交换机 LSW1 上，主机 PC5 与主机 PC6 连接在交换机 LSW2 上，同属于 VLAN 10。VLAN 10 为组 VLAN。

主机 PC3 与主机 PC4 连接在交换机 LSW1 上，同属于 VLAN 20。VLAN 20 为组 VLAN。

主机 PC7 与主机 PC8 连接在交换机 LSW2 上，同属于 VLAN 30。VLAN 30 为隔离 VLAN。

（2）对交换机 LSW1 进行相关配置，相关实例代码如下。

V1-4　配置 MUX VLAN——测试结果

```
<Huawei>system-view
[Huawei]sysname LSW1
[LSW1]vlan batch 10 20 30 100
                                    //创建 VLAN 10、VLAN 20、VLAN 30、VLAN 100
[LSW1]vlan 100
[LSW1-vlan100]mux-vlan                      //配置 VLAN 100 为主 VLAN
[LSW1-vlan100]subordinate group 10          //配置 VLAN 10 为组 VLAN
[LSW1-vlan100]subordinate group 20          //配置 VLAN 20 为组 VLAN
[LSW1-vlan100]subordinate separate 30       //配置 VLAN 30 为隔离 VLAN
[LSW1-vlan100]quit
[LSW1]interface GigabitEthernet 0/0/1
[LSW1-GigabitEthernet0/0/1]port link-type trunk              //配置端口类型为 Trunk
[LSW1-GigabitEthernet0/0/1]port trunk allow-pass vlan all    //允许所有 VLAN 的数据通过
[LSW1-GigabitEthernet0/0/1]quit
```

```
[LSW1]interface GigabitEthernet 0/0/2
[LSW1-GigabitEthernet0/0/2]port link-type access          //配置端口类型为 Access
[LSW1-GigabitEthernet0/0/2]port default vlan 100          //端口加入 VLAN 100
[LSW1-GigabitEthernet0/0/2]port mux-vlan enable           //启用 MUX VLAN 功能
[LSW1-GigabitEthernet0/0/2]quit
[LSW1]interface GigabitEthernet 0/0/3
[LSW1-GigabitEthernet0/0/3]port link-type access
[LSW1-GigabitEthernet0/0/3]port default vlan 10
[LSW1-GigabitEthernet0/0/3]port mux-vlan enable
[LSW1-GigabitEthernet0/0/3]quit
[LSW1]interface GigabitEthernet 0/0/4
[LSW1-GigabitEthernet0/0/4]port link-type access
[LSW1-GigabitEthernet0/0/4]port default vlan 10
[LSW1-GigabitEthernet0/0/4]port mux-vlan enable
[LSW1-GigabitEthernet0/0/4]quit
[LSW1]interface GigabitEthernet 0/0/5
[LSW1-GigabitEthernet0/0/5]port link-type access
[LSW1-GigabitEthernet0/0/5]port default vlan 20
[LSW1-GigabitEthernet0/0/5]port mux-vlan enable
[LSW1-GigabitEthernet0/0/5]quit
[LSW1]interface GigabitEthernet 0/0/6
[LSW1-GigabitEthernet0/0/6]port link-type access
[LSW1-GigabitEthernet0/0/6]port default vlan 20
[LSW1-GigabitEthernet0/0/6]port mux-vlan enable
[LSW1-GigabitEthernet0/0/6]quit
[LSW1]
```

（3）对交换机 LSW2 进行相关配置，相关实例代码如下。

```
<Huawei>system-view
[Huawei]sysname LSW2
[LSW2]vlan batch 10 20 30 100
[LSW2]vlan 100
[LSW2-vlan100]mux-vlan
[LSW2-vlan100]subordinate group 10
[LSW2-vlan100]subordinate group 20
[LSW2-vlan100]subordinate separate 30
[LSW2-vlan100]quit
[LSW2]interface GigabitEthernet 0/0/1
[LSW2-GigabitEthernet0/0/1]port link-type trunk
[LSW2-GigabitEthernet0/0/1]port trunk allow-pass vlan all
[LSW2-GigabitEthernet0/0/1]quit
[LSW2]interface GigabitEthernet 0/0/2
[LSW2-GigabitEthernet0/0/2]port link-type access
[LSW2-GigabitEthernet0/0/2]port default vlan 100
[LSW2-GigabitEthernet0/0/2]port mux-vlan enable
[LSW2-GigabitEthernet0/0/2]quit
[LSW2]interface GigabitEthernet 0/0/3
[LSW2-GigabitEthernet0/0/3]port link-type access
[LSW2-GigabitEthernet0/0/3]port default vlan 10
[LSW2-GigabitEthernet0/0/3]port mux-vlan enable
```

```
[LSW2-GigabitEthernet0/0/3]quit
[LSW2]interface GigabitEthernet 0/0/4
[LSW2-GigabitEthernet0/0/4]port link-type access
[LSW2-GigabitEthernet0/0/4]port default vlan 10
[LSW2-GigabitEthernet0/0/4]port mux-vlan enable
[LSW2-GigabitEthernet0/0/4]quit
[LSW2]interface GigabitEthernet 0/0/5
[LSW2-GigabitEthernet0/0/5]port link-type access
[LSW2-GigabitEthernet0/0/5]port default vlan 30
[LSW2-GigabitEthernet0/0/5]port mux-vlan enable
[LSW2-GigabitEthernet0/0/5]quit
[LSW2]interface GigabitEthernet 0/0/6
[LSW2-GigabitEthernet0/0/6]port link-type access
[LSW2-GigabitEthernet0/0/6]port default vlan 30
[LSW2-GigabitEthernet0/0/6]port mux-vlan enable
[LSW2-GigabitEthernet0/0/6]quit
[LSW2]
```

（4）显示交换机 LSW1 的配置信息，主要配置实例代码如下。

```
<LSW1>display current-configuration
#
sysname LSW1
#
vlan batch 10 20 30 100
#
vlan 100
 mux-vlan
 subordinate separate 30
 subordinate group 10 20
#
interface GigabitEthernet0/0/1
 port link-type trunk
 port trunk allow-pass vlan 2 to 4094
#
interface GigabitEthernet0/0/2
 port link-type access
 port default vlan 100
 port mux-vlan enable
#
interface GigabitEthernet0/0/3
 port link-type access
 port default vlan 10
 port mux-vlan enable
#
interface GigabitEthernet0/0/4
 port link-type access
 port default vlan 10
 port mux-vlan enable
#
```

```
interface GigabitEthernet0/0/5
 port link-type access
 port default vlan 20
 port mux-vlan enable
#
interface GigabitEthernet0/0/6
 port link-type access
 port default vlan 20
 port mux-vlan enable
#
<LSW1>
```

（5）显示交换机 LSW2 的配置信息，主要配置实例代码如下。

```
[LSW2]display current-configuration
#
sysname LSW2
#
vlan batch 10 20 30 100
#
vlan 100
 mux-vlan
 subordinate separate 30
 subordinate group 10 20
#
interface GigabitEthernet0/0/1
 port link-type trunk
 port trunk allow-pass vlan 2 to 4094
#
interface GigabitEthernet0/0/2
 port link-type access
 port default vlan 100
 port mux-vlan enable
#
interface GigabitEthernet0/0/3
 port link-type access
 port default vlan 10
 port mux-vlan enable
#
interface GigabitEthernet0/0/4
 port link-type access
 port default vlan 10
 port mux-vlan enable
#
interface GigabitEthernet0/0/5
 port link-type access
 port default vlan 30
 port mux-vlan enable
#
interface GigabitEthernet0/0/6
 port link-type access
```

```
    port default vlan 30
    port mux-vlan enable
  #
  [LSW2]
```

（6）显示交换机 LSW1 配置的 VLAN 信息，如图 1.3 所示。

（7）显示交换机 LSW2 配置的 VLAN 信息，如图 1.4 所示。

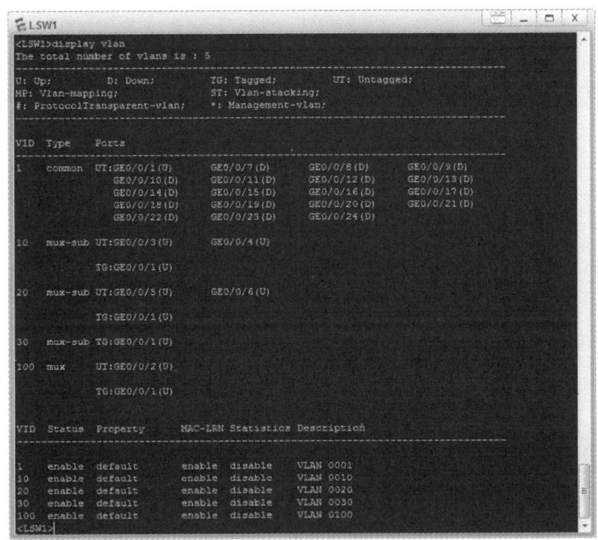

图 1.3　交换机 LSW1 配置的 VLAN 信息

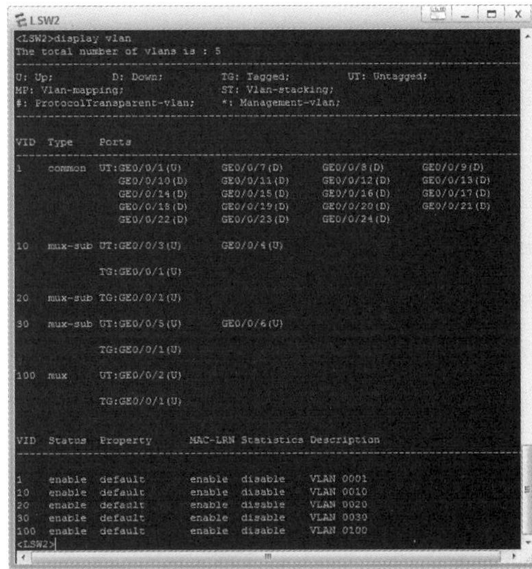

图 1.4　交换机 LSW2 配置的 VLAN 信息

（8）测试相关结果，配置主机 PC1 的 IP 地址为 192.168.11.10，主机 PC2 的 IP 地址为 192.168.11.20，如图 1.5 所示。

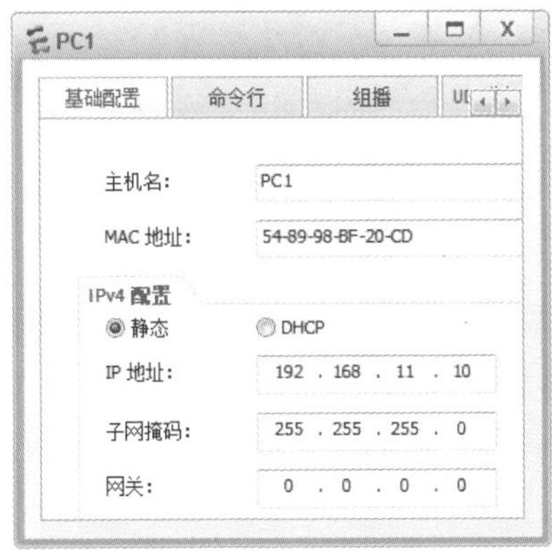

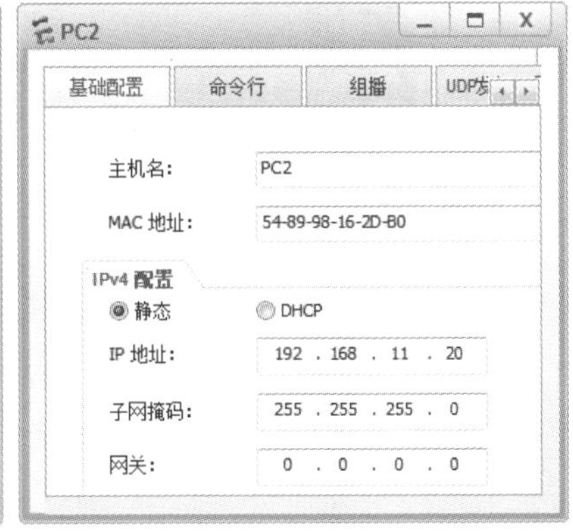

图 1.5　配置主机 PC1 与主机 PC2 的 IP 地址

配置主机 PC5 的 IP 地址为 192.168.11.50，主机 PC6 的 IP 地址为 192.168.11.60，如图 1.6 所示。

主机 PC1 分别访问主机 PC2、主机 PC5 与主机 PC6，测试结果如图 1.7 所示，因为它们同属于 VLAN 10，所以组内可以相互访问。

（9）测试相关结果，配置主机 PC3 的 IP 地址为 192.168.11.30，主机 PC4 的 IP 地址为 192.168.11.40，如图 1.8 所示。

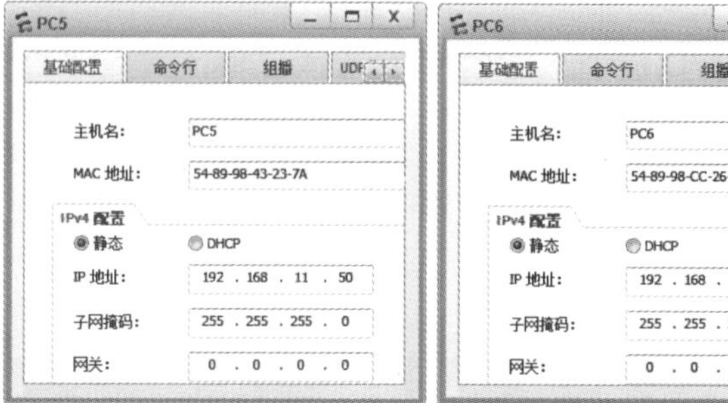

图 1.6　配置主机 PC5 与主机 PC6 的 IP 地址

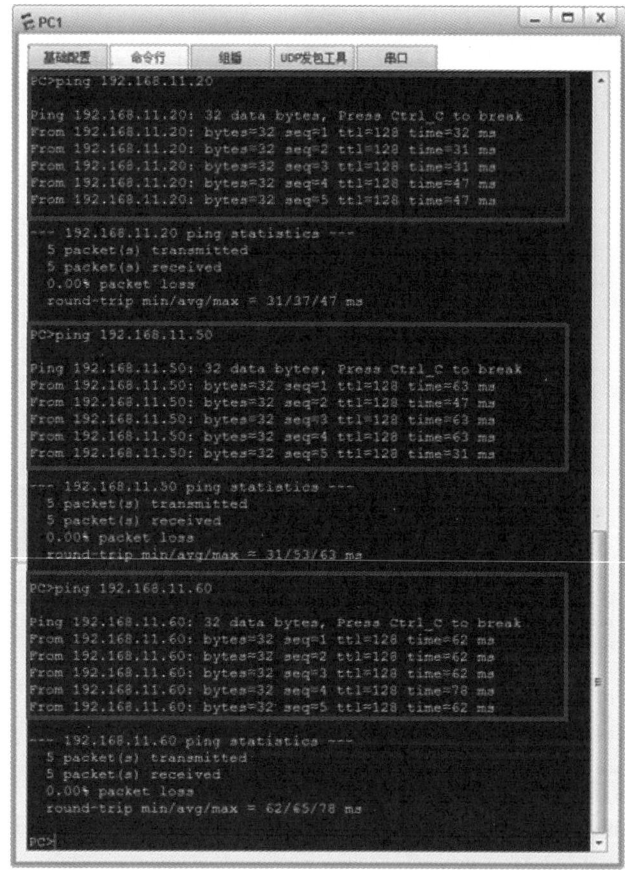

图 1.7　主机 PC1 分别访问主机 PC2、主机 PC5 与主机 PC6 的测试结果

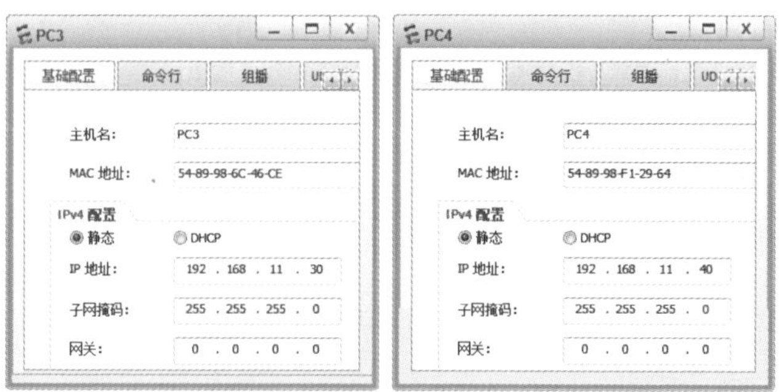

图 1.8　配置主机 PC3 与主机 PC4 的 IP 地址

主机 PC1 访问主机 PC3 的测试结果如图 1.9 所示，因为它们属于不同的组 VLAN，所以组与组之间不可以相互访问。

图 1.9 主机 PC1 访问主机 PC3 的测试结果

（10）测试相关结果，配置主机 PC7 的 IP 地址为 192.168.11.70，主机 PC8 的 IP 地址为 192.168.11.80，如图 1.10 所示。

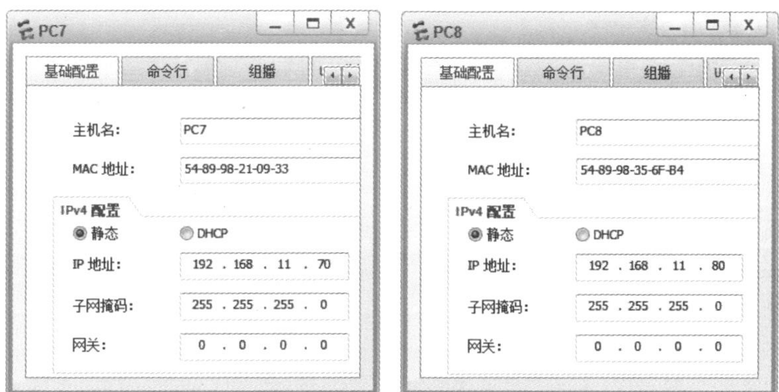

图 1.10 配置主机 PC7 与主机 PC8 的 IP 地址

主机 PC7 与主机 PC8 同属于一个隔离 VLAN。在隔离 VLAN 中，组内的主机不能相互访问，组间的主机也不能相互访问。主机 PC7 访问主机 PC8 的测试结果如图 1.11 所示。

图 1.11 主机 PC7 访问主机 PC8 的测试结果

主机 PC7 分别访问主机 PC1、主机 PC3 与主机 PC5，测试结果如图 1.12 所示，说明组间的主机不可以相互访问。

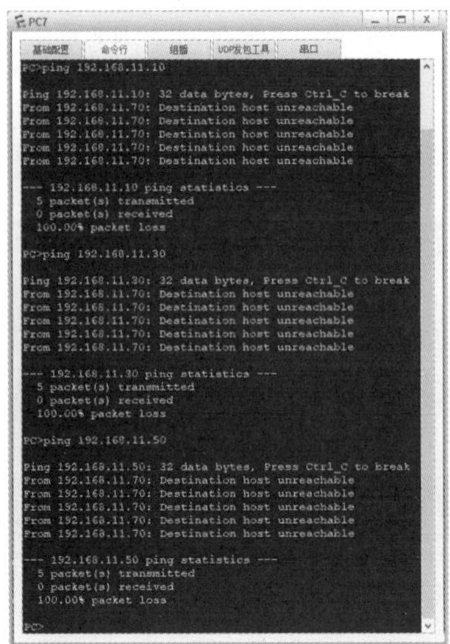

图 1.12　主机 PC7 分别访问主机 PC1、主机 PC3 与主机 PC5 的测试结果

（11）配置服务器 Server1 的本机地址为 192.168.11.100，服务器 Server2 的本机地址为 192.168.11.200，如图 1.13 所示。

图 1.13　配置服务器 Server1 与服务器 Server2 的本机地址

服务器 Server1 连接在交换机 LSW1 上，服务器 Server2 连接在交换机 LSW2 上，服务器 Server1 与服务器 Server2 同属于 VLAN 100，VLAN 100 为主 VLAN。

组 VLAN 中的主机可以与主 VLAN 中的服务器进行通信，组 VLAN 中的主机 PC1 访问服务器 Server1 与服务器 Server2 的测试结果如图 1.14 所示。

图 1.14　组 VLAN 中的主机 PC1 访问服务器 Server1 与服务器 Server2 的测试结果

隔离 VLAN 中的主机 PC7 访问服务器 Server1 的测试结果如图 1.15 所示。

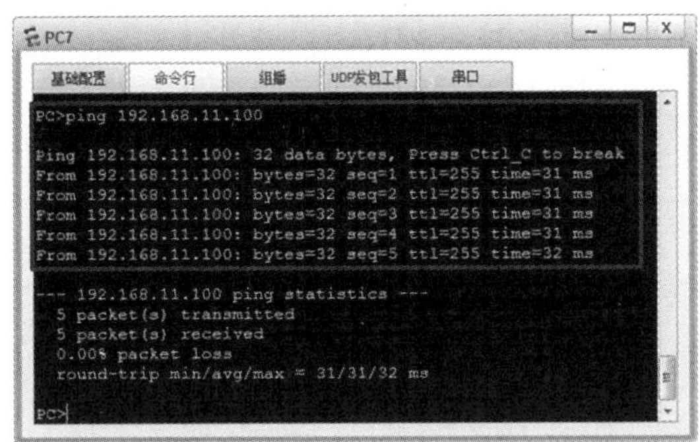

图 1.15　隔离 VLAN 中的主机 PC7 访问服务器 Server1 的测试结果

1.3.2　二层端口隔离配置

1. 端口隔离应用场景

端口隔离用于实现报文之间的二层隔离，将不同的端口加入不同的 VLAN 也可以实现隔离，但这会浪费有限的 VLAN 资源。利用端口隔离特性，可以实现同一 VLAN 内端口之间的隔离，用户只需要将端口加入隔离组，就可以实现隔离组内端口之间二层数据的隔离。端口隔离功能为用户提供了更安全、更灵活的组网方案。端口隔离应用场景如图 1.16 所示。

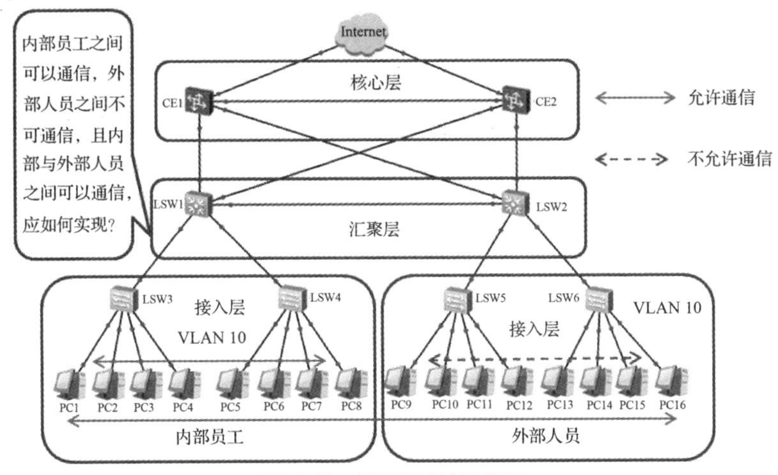

图 1.16　端口隔离应用场景

2. 端口隔离基本概念

端口隔离分为二层隔离三层互通和二层三层均隔离两种模式。

如果用户希望隔离同一 VLAN 内的广播报文，但是不同端口下的用户需进行三层通信，则可以将隔离模式设置为二层隔离三层互通。

如果用户希望完全隔离同一 VLAN 不同端口下的用户，则可以将隔离模式配置为二层三层均隔离。

如果没有特殊需求，则建议用户不要将上行口和下行口加入同一端口隔离组中，否则上行口和下行口之间将不能相互通信。

如图 1.17 所示，同一端口隔离组内的用户不能进行二层通信，但是不同端口隔离组内的用户可以正常通信；未划分端口隔离的用户也能与端口隔离组内的用户正常通信。

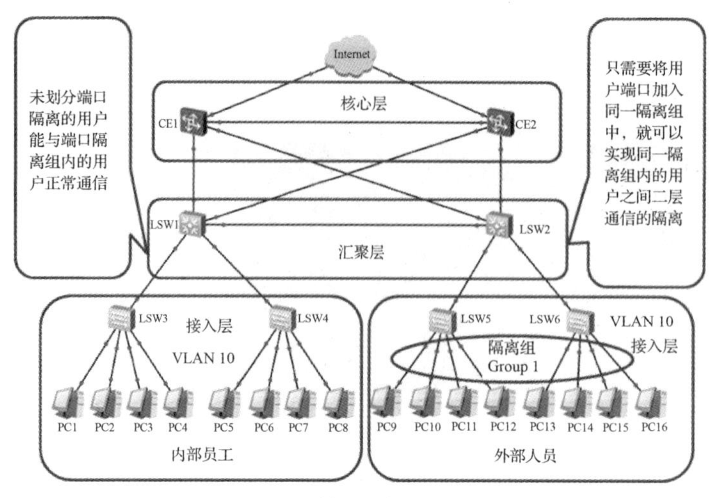

V1-5 二层端口隔离应用场景

图 1.17 二层端口隔离应用场景

3. 二层端口隔离配置

如图 1.18 所示，同一项目组的员工都被划分到 VLAN 10 中，其中，企业的内部员工允许相互通信，企业的外部人员不允许相互通信，外部人员与内部员工之间允许通信。交换机 LSW1 与交换机 LSW2 为二层交换机，交换机 LSW3 与交换机 LSW4 为三层交换机，交换机 LSW3 中的 VLAN 10 的 IP 地址为 192.168.10.100/24；主机 PC1～主机 PC4 为内部员工，主机 PC5～主机 PC8 为外部人员；主机 PC5 与主机 PC6 在隔离组 Group 1 中，主机 PC7 与主机 PC8 在隔离组 Group 2 中。配置相关端口与 IP 地址，进行端口隔离配置。

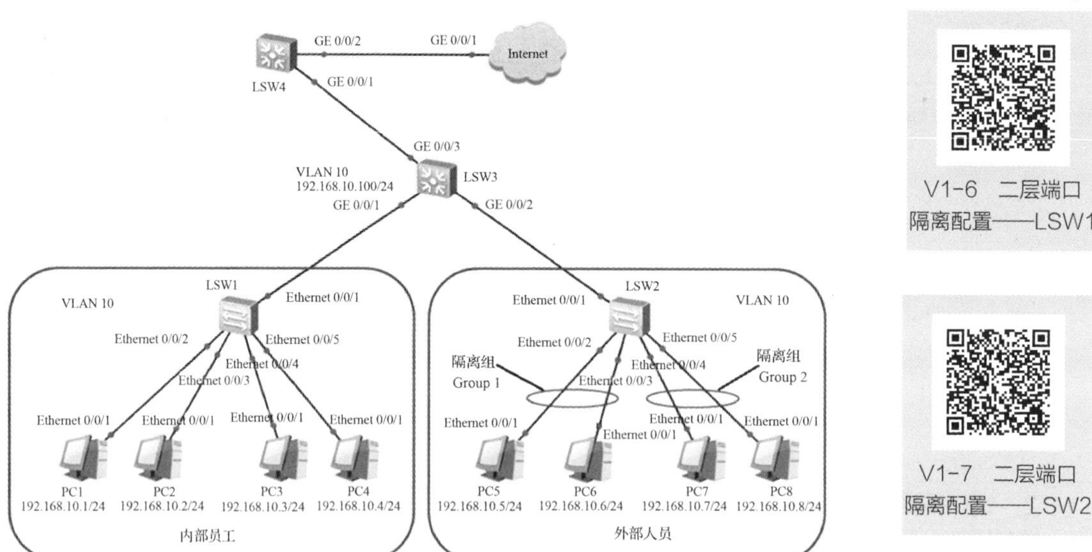

V1-6 二层端口隔离配置——LSW1

V1-7 二层端口隔离配置——LSW2

图 1.18 二层端口隔离配置

（1）配置命令。port-isolate enable 命令用来启用端口隔离功能，默认将端口划入隔离组 Group 1。

如果需要创建新的 Group，则可使用 port-isolate enable group X 命令（其中，X 为要创建的隔离组组号），X 值为 1～64。

可以在系统视图下使用 port-isolate mode all 命令配置隔离模式为二层三层均隔离。

（2）查看命令。使用 display port-isolate group all 命令可以查看创建的所有隔离组端口情况。

使用 display port-isolate group X（组号）命令可以查看特定隔离组端口情况。

（3）对交换机 LSW1 进行相关配置，相关实例代码如下。

```
<Huawei>system-view
[Huawei]sysname LSW1
[LSW1]vlan 10
[LSW1-vlan10]quit
[LSW1]interface Ethernet 0/0/1
[LSW1-Ethernet0/0/1]port link-type trunk                //配置端口类型为 Trunk
[LSW1-Ethernet0/0/1]port trunk allow-pass vlan all //允许所有 VLAN 的数据通过
[LSW1-Ethernet0/0/1]quit
[LSW1]interface Ethernet 0/0/2
[LSW1-Ethernet0/0/2]port link-type access
[LSW1-Ethernet0/0/2]port default vlan 10
[LSW1-Ethernet0/0/2]quit
[LSW1]interface Ethernet 0/0/3
[LSW1-Ethernet0/0/3]port link-type access
[LSW1-Ethernet0/0/3]port default vlan 10
[LSW1-Ethernet0/0/3]quit
[LSW1]interface Ethernet 0/0/4
[LSW1-Ethernet0/0/4]port link-type access
[LSW1-Ethernet0/0/4]port default vlan 10
[LSW1-Ethernet0/0/4]quit
[LSW1]interface Ethernet 0/0/5
[LSW1-Ethernet0/0/5]port link-type access
[LSW1-Ethernet0/0/5]port default vlan 10
[LSW1-Ethernet0/0/5]quit
[LSW1]
```

V1-8 二层端口隔离配置——测试结果

（4）对交换机 LSW2 进行相关配置，相关实例代码如下。

```
<Huawei>system-view
[Huawei]sysname LSW2
[LSW2]vlan 10
[LSW2-vlan10]quit
[LSW2]interface Ethernet 0/0/1
[LSW2-Ethernet0/0/1]port link-type trunk
[LSW2-Ethernet0/0/1]port trunk allow-pass vlan all
[LSW2-Ethernet0/0/1]quit
[LSW2]interface Ethernet 0/0/2
[LSW2-Ethernet0/0/2]port link-type access
[LSW2-Ethernet0/0/2]port default vlan 10
[LSW2-Ethernet0/0/2]port-isolate enable            //配置隔离端口，默认将端口划入隔离组 Group 1
[LSW2-Ethernet0/0/2]quit
[LSW2]interface Ethernet 0/0/3
[LSW2-Ethernet0/0/3]port link-type access
[LSW2-Ethernet0/0/3]port default vlan 10
[LSW2-Ethernet0/0/3]port-isolate enable
[LSW2-Ethernet0/0/3]quit
[LSW2]interface Ethernet 0/0/4
[LSW2-Ethernet0/0/4]port link-type access
[LSW2-Ethernet0/0/4]port default vlan 10
[LSW2-Ethernet0/0/4]port-isolate enable group 2   //配置隔离端口，将端口划入隔离组 Group 2
```

```
[LSW2-Ethernet0/0/4]quit
[LSW2]interface Ethernet 0/0/5
[LSW2-Ethernet0/0/5]port link-type access
[LSW2-Ethernet0/0/5]port default vlan 10
[LSW2-Ethernet0/0/5]port-isolate enable group 2
[LSW2-Ethernet0/0/5]quit
[LSW2]
```

（5）显示交换机 LSW2 的配置信息，主要配置实例代码如下。

```
[LSW2]display current-configuration
#
sysname LSW2
#
vlan batch 10
#
interface Ethernet0/0/1
 port link-type trunk
 port trunk allow-pass vlan 2 to 4094
#
interface Ethernet0/0/2
 port link-type access
 port default vlan 10
 port-isolate enable group 1
#
interface Ethernet0/0/3
 port link-type access
 port default vlan 10
 port-isolate enable group 1
#
interface Ethernet0/0/4
 port link-type access
 port default vlan 10
 port-isolate enable group 2
#
interface Ethernet0/0/5
 port link-type access
 port default vlan 10
 port-isolate enable group 2
#
[LSW2]
```

（6）对交换机 LSW3 进行相关配置，相关实例代码如下。

```
<Huawei>system-view
[Huawei]sysname LSW3
[LSW3]vlan 10
[LSW3]interface Vlanif 10
[LSW3-Vlanif10]ip address 192.168.10.100 255.255.255.0   //配置 VLANIF 10 的 IP 地址
[LSW3-Vlanif10]quit
[LSW3]interface GigabitEthernet 0/0/1
[LSW3-GigabitEthernet0/0/1]port link-type trunk
[LSW3-GigabitEthernet0/0/1]port trunk allow-pass vlan all
```

```
[LSW3-GigabitEthernet0/0/1]quit
[LSW3]interface GigabitEthernet 0/0/2
[LSW3-GigabitEthernet0/0/2]port link-type trunk
[LSW3-GigabitEthernet0/0/2]port trunk allow-pass vlan all
[LSW3-GigabitEthernet0/0/2]quit
[LSW3]interface GigabitEthernet 0/0/3
[LSW3-GigabitEthernet0/0/3]port link-type trunk
[LSW3-GigabitEthernet0/0/3]port trunk allow-pass vlan all
[LSW3-GigabitEthernet0/0/3]quit
[LSW3]
```

（7）配置主机 PC1 的 IP 地址为 192.168.10.1，主机 PC2 的 IP 地址为 192.168.10.2，如图 1.19 所示。

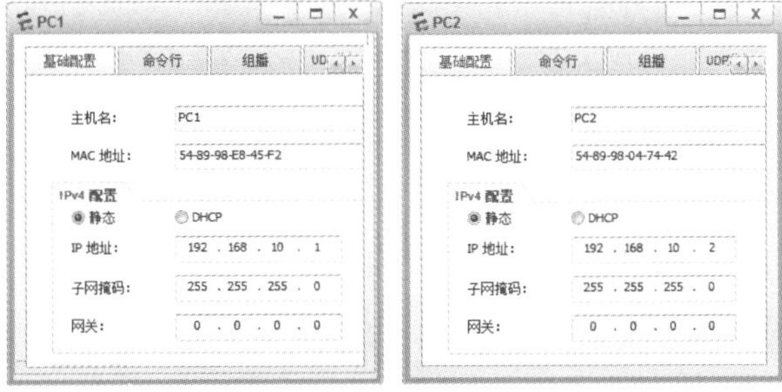

图 1.19　配置主机 PC1 与主机 PC2 的 IP 地址

主机 PC1 访问主机 PC2 的测试结果如图 1.20 所示，VLAN 10 的内部员工之间可以相互访问。

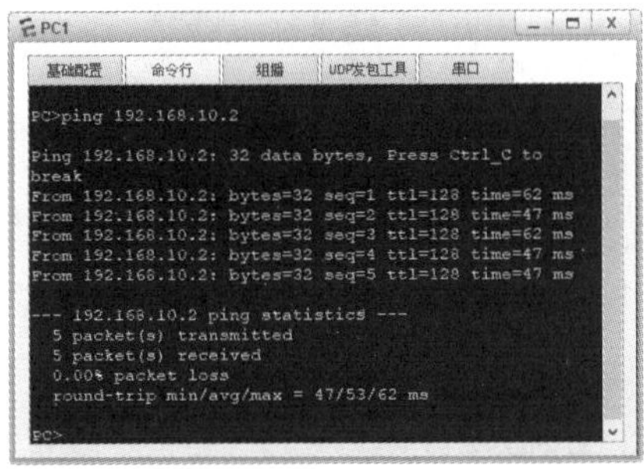

图 1.20　主机 PC1 访问主机 PC2 的测试结果

（8）配置主机 PC5 的 IP 地址为 192.168.10.5，主机 PC6 的 IP 地址为 192.168.10.6，如图 1.21 所示。

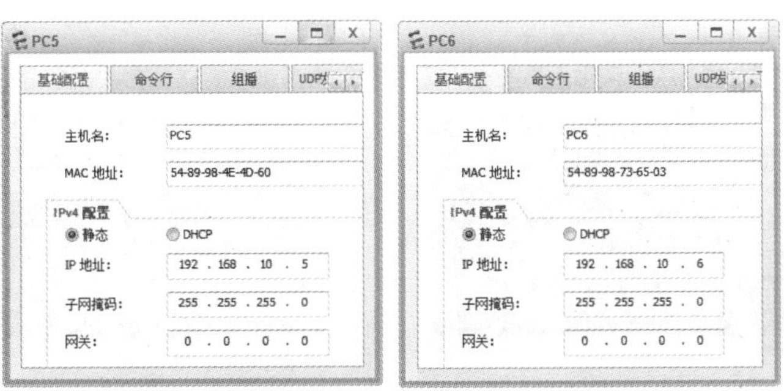

图 1.21　配置主机 PC5 与主机 PC6 的 IP 地址

主机 PC5 访问主机 PC6 的测试结果如图 1.22 所示，VLAN 10 的外部人员之间不可以相互访问，主机 PC5 与主机 PC6 属于隔离组 Group 1。

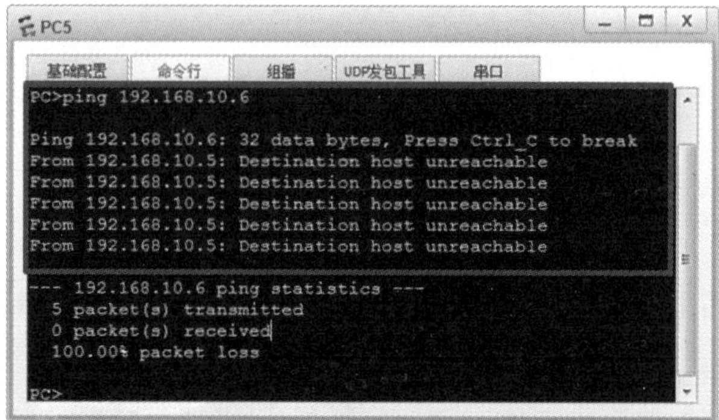

图 1.22　主机 PC5 访问主机 PC6 的测试结果

（9）配置主机 PC7 的 IP 地址为 192.168.10.7，主机 PC8 的 IP 地址为 192.168.10.8，如图 1.23 所示。

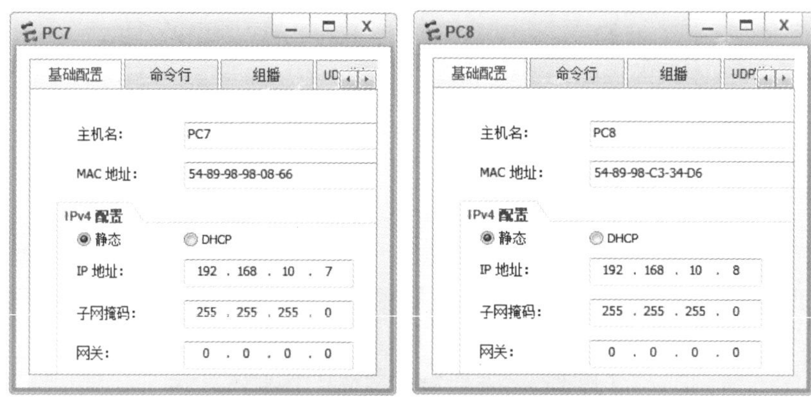

图 1.23　配置主机 PC7 与主机 PC8 的 IP 地址

主机 PC7 访问主机 PC8，测试结果如图 1.24 所示，VLAN 10 的外部人员之间不可以相互访问，主机 PC7 与主机 PC8 属于隔离组 Group 2。

（10）主机 PC1 的 IP 地址为 192.168.10.1，主机 PC5 的 IP 地址为 192.168.10.5。主机 PC1 访问主机 PC5，属于内部员工访问外部人员。主机 PC1 与主机 PC5 同属于 VLAN 10，可以互相访问，测试结果如图 1.25 所示。

图 1.24　主机 PC7 访问主机 PC8 的测试结果

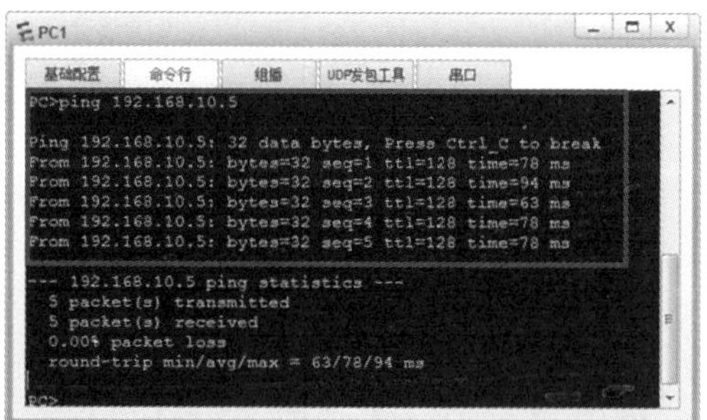

图 1.25　主机 PC1 访问主机 PC5 的测试结果

（11）主机 PC5 的 IP 地址为 192.168.10.5，主机 PC7 的 IP 地址为 192.168.10.7。主机 PC5 访问主机 PC7，属于外部人员不同隔离组之间的相互访问，隔离组 Group 1 与隔离组 Group 2 可以互相访问，测试结果如图 1.26 所示。

（12）使用 display port-isolate group all 命令可以查看交换机 LSW2 上创建的所有隔离组端口情况，使用 display port-isolate group X（组号）命令可以查看交换机 LSW2 特定隔离组端口情况，如图 1.27 所示。

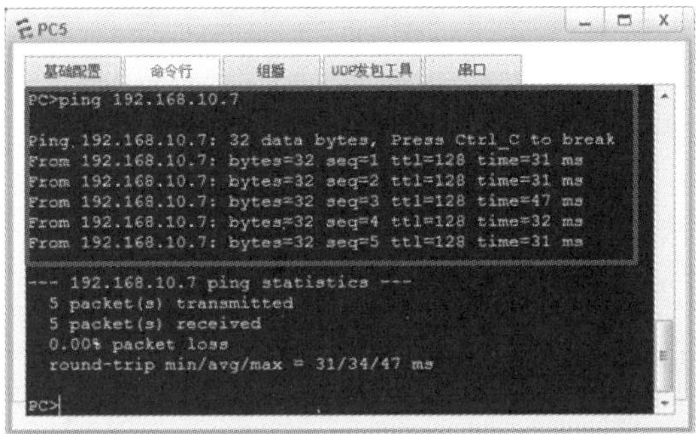

图 1.26　主机 PC5 访问主机 PC7 的测试结果

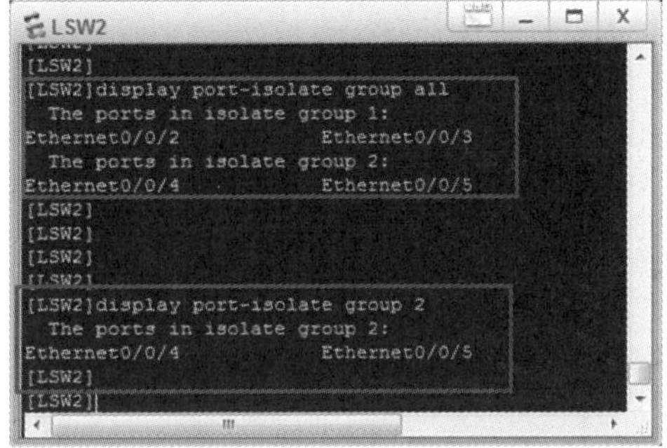

图 1.27　查看交换机 LSW2 上创建的隔离组端口情况

1.3.3　三层端口隔离配置

V1-9　三层端口隔离配置——LSW1

如图 1.28 所示，同项目组的内部员工被划分到 VLAN 20 中，外部人员被划分到 VLAN 10 中；交换机 LSW1 为三层交换机，交换机 LSW1 中的 VLAN 10 的 IP 地址为 192.168.10.100/24，VLAN 20 的 IP 地址为 192.168.20.100/24；主机 PC3 与主机 PC4 为内部员工；主机 PC1 与主机 PC2 为外部人员，在隔离组 Group 1 中；主机 PC5 与主机 PC6 为外部人员，在隔离组 Group 2 中。配置相关端口与 IP 地址，进行三层端口隔离配置。

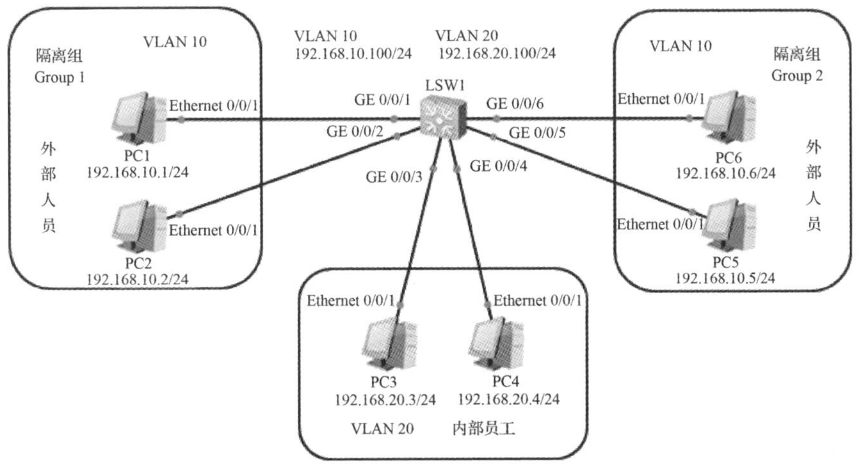

图 1.28　三层端口隔离配置

（1）对交换机 LSW1 进行相关配置，相关实例代码如下。

```
<Huawei>system-view
[Huawei]sysname LSW1
[LSW1]vlan batch 10 20                    //创建 VLAN 10、VLAN 20
```

```
[LSW1]interface Vlanif 10
[LSW1-Vlanif10]ip address 192.168.10.100 24   //配置 VLAN 10 的 IP 地址
[LSW1-Vlanif10]quit
[LSW1]interface Vlanif 20
[LSW1-Vlanif20]ip address 192.168.20.100 24   //配置 VLAN 20 的 IP 地址
[LSW1-Vlanif20]quit
[LSW1]port-isolate mode all                         //配置隔离模式为二层三层均隔离
[LSW1]interface GigabitEthernet 0/0/1
[LSW1-GigabitEthernet0/0/1]port link-type access
[LSW1-GigabitEthernet0/0/1]port default vlan 10
[LSW1-GigabitEthernet0/0/1]port-isolate enable //配置为隔离端口，默认将端口划入隔离组 Group 1
[LSW1-GigabitEthernet0/0/1]quit
[LSW1]interface GigabitEthernet 0/0/2
[LSW1-GigabitEthernet0/0/2]port link-type access
[LSW1-GigabitEthernet0/0/2]port default vlan 10
[LSW1-GigabitEthernet0/0/2]port-isolate enable //配置为隔离端口，默认将端口划入隔离组 Group 1
[LSW1-GigabitEthernet0/0/2]quit
[LSW1]interface GigabitEthernet 0/0/3
[LSW1-GigabitEthernet0/0/3]port link-type access
[LSW1-GigabitEthernet0/0/3]port default vlan 20
[LSW1-GigabitEthernet0/0/3]quit
[LSW1]interface GigabitEthernet 0/0/4
[LSW1-GigabitEthernet0/0/4]port link-type access
[LSW1-GigabitEthernet0/0/4]port default vlan 20
[LSW1-GigabitEthernet0/0/4]quit
[LSW1]interface GigabitEthernet 0/0/5
[LSW1-GigabitEthernet0/0/5]port link-type access
[LSW1-GigabitEthernet0/0/5]port default vlan 10
[LSW1-GigabitEthernet0/0/5]port-isolate enable group 2
                                              //配置为隔离端口，将端口划入隔离组 Group 2
[LSW1-GigabitEthernet0/0/5]quit
[LSW1]interface GigabitEthernet 0/0/6
[LSW1-GigabitEthernet0/0/6]port link-type access
[LSW1-GigabitEthernet0/0/6]port default vlan 10
[LSW1-GigabitEthernet0/0/6]port-isolate enable group 2
                                              //配置为隔离端口，将端口划入隔离组 Group 2
[LSW1-GigabitEthernet0/0/6]quit
[LSW1]
```

V1-10　三层端口隔离配置——测试结果

（2）显示交换机 LSW1 的配置信息，主要配置实例代码如下。

```
[LSW1]display current-configuration
#
sysname LSW1
#
vlan batch 10 20
#
port-isolate mode all
#
interface Vlanif10
 ip address 192.168.10.100 255.255.255.0
```

```
#
interface Vlanif20
 ip address 192.168.20.100 255.255.255.0
#
interface GigabitEthernet0/0/1
 port link-type access
 port default vlan 10
 port-isolate enable group 1
#
interface GigabitEthernet0/0/2
 port link-type access
 port default vlan 10
 port-isolate enable group 1
#
interface GigabitEthernet0/0/3
 port link-type access
 port default vlan 20
#
interface GigabitEthernet0/0/4
 port link-type access
 port default vlan 20
#
interface GigabitEthernet0/0/5
 port link-type access
 port default vlan 10
 port-isolate enable group 2
#
interface GigabitEthernet0/0/6
 port link-type access
 port default vlan 10
 port-isolate enable group 2
#
 [LSW1]
```

（3）配置主机 PC1 的 IP 地址为 192.168.10.1，主机 PC2 的 IP 地址为 192.168.10.2，网关均为 192.168.10.100，如图 1.29 所示。

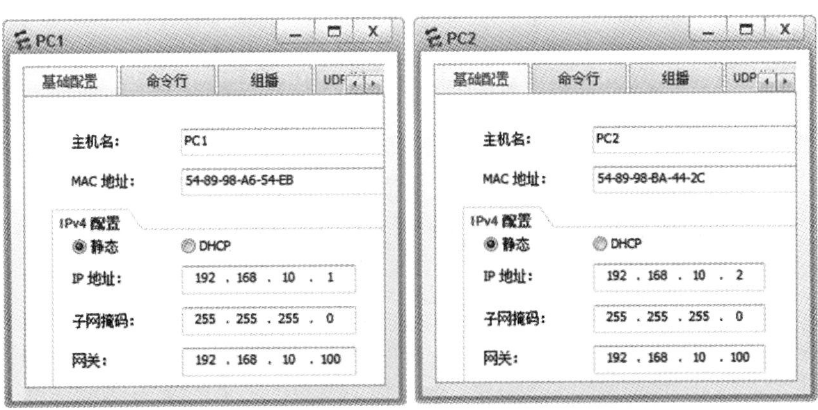

图 1.29　配置主机 PC1 与主机 PC2 的 IP 地址和网关

主机 PC1 访问主机 PC2，主机 PC1 与主机 PC2 同属于 VLAN 10（外部人员）的隔离组 Group 1，测试结果如图 1.30 所示，因隔离模式为二层三层均隔离，故主机 PC1 与主机 PC2 之间不可以相互访问。

图 1.30　主机 PC1 访问主机 PC2 的测试结果

（4）配置主机 PC3 的 IP 地址为 192.168.20.3，主机 PC4 的 IP 地址为 192.168.20.4，网关均为 192.168.20.100，如图 1.31 所示。

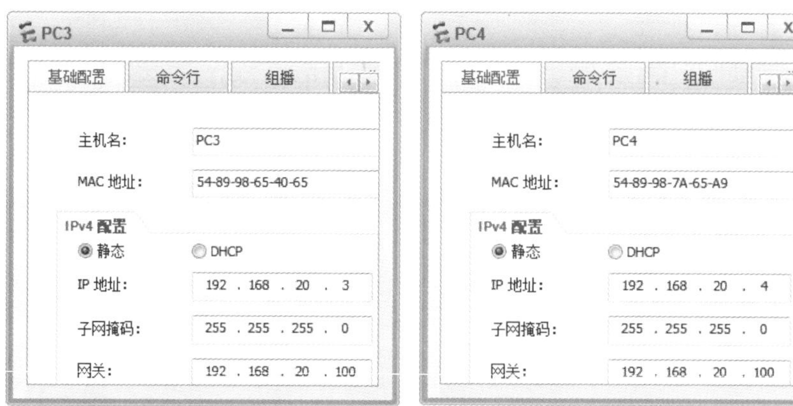

图 1.31　配置主机 PC3 与主机 PC4 的 IP 地址和网关

主机 PC1 访问主机 PC3，主机 PC1 属于 VLAN 10（外部人员）的隔离组 Group 1，主机 PC3 属于 VLAN 20（内部员工），测试结果如图 1.32 所示，主机 PC1 与主机 PC3 之间可以相互访问。

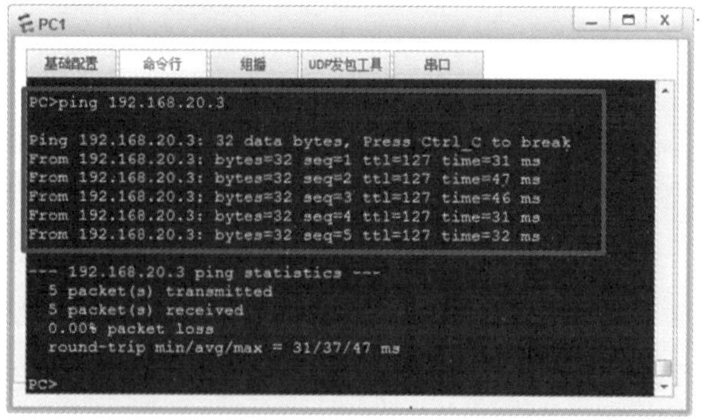

图 1.32　主机 PC1 访问主机 PC3 的测试结果

主机 PC1 访问主机 PC5，主机 PC1 属于 VLAN 10（外部人员）的隔离组 Group 1，主机 PC5 属于 VLAN 10（外部人员）的隔离组 Group 2，测试结果如图 1.33 所示，主机 PC1 与主机 PC5 之间可以相互访问。

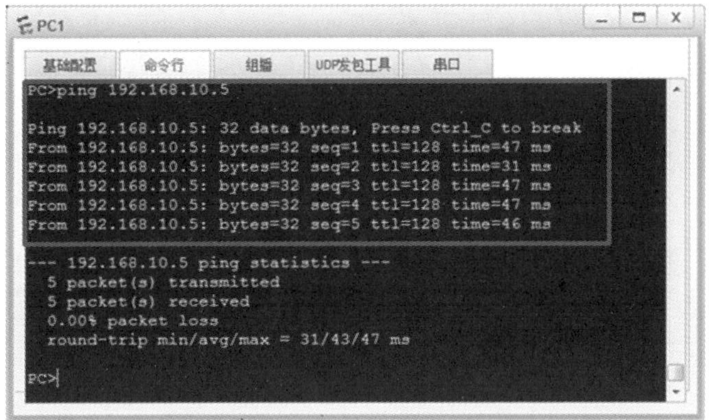

图 1.33　主机 PC1 访问主机 PC5 的测试结果

课后习题

1. 选择题

（1）在 MUX VLAN 中，可以与所有 VLAN 进行通信的是（　　）。

A. Group VLAN　　B. Principal VLAN

C. Separate VLAN　　D. Subordinate VLAN

（2）在 MUX VLAN 中，下列说法错误的是（　　）。

A. MUX VLAN 分为主 VLAN 和从 VLAN，从 VLAN 又分为隔离型从 VLAN 和互通型从 VLAN

B. Principal Port 可以和 MUX VLAN 内的所有端口进行通信

C. Separate Port 只能和 Principal Port 进行通信，Separate Port 与其他类型的端口完全隔离

D. Group Port 可以和 Principal Port 进行通信，同一组内的端口可互相通信，同时能与其他 Group Port 或 Separate Port 进行通信

（3）【多选】下列关于二层隔离端口描述正确的是（　　）。

A. 划分到相同 VLAN 中的相同隔离组之间的主机可以相互访问

B. 划分到相同 VLAN 中的相同隔离组之间的主机不可以相互访问

C. 划分到相同 VLAN 中的不同隔离组之间的主机可以相互访问

D. 划分到相同 VLAN 中的不同隔离组之间的主机不可以相互访问

（4）下列关于三层隔离端口描述错误的是（　　）。

A. 划分到相同 VLAN 中的内部员工之间的主机可以相互访问

B. 划分到相同 VLAN 中的外部人员不同隔离组之间的主机可以相互访问

C. 划分到相同 VLAN 中的外部人员相同隔离组之间的主机可以相互访问

D. 划分到不同 VLAN 中的内部员工与外部人员隔离组之间的主机可以相互访问

2. 简答题

（1）简述 MUX VLAN 的功能及应用场景。

（2）简述配置 MUX VLAN 的注意事项。

（3）简述 MUX VLAN 的配置步骤与配置命令。

（4）简述端口隔离的功能及应用场景。

（5）简述端口隔离的配置步骤与配置命令。

项目2 MSTP

【学习目标】

- 了解MSTP的基本概念及其应用场景。
- 掌握MSTP的配置方法。

【素质目标】

- 理解在实施MSTP以优化网络冗余、确保数据传输稳定的同时，如何保护敏感信息和用户隐私，强化信息安全责任意识。
- 鼓励学生在学习和应用MSTP技术时，敢于探索新技术、新方法，培养其创新思维和实践能力。

2.1 项目描述

小李是公司的网络工程师。公司的业务不断发展，为了保证网络的可靠性与稳定性，小李配置了生成树协议（Spanning Tree Protocol，STP），实现了链路的冗余，增强了网络的稳定性。但网络的收敛时间较长，大约需要 50s，于是他在 STP 的基础上进行了改进，配置快速生成树协议（Rapid Spanning Tree Protocol，RSTP），实现了网络拓扑快速收敛，大约只需要 1s，使网络收敛速度过慢的问题得到了解决。随着网络技术和 VLAN 技术的发展，公司在可靠性、服务质量、传送效率、业务处理灵活性、可管理性等网络服务方面有了更高的要求，新的问题也随之而来，网络中根交换机的负载过重，而其他非根交换机的工作量较少，整体负载明显不均衡，因此需要使用新的技术来解决，那么小李应通过什么技术来解决上述问题呢?

2.2 必备知识

2.2.1 MSTP 概述

多生成树（Multiple Spanning Tree，MST）使用了修正的 RSTP，故被称为多生成树协议（Multiple Spanning Tree Protocol，MSTP）。多生成树是在 IEEE 802.1w 标准的快速生成树算法上扩展而得到的。

RSTP 在 STP 的基础上进行了改进，实现了网络拓扑的快速收敛。但由于局域网内所有的 VLAN 共享一棵生成树，因此链路被阻塞后将不承载任何流量，无法在 VLAN 间实现数据流量的负载均衡，从而造成带宽浪费。为了弥补 STP 和 RSTP 的这一缺陷，电气和电子工程师协会（Institute of Electrical and Electronics Engineers，IEEE）在 2002 年发布的 IEEE 802.1s 标准中定义了 MSTP。MSTP 兼容 STP 和 RSTP，既可以快速收敛，又提供了数据转发的多个冗余路径，在数据转发过程中实现了 VLAN 数据的负载均衡。

采用 MST 能够通过干道（Trunk）建立多棵生成树，将多个 VLAN 关联到相应的生成树进程中，每个生成树进程都具备独立于其他进程的拓扑结构。MST 提供了多个数据转发路径来实现负载均衡，提高了网络容错能力，因为一个进程（转发路径）的故障不会影响其他进程。一个生成树进程仅能部署在具有相同 VLAN 配置信息的桥接设备上，并且要求使用统一的 MST 配置信息来统一配置一组桥接设备，以便这些桥接设备能够归属到同一个生成树进程中。这样，具备相同 MST 配置信息且相互连接的桥接设备共同构成了一个多生成树域（Multiple Spanning Tree Region，MST Region）。

2.2.2 MSTP 基本概念

1. MST Region

MST Region 由交换网络中的多台交换设备以及它们之间的网段构成。同一个 MST Region 内的设备具有如下特点：都启用了 MSTP；具有相同的域名；具有相同的 VLAN 到生成树实例的映射；具有相同的 MSTP 修订级别配置。

实例（Instance）是针对一组 VLAN 的一个独立计算的 STP，将多个 VLAN 捆绑到一个实例可以减少通信开销和资源占用率。MSTP 各个实例的计算过程相互独立，使用多个实例可以实现物理链路的负载均衡。当把多个拓扑结构相同的 VLAN 映射到一个实例之后，它们在端口上的转发状态取决于该端口在对应 MSTP 实例中的状态。

2. CIST/总根/CST/IST/主桥/SST

公共和内部生成树（Common and Internal Spanning Tree，CIST）通过 STP 或 RSTP 计算生成，是用于连接一个交换网络内所有交换设备的单生成树。

总根是整个网络中优先级最高的网桥，即 CIST 的根桥。

公共生成树（Common Spanning Tree，CST）通过 STP 或 RSTP 计算生成，是连接交换网络内所有 MST Region 的一棵生成树。

内部生成树（Internal Spanning Tree，IST）是各 MST Region 内的一棵生成树，也是 CIST 在 MST Region 中的一个片段。MST Region 内的每棵生成树都对应一个实例号，IST 的实例号为 0。实例 0 无论有没有配置都是存在的，没有映射到其他实例的 VLAN 会默认映射到实例 0。

主桥（Master Bridge）就是 IST Master，它是域内距离总根最近的交换设备。如果总根在 MST Region 中，则总根为该域的主桥。

单生成树（Single Spanning Tree，SST）的产生分为两种情况：一种是运行 STP 或 RSTP 的交换设备只属于一棵生成树；另一种是 MST Region 中只有一台交换设备，该交换设备构成单生成树。

3. MSTI/MSTI 域根

一个 MST Region 内可以存在多棵生成树，每棵生成树都称为一个多生成树实例（Multiple Spanning Tree Instance，MSTI）。MSTI 域根即 MSTI 的根，一个 MST Region 中不同的 MSTI 有各自的域根。MSTI 彼此独立，一个 MSTI 可以与一个或者多个 VLAN 对应，但一个 VLAN 只能与一个 MSTI 对应。每一个 MSTI 都对应一个实例号，实例号从 1 开始，以区分实例号为 0 的 IST。MSTI 域根是每个 MSTI 上优先级最高的网桥，MST Region 内的每个 MSTI 都可以指定不同的根。

4. MSTP 端口角色

MSTP 在 RSTP 的基础上新增了两种端口，其端口角色共有 7 种：主端口（Master Port）、根端口（Root Port）、指定端口（Designated Port）、替代端口（Alternate Port）、备份端口（Backup Port）、边缘端口和域边缘端口。

主端口是 MST Region 和总根相连的最短路径的端口，是域中报文发往总根的必经之路。主端口是特殊域边缘端口，其在 CIST 上的角色是根端口，在其他各实例上的角色都是主端口。

域边缘端口指 MST Region 内的网桥与其他 MST Region 或者 STP/RSTP 网桥相连的端口。

5. MSTP 快速收敛

MSTP 快速收敛的方式有两种：一种是普通 P/A（Proposal/Agreement）快速收敛，与 RSTP 相同；另一种是增强型 P/A 快速收敛。在 MSTP 中，P/A 机制的工作过程如下。

（1）上游设备发送 Proposal 报文，请求进行快速迁移。下游设备接收到此报文后，将与上游设备相连的端口设置为根端口，并阻塞所有非边缘端口。

（2）上游设备继续发送 Agreement 报文。下游设备接收到此报文后，根端口转为 Forwarding 状态。

（3）下游设备回应 Agreement 报文。上游设备接收到此报文后，将与下游设备相连的端口设置为指定端口，指定端口进入 Forwarding 状态。

6. MSTP 的特点

（1）MSTP 将环路网络修剪为一个无环的树形网络，避免报文在环路网络中增生和无限循环，同时提供了用于数据转发的多个冗余路径，在数据转发过程中保证负载均衡，如图 2.1 所示。

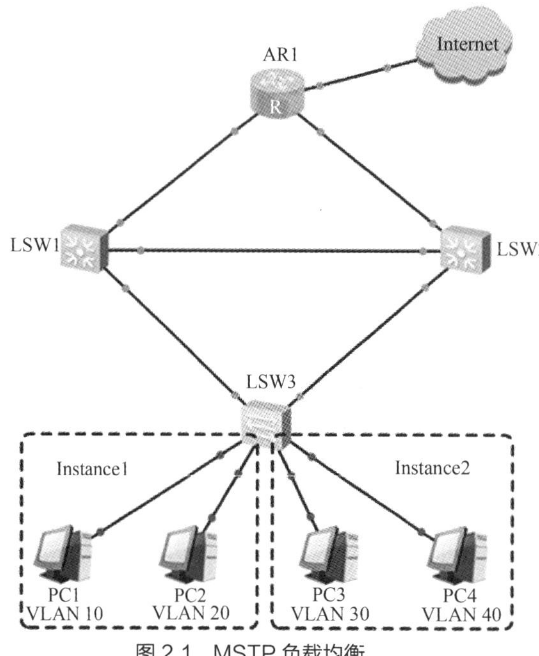

图 2.1 MSTP 负载均衡

V2-1 MSTP 的特点

（2）MSTP 设置了 VLAN 映射表（VLAN 和生成树的对应关系表），把 VLAN 和生成树联系起来；增加了“实例”的概念，将多个 VLAN 捆绑到一个实例中，以降低通信开销和资源占用率，如图 2.2 和图 2.3 所示。

（3）MSTP 将一个交换网络划分成多个域，每个域内都形成多棵生成树，各生成树彼此独立。

（4）MSTP 兼容 STP 和 RSTP。

7. MSTP 配置命令

MSTP 的配置命令包括启用/关闭生成树协议、配置生成树协议模式、配置区域属性、配置交换机优先级、配置端口优先级等。下面分别对其进行介绍。

（1）启用/关闭生成树协议。

```
<Huawei>system-view
[Huawei]stp enable              //启用生成树协议
[Huawei]undo stp enable         //关闭生成树协议
Warning: The global STP state will be changed. Continue? [Y/N]y
Info: This operation may take a few seconds. Please wait for a moment...done.
```

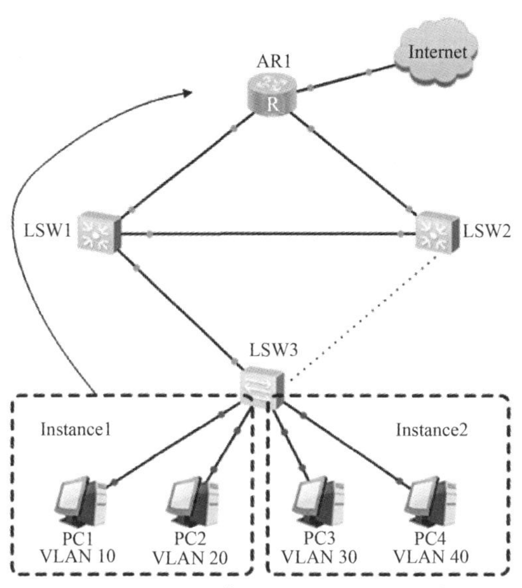

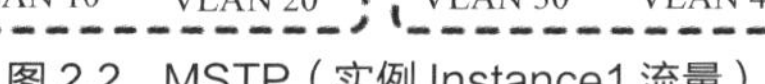
图 2.2　MSTP（实例 Instance1 流量）

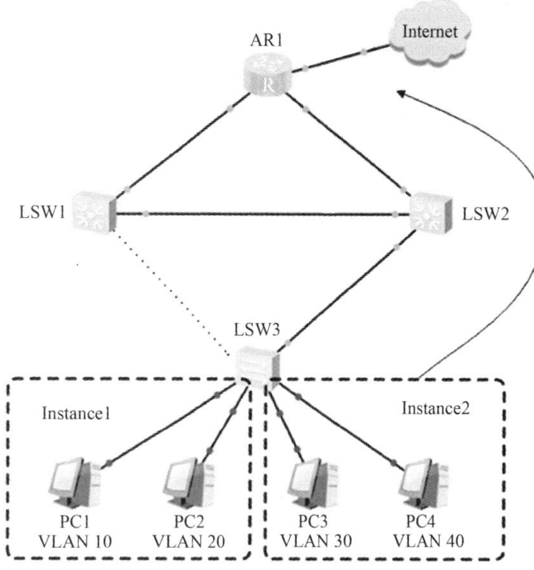

图 2.3　MSTP（实例 Instance2 流量）

（2）配置生成树协议模式。

```
<Huawei>system-view
[Huawei]stp enable                    //启用生成树协议
[Huawei]stp mode ?
  mstp   Multiple Spanning Tree Protocol (MSTP) mode
  rstp   Rapid Spanning Tree Protocol (RSTP) mode
  stp    Spanning Tree Protocol (STP) mode
[Huawei]stp mode mstp                 //配置为多生成树协议模式
```

交换机有 3 种生成树协议模式，即 STP、RSTP、MSTP，默认情况下为 MSTP。将交换机生成树协议恢复为默认模式的代码如下。

```
<Huawei>system-view
[Huawei]undo stp mode     //恢复生成树协议为默认模式
```

（3）配置区域属性。

```
<Huawei>system-view
[Huawei]stp mode mstp
[Huawei]stp region-configuration                        //配置 MSTP 区域
[Huawei-mst-region]region-name RG1                      //区域名称为 RG1
[Huawei-mst-region]instance ?
  INTEGER<0-48>   Identifier of spanning tree instance        //实例号的取值范围为 0~48
[Huawei-mst-region]instance 1 vlan 10 20                //创建实例 1，关联 VLAN 10、VLAN 20
[Huawei-mst-region]instance 2 vlan 30 40                //创建实例 2，关联 VLAN 30、VLAN 40
[Huawei-mst-region]active  region-configuration         //激活区域配置
[Huawei-mst-region]quit
[Huawei]stp instance 1 priority ?
  INTEGER<0-61440>   Bridge priority, in steps of 4096
//实例区域优先级取值范围为 0~61440，按 4096 的倍数递增，默认值为 32768
[Huawei]stp instance 1 priority 4096    //配置优先级，使交换机 Huawei 为实例 1 的根桥
[Huawei]
```

（4）配置交换机优先级。

```
<Huawei>system-view
```

```
[Huawei]stp priority ?
  INTEGER<0-61440>   Bridge priority, in steps of 4096
//交换机的优先级取值范围为 0～61440，按 4096 的倍数递增，默认值为 32768
[Huawei]stp priority 4096    //配置交换机的优先级为 4096
```

（5）配置端口优先级。

```
<Huawei>system-view
Enter system view, return user view with Ctrl+Z.
[Huawei]stp enable
[Huawei]stp mode mstp
[Huawei]interface GigabitEthernet 0/0/1
[Huawei-GigabitEthernet0/0/1]stp instance 1 port priority ?
  INTEGER<0-240>   Port priority, in steps of 16
[Huawei-GigabitEthernet0/0/1]stp instance 1 port priority 32
//配置实例 1 端口优先级为 32，端口优先级取值范围为 0～240，按 16 的倍数递增，默认值为 128
[Huawei-GigabitEthernet0/0/1]stp port priority ?
  INTEGER<0-240>   Port priority, in steps of 16
[Huawei-GigabitEthernet0/0/1]stp port priority 16    //默认为实例 0 端口优先级
[Huawei-GigabitEthernet0/0/1]quit
[Huawei]
```

（6）显示 MSTP 配置信息。

```
[Huawei]display stp ?
  brief                     Brief information
  error                     Information of error packet
  instance                  Spanning tree instance
  interface                 Specify interface
  process                   The MSTP process
  region-configuration      Region configuration
  slot                      Specify the slot
  tc-bpdu                   Number of TC/TCN BPDUs sent from and received by the port
  topology-change           Display information about topology change
  vlan                      Virtual LAN
  |                         Matching output
  <cr>
[Huawei]display stp brief          //显示生成树协议配置信息
 MSTID  Port                    Role  STP State     Protection
   0    GigabitEthernet0/0/1    DESI  FORWARDING    NONE
   0    GigabitEthernet0/0/2    DESI  FORWARDING    NONE
   0    GigabitEthernet0/0/3    ROOT  FORWARDING    NONE
[Huawei]display stp interface GigabitEthernet 0/0/2 brief
 MSTID  Port                    Role  STP State     Protection
   0    GigabitEthernet0/0/2    DESI  FORWARDING    NONE
[Huawei]
[Huawei]display stp instance 0 ?
  brief             Brief information
  interface         Specify interface
  slot              Specify the slot
  tc-bpdu           Number of TC/TCN BPDUs sent from and received by the port
  topology-change   Display information about topology change
```

```
  |                    Matching output
  <cr>
[Huawei]display stp instance 0 brief     //显示实例配置信息
 MSTID   Port                        Role    STP State       Protection
   0     GigabitEthernet0/0/1        DESI    FORWARDING      NONE
   0     GigabitEthernet0/0/2        DESI    FORWARDING      NONE
   0     GigabitEthernet0/0/3        ROOT    FORWARDING      NONE
[Huawei]
[Huawei]display stp interface GigabitEthernet 0/0/2 ?
  brief       Brief information
  tc-bpdu     Number of TC/TCN BPDUs sent from and received by the port
  |           Matching output
  <cr>
[Huawei]display stp interface GigabitEthernet 0/0/2 brief    //显示端口配置信息
 MSTID   Port                        Role    STP State       Protection
   0     GigabitEthernet0/0/2        DESI    FORWARDING      NONE
[Huawei]
[Huawei]display stp vlan 10 ?
  |       Matching output
  <cr>
[Huawei]display stp vlan 10      //显示 VLAN 配置信息
 ProcessId   InstanceId   Port                        Role    State
 ----------------------------------------------------------------------
    0           0         GigabitEthernet0/0/1        DESI    FORWARDING
[Huawei]
```

2.3 项目实施

V2-2 MSTP 配置——LSW1

V2-3 MSTP 配置——LSW2

V2-4 MSTP 配置——LSW3

（1）配置 MSTP，交换机 LSW1 为实例 1 的根桥，实例 1 关联 VLAN 10 与 VLAN 30；交换机 LSW2 为实例 2 的根桥，实例 2 关联 VLAN 20 与 VLAN 40，进行网络拓扑连接，如图 2.4 所示。

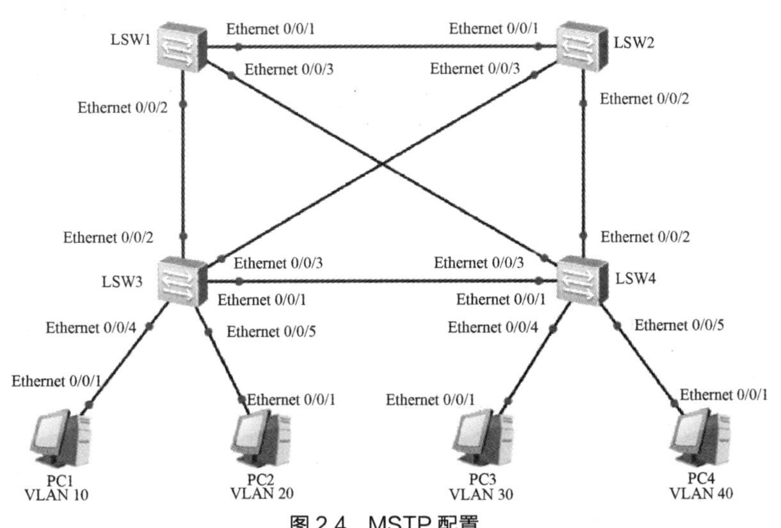

图 2.4 MSTP 配置

（2）配置交换机 LSW1，相关实例代码如下。

V2-5 MSTP 配置——LSW4

```
<Huawei>system-view
[Huawei]sysname LSW1
[LSW1]vlan batch 10 20 30 40 //创建 VLAN 10、VLAN 20、VLAN 30、VLAN 40
[LSW1]port-group 1              //创建端口组，进行统一设置
[LSW1-port-group-1]group-member Ethernet 0/0/1 to Ethernet 0/0/3
[LSW1-Ethernet0/0/1]port link-type trunk              //配置端口类型
[LSW1-port-group-1]port trunk allow-pass vlan all //允许所有 VLAN 的数据通过
[LSW1-port-group-1]quit
[LSW1]stp mode mstp                                   //配置 MSTP
[LSW1]stp region-configuration                        //配置 MSTP 区域
[LSW1-mst-region]region-name RG1                      //区域名称为 RG1
[LSW1-mst-region]instance 1 vlan 10 30                //创建实例 1，关联 VLAN 10、VLAN 30
[LSW1-mst-region]instance 2 vlan 20 40                //创建实例 2，关联 VLAN 20、VLAN 40
[LSW1-mst-region]active   region-configuration        //激活区域配置
[LSW1-mst-region]quit
[LSW1]stp instance 1 priority 4096         //配置优先级，使交换机 LSW1 为实例 1 的根桥
[LSW1]stp instance 2 priority 8192         //配置优先级，使交换机 LSW2 为实例 2 的根桥
[LSW1]
```

（3）配置交换机 LSW2，相关实例代码如下。

```
<Huawei>system-view
Enter system view, return user view with Ctrl+Z.
[Huawei]sysname LSW2
[LSW2]vlan batch 10 20 30 40          //创建 VLAN 10、VLAN 20、VLAN 30、VLAN 40
[LSW2]port-group 1                    //创建端口组，进行统一设置
[LSW2-port-group-1]group-member Ethernet 0/0/1 to Ethernet 0/0/3
[LSW2-Ethernet0/0/1]port link-type trunk                  //配置端口类型
[LSW2-port-group-1]port trunk allow-pass vlan all         //允许所有 VLAN 的数据通过
[LSW2-port-group-1]quit
[LSW2]stp mode mstp                                   //配置 MSTP
[LSW2]stp region-configuration                        //配置 MSTP 区域
[LSW2-mst-region]region-name RG1                      //区域名称为 RG1
[LSW2-mst-region]instance 1 vlan 10 30                //创建实例 1，关联 VLAN 10、VLAN 30
[LSW2-mst-region]instance 2 vlan 20 40                //创建实例 2，关联 VLAN 20、VLAN 40
[LSW2-mst-region]active   region-configuration        //激活区域配置
[LSW2-mst-region]quit
[LSW2]stp instance 1 priority 8192         //配置优先级，使交换机 LSW1 为实例 1 的根桥
[LSW2]stp instance 2 priority 4096         //配置优先级，使交换机 LSW2 为实例 2 的根桥
[LSW2]
```

（4）显示交换机 LSW1、LSW2 的配置信息，以交换机 LSW1 为例，主要配置实例代码如下。

```
<LSW1>display current-configuration
#
sysname LSW1
#
vlan batch 10 20 30 40
#
stp instance 1 priority 4096
stp instance 2 priority 8192
```

```
#
stp region-configuration
 region-name RG1
 instance 1 vlan 10 30
 instance 2 vlan 20 40
 active region-configuration
#
interface Ethernet0/0/1
 port link-type trunk
 port trunk allow-pass vlan 2 to 4094
#
interface Ethernet0/0/2
 port link-type trunk
 port trunk allow-pass vlan 2 to 4094
#
interface Ethernet0/0/3
port link-type trunk
 port trunk allow-pass vlan 2 to 4094
#
port-group 1
 group-member Ethernet0/0/1
 group-member Ethernet0/0/2
 group-member Ethernet0/0/3
#
<LSW1>
```

（5）配置交换机 LSW3，相关实例代码如下。

```
<Huawei>system-view
 [Huawei]sysname LSW3
[LSW3]vlan batch 10 20 30 40
[LSW3]port-group 1
[LSW3-port-group-1]group-member Ethernet 0/0/1 to Ethernet 0/0/3
[LSW3-Ethernet0/0/1]port link-type trunk
[LSW3-port-group-1]port trunk allow-pass vlan all
[LSW3-port-group-1]quit
[LSW3]stp mode mstp
[LSW3]stp region-configuration
[LSW3-mst-region]region-name RG1
[LSW3-mst-region]instance 1 vlan 10 30
[LSW3-mst-region]instance 2 vlan 20 40
[LSW3-mst-region]active   region-configuration
[LSW3-mst-region]quit
[LSW3]port-group 2
[LSW3-port-group-2]group-member Ethernet 0/0/4 to Ethernet 0/0/5
[LSW3-port-group-2]port link-type access
[LSW3-port-group-2]stp edged-port enable    //配置为边缘端口
[LSW3-port-group-2]quit
[LSW3]interface Ethernet 0/0/4
[LSW3-Ethernet0/0/4]port default vlan 10
[LSW3-Ethernet0/0/4]quit
```

```
[LSW3]interface Ethernet 0/0/5
[LSW3-Ethernet0/0/5]port default vlan 20
[LSW3-Ethernet0/0/5]quit
[LSW3]
```

（6）配置交换机 LSW4，相关实例代码如下。

```
<Huawei>system-view
[Huawei]sysname LSW4
[LSW4]vlan batch 10 20 30 40
[LSW4]port-group 1
[LSW4-port-group-1]group-member Ethernet 0/0/1 to Ethernet 0/0/3
[LSW4-Ethernet0/0/1]port link-type trunk
[LSW4-port-group-1]port trunk allow-pass vlan all
[LSW4-port-group-1]quit
[LSW4]stp mode mstp
[LSW4]stp region-configuration
[LSW4-mst-region]region-name RG1
[LSW4-mst-region]instance 1 vlan 10 30
[LSW4-mst-region]instance 2 vlan 20 40
[LSW4-mst-region]active  region-configuration
[LSW4-mst-region]quit
[LSW4]port-group 2
[LSW4-port-group-2]group-member Ethernet 0/0/4 to Ethernet 0/0/5
[LSW4-port-group-2]port link-type access
[LSW4-port-group-2]stp edged-port enable      //配置为边缘端口
[LSW4-port-group-2]quit
[LSW4]interface Ethernet 0/0/4
[LSW4-Ethernet0/0/4]port default vlan 30
[LSW4-Ethernet0/0/4]quit
[LSW4]interface Ethernet 0/0/5
[LSW4-Ethernet0/0/5]port default vlan 40
[LSW4-Ethernet0/0/5]quit
[LSW4]
```

（7）显示交换机 LSW3、LSW4 的配置信息，以交换机 LSW3 为例，主要配置实例代码如下。

```
<LSW3>display current-configuration
#
sysname LSW3
#
vlan batch 10 20 30 40
#
stp region-configuration
 region-name RG1
 instance 1 vlan 10 30
 instance 2 vlan 20 40
 active region-configuration
#
interface Ethernet0/0/1
 port link-type trunk
 port trunk allow-pass vlan 2 to 4094
#
```

```
interface Ethernet0/0/2
 port link-type trunk
 port trunk allow-pass vlan 2 to 4094
#
interface Ethernet0/0/3
 port link-type trunk
 port trunk allow-pass vlan 2 to 4094
#
interface Ethernet0/0/4
 port link-type access
 port default vlan 10
 stp edged-port enable
#
interface Ethernet0/0/5
 port link-type access
 port default vlan 20
 stp edged-port enable
#
user-interface con 0
user-interface vty 0 4
#
port-group 1
 group-member Ethernet0/0/1
 group-member Ethernet0/0/2
 group-member Ethernet0/0/3
#
port-group 2
 group-member Ethernet0/0/4
 group-member Ethernet0/0/5
#
<LSW3>
```

（8）查看 MSTP 运行状态，使用 display stp instance 1 brief 命令，可以看到实例 1 的端口角色及端口运行状态，如图 2.5 所示。

（9）查看 MSTP 运行状态，使用 display stp instance 2 brief 命令，可以看到实例 2 的端口角色及端口运行状态，如图 2.6 所示。

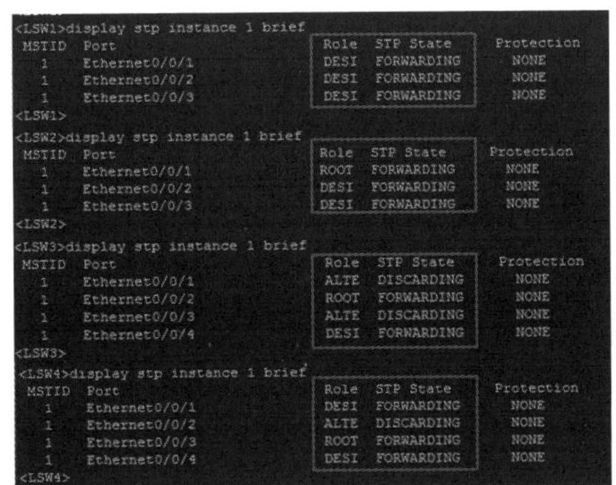

```
<LSW1>display stp instance 1 brief
 MSTID  Port                Role  STP State     Protection
   1    Ethernet0/0/1       DESI  FORWARDING      NONE
   1    Ethernet0/0/2       DESI  FORWARDING      NONE
   1    Ethernet0/0/3       DESI  FORWARDING      NONE
<LSW1>
<LSW2>display stp instance 1 brief
 MSTID  Port                Role  STP State     Protection
   1    Ethernet0/0/1       ROOT  FORWARDING      NONE
   1    Ethernet0/0/2       DESI  FORWARDING      NONE
   1    Ethernet0/0/3       DESI  FORWARDING      NONE
<LSW2>
<LSW3>display stp instance 1 brief
 MSTID  Port                Role  STP State     Protection
   1    Ethernet0/0/1       ALTE  DISCARDING      NONE
   1    Ethernet0/0/2       ROOT  FORWARDING      NONE
   1    Ethernet0/0/3       ALTE  DISCARDING      NONE
   1    Ethernet0/0/4       DESI  FORWARDING      NONE
<LSW3>
<LSW4>display stp instance 1 brief
 MSTID  Port                Role  STP State     Protection
   1    Ethernet0/0/1       DESI  FORWARDING      NONE
   1    Ethernet0/0/2       ALTE  DISCARDING      NONE
   1    Ethernet0/0/3       ROOT  FORWARDING      NONE
   1    Ethernet0/0/4       DESI  FORWARDING      NONE
<LSW4>
```

图 2.5 实例 1 的端口角色及端口运行状态

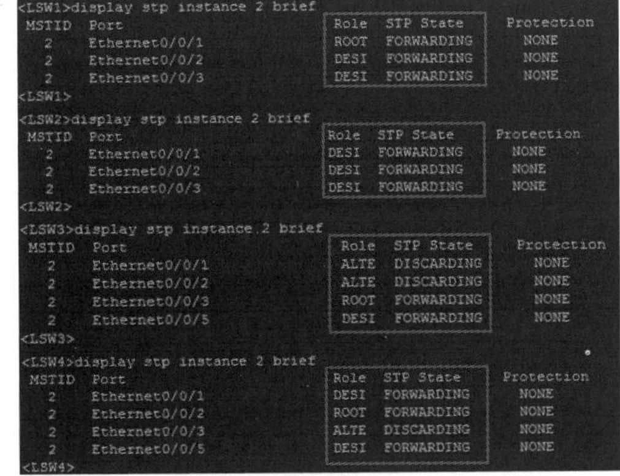

```
<LSW1>display stp instance 2 brief
 MSTID  Port                Role  STP State     Protection
   2    Ethernet0/0/1       ROOT  FORWARDING      NONE
   2    Ethernet0/0/2       DESI  FORWARDING      NONE
   2    Ethernet0/0/3       DESI  FORWARDING      NONE
<LSW1>
<LSW2>display stp instance 2 brief
 MSTID  Port                Role  STP State     Protection
   2    Ethernet0/0/1       DESI  FORWARDING      NONE
   2    Ethernet0/0/2       DESI  FORWARDING      NONE
   2    Ethernet0/0/3       DESI  FORWARDING      NONE
<LSW2>
<LSW3>display stp instance 2 brief
 MSTID  Port                Role  STP State     Protection
   2    Ethernet0/0/1       ALTE  DISCARDING      NONE
   2    Ethernet0/0/2       ALTE  DISCARDING      NONE
   2    Ethernet0/0/3       ROOT  FORWARDING      NONE
   2    Ethernet0/0/5       DESI  FORWARDING      NONE
<LSW3>
<LSW4>display stp instance 2 brief
 MSTID  Port                Role  STP State     Protection
   2    Ethernet0/0/1       DESI  FORWARDING      NONE
   2    Ethernet0/0/2       ROOT  FORWARDING      NONE
   2    Ethernet0/0/3       ALTE  DISCARDING      NONE
   2    Ethernet0/0/5       DESI  FORWARDING      NONE
<LSW4>
```

图 2.6 实例 2 的端口角色及端口运行状态

（10）查看交换机 LSW1 的 MSTP 运行状态，如图 2.7 所示。

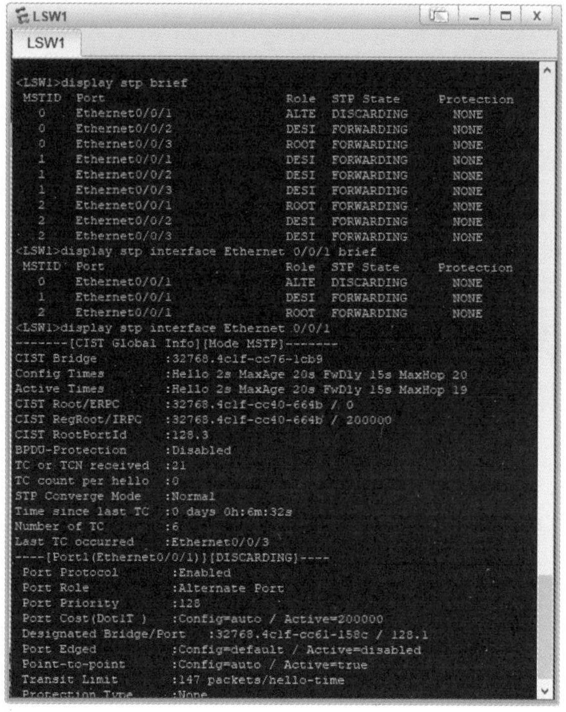

图 2.7　查看交换机 LSW1 的 MSTP 运行状态

课后习题

1. 选择题

（1）在生成树协议中，交换机端口的默认优先级为（　　）。

A. 16　　B. 32　　C. 64　　D. 128

（2）在生成树协议中，交换机的默认优先级为（　　）。

A. 65535　　B. 8192　　C. 32768　　D. 4096

（3）关于 MSTP 的描述，错误的是（　　）。

A. MSTP 兼容 RSTP 和 STP

B. 一个 MSTI 可以与一个或多个 VLAN 对应

C. 一个 MST Region 内只能有一个生成树实例

D. 每个生成树实例都可以独立地运行快速生成树算法

（4）定义 MSTP 的是（　　）。

A. IEEE 802.1w　　B. IEEE 802.1s　　C. IEEE 802.1d　　D. IEEE 802.1q

2. 简答题

（1）简述生成树协议的主要作用，以及 STP、RSTP 的局限性。

（2）MSTP 的出现主要解决了什么问题?

项目3 VRRP

【学习目标】

- 了解VRRP的基本概念及其应用场景。
- 掌握VRRP的配置方法。
- 掌握配置MSTP与VRRP多备份组来实现负载均衡的方法。

【素质目标】

- 理解VRRP在提供网络冗余和故障切换功能的同时，也要注重保护网络中的敏感信息和用户隐私，增强信息安全责任意识。
- 鼓励学生在学习和应用VRRP技术时，积极探索新的应用场景、优化配置策略，以应对日益复杂的网络环境和业务需求，培养创新意识与实践能力。

3.1 项目描述

小李是公司的网络工程师。公司的业务不断发展，为了保证网络的可靠性与稳定性，避免出现单点故障，公司决定部署冗余网关，使两台设备互为备份且均转发数据，实现负载均衡，当一台网关设备出现故障时，数据流量会自动切换到另一台网关设备上。那么小李应如何实现公司网关冗余备份呢?

3.2 必备知识

3.2.1 VRRP 概述

虚拟路由冗余协议（Virtual Router Redundancy Protocol，VRRP）由因特网工程任务组（Internet Engineering Task Force，IETF）在 1998 年推出的 RFC 2338 协议标准中提出，是用于解决局域网中配置的静态网关出现单点失效问题的路由协议。VRRP 广泛应用于边缘网络，它的设计目标是在特定情况下保证 IP 数据流量的失败转移不会引起混乱，允许主机使用单路由器，以及即使在实际第一跳路由器使用失败的情况下也能够维持路由器间的联通性。

VRRP 是一种选择协议，它可以把一台虚拟路由器的数据动态地分配到局域网上的 VRRP 路由器中。控制虚拟路由器 IP 地址的 VRRP 路由器称为主控路由器，它负责转发数据包到虚拟 IP 地址。VRRP 是一种局域网接入设备备份协议，提供了动态的故障转移机制。当主控路由器无法工作时，它允许虚拟路由器的 IP 地址作为终端主机的默认第一跳路由器。

如图 3.1 所示，一个局域网内的所有主机都配置了默认网关，路由器 AR1 的 GE 0/0/0 端口的 IP 地址为 192.168.1.254，主机发送的目的地址不在本网段的报文将通过默认网关发往三层交换机，从而实现主机和外部网络的通信。当默认网关的路由器出现故障时，所有使用该路由器作为默认网关的主机都会因为默认网关故障而无法进行通信。这个问题的解决方案有两种，下面分别进行介绍。

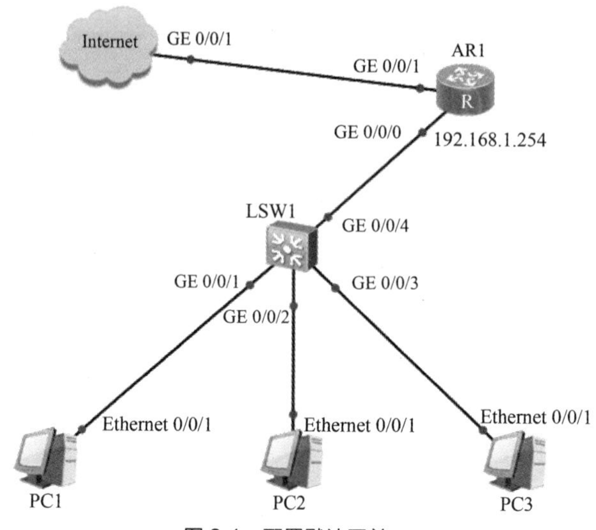

图 3.1　配置默认网关

一种方案是配置多个默认网关，这种方案可以实现网关的冗余，如果第一个默认网关出现故障，则可以切换至第二个默认网关转发数据。但在实际工作中，此方案的效果并不理想，其原因在于不能做到网关及时切换转发，需要人工参与配置。如图 3.2 所示，主机 PC1 设置了双网关（192.168.1.254 及 192.168.2.254）。访问 Internet 时，如果路由器 AR1 正常工作，那么主机 PC1 就会把数据包发送给网关地址 192.168.1.254，再由路由器 AR1 转发到 Internet。当路由器 AR1 出现故障无法通信时，主机 PC1 因不知道路由器故障，会继续将数据包发送给网关地址 192.168.1.254，也就是说，在没有人工参与的情况下，主机 PC1 不会自动切换到另一台路由器 AR2 的网关地址 192.168.2.254，即无法实现默认网关冗余数据通信。

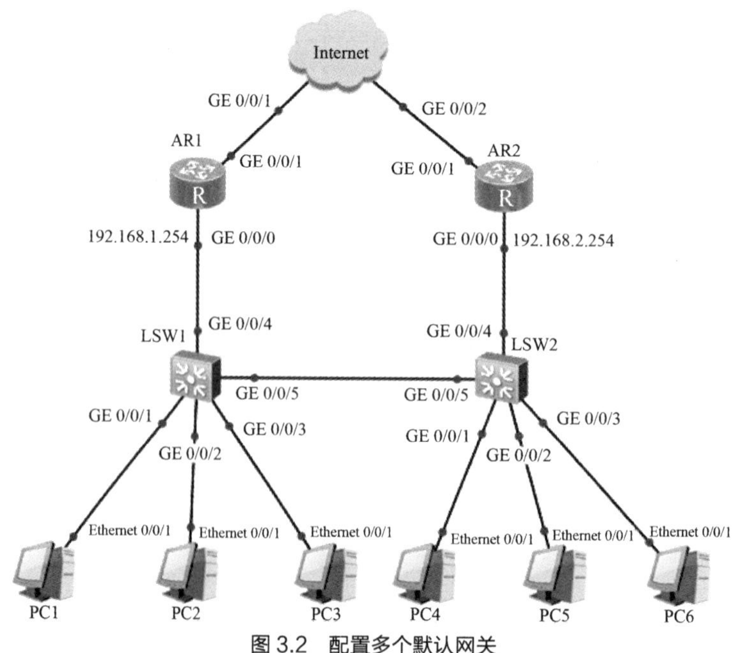

图 3.2　配置多个默认网关

另一种方案是在路由器 AR1 与路由器 AR2 上配置 VRRP。当路由器 AR1 正常工作时，由其转发数据进行通信；当路由器 AR1 出现故障时，系统自动切换到路由器 AR2 上，由路由器 AR2 代替路由器 AR1 进行工作，实现网关的冗余，使数据通信不间断。

VRRP 中有两组重要的概念：VRRP 路由器和虚拟路由器、主控（Master）路由器和备份（Backup）路由器。VRRP 路由器是指运行 VRRP 的路由器，是物理实体；虚拟路由器是指 VRRP 创建的路由器，是逻辑概念。一组 VRRP 路由器协同工作，共同构成一台虚拟路由器，该虚拟路由器对外表现为一台具有唯一固定的 IP 地址和 MAC 地址的逻辑路由器。处于同一个 VRRP 组中的路由器具有两种互斥的角色：主控路由器和备份路由器。一个 VRRP 组中有且只有一台处于主控角色的路由器，可以有一台或者多台处于备份角色的路由器。VRRP 从路由器组中选出一台作为主控路由器，负责通过地址解析协议（Address Resolution Protocol，ARP）解析和转发 IP 数据包。组中的其他路由器作为备份路由器处于待命状态，当主控路由器发生故障时，其中的一台备份路由器能在极短的时延后升级为主控路由器，此切换非常迅速且不会改变 IP 地址和 MAC 地址，故对终端使用者而言备份系统是透明的。

如图 3.3 所示，路由器 AR1、路由器 AR2 为一组 VRRP 路由器，路由器 AR1、路由器 AR2 的虚拟路由器 IP 地址统一设置为 192.168.1.254，网络中所有主机的默认网关地址都为虚拟路由器的 IP 地址。路由器 AR1 为主控路由器，负责对发送到该虚拟 IP 地址的数据包进行转发；路由器 AR2 为备份路由器，当主控路由器 AR1 发生故障时，备份路由器 AR2 将替换主控路由器 AR1 并进行数据转发，当主控路由器 AR1 恢复正常工作后，路由器 AR1 将再次成为主控路由器。

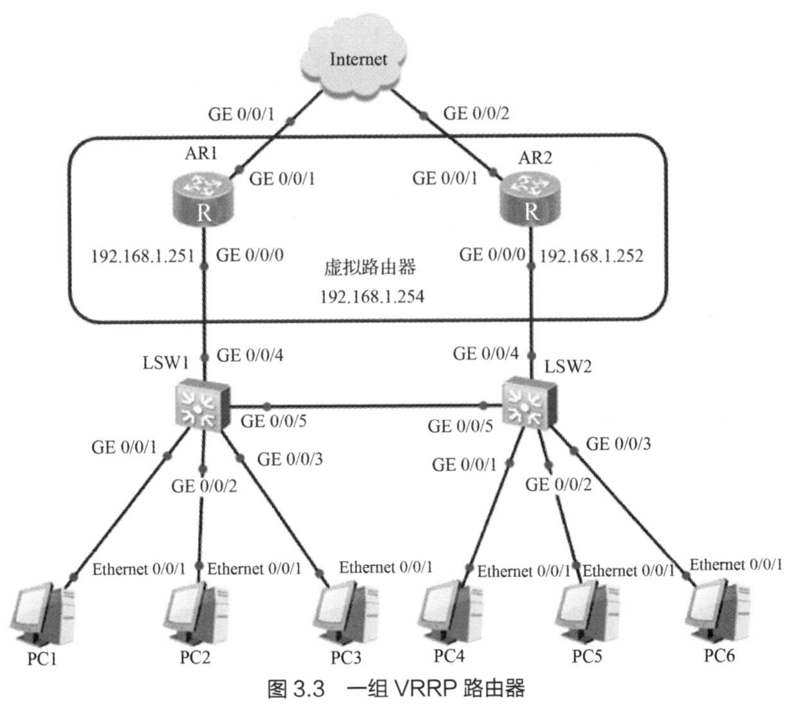

图 3.3　一组 VRRP 路由器

每一个 VRRP 组中的路由器都有唯一的 VRID（值为 1～255），它决定了运行 VRRP 的路由器属于哪一个 VRRP 组。VRRP 组中的虚拟路由器对外表现为唯一的虚拟 MAC 地址，地址的格式为 00-00-5E-00-01[VRID]，主控路由器负责对发送到虚拟路由器 IP 地址的 ARP 请求做出响应并以该虚拟 MAC 地址做出应答。因此，无论如何切换，都能保证终端主机设备具有唯一的 IP 地址和 MAC 地址，不会发生网络中的网关设备因出现故障而导致终端设备无法通信的情况。

3.2.2 VRRP 端口状态

VRRP 有 3 种状态：Initialize（初始）状态、Master（主用）状态和 Backup（备用）状态，下面分别进行介绍。

1. Initialize 状态

当路由器启动时，若其优先级设定为 255（这是最高优先级，仅在配置的 VRRP 虚拟 IP 地址与端口 IP 地址一致的情况下生效，意味着该路由器是 IP 地址的合法拥有者），为了发送 VRRP 通告信息及通过广播 ARP 信息来宣告与其路由器 IP 地址相对应的 MAC 地址实为虚拟 MAC 地址，需配置通告信息的定时器以准备定期发送 VRRP 通告。在此条件下，路由器将转变为 Master 状态；反之，若未满足这些条件，则路由器将进入 Backup 状态，并配置一个定时器来周期性检查是否接收到处于 Master 状态的其他路由器的通告信息。在此之前，路由器所处的状态被称为 Initialize 状态。

2. Master 状态

Master 状态的路由器即 VRRP 路由器中真正起作用的路由器，可实现以下功能。

设置定时通告定时器；用 VRRP 虚拟 MAC 地址响应路由器 IP 地址的 ARP 请求；转发目的 MAC 地址是 VRRP 虚拟 MAC 地址的数据包；如果路由器是虚拟路由器 IP 地址的拥有者，则接收目的地址是虚拟路由器 IP 地址的数据包，否则丢弃；当收到 shutdown 事件时，删除定时通告定时器，发送优先级为 0 的通告信息，转为 Initialize 状态；如果定时通告定时器超时，则发送 VRRP 通告信息。收到 VRRP 通告信息时，如果优先级为 0，则发送 VRRP 通告信息；否则判断数据的优先级是否高于本机，若相等且实际 IP 地址大于本地实际 IP 地址，则设置定时通告定时器，复位主机超时定时器，转为 Backup 状态，否则丢弃该通告信息。

3. Backup 状态

Backup 状态的路由器为 Master 状态路由器的备份，可实现以下功能。

设置主机超时定时器；不响应针对虚拟路由器 IP 地址的 ARP 请求信息；丢弃所有目的 MAC 地址是虚拟路由器 MAC 地址的数据包；不接收目的地址是虚拟路由器 IP 地址的所有数据包；当收到 shutdown 事件时，删除主机超时定时器，转为 Initialize 状态；当主机超时定时器超时的时候，发送 VRRP 通告信息，广播 ARP 地址信息，转为 Master 状态。收到 VRRP 通告信息时，如果优先级为 0，则表示进入 Master 选举过程；否则判断数据的优先级是否高于本机，如果高于，则承认 Master 状态有效，复位主机超时定时器，否则丢弃该通告信息。

3.2.3 VRRP 选举机制

VRRP 使用选举机制来确定路由器的状态（Master 或 Backup）。运行 VRRP 的一组路由器对外表现为一台虚拟路由器，其中一台路由器处于 Master 状态，其他的路由器处于 Backup 状态。

运行 VRRP 的路由器都会发送和接收 VRRP 通告信息，通告信息中包含了自身的 VRRP 优先级信息。VRRP 通过比较路由器的优先级进行选举，优先级高的路由器将成为主控路由器，其他路由器都为备份路由器。

虚拟路由器和 VRRP 路由器都有自己的 IP 地址（虚拟路由器的 IP 地址可以和 VRRP 备份组内的某台路由器的端口地址相同）。如果 VRRP 组中存在 IP 地址拥有者，则 IP 地址拥有者将成为主控路由器，并拥有最高优先级 255；如果 VRRP 组中不存在 IP 地址拥有者，则 VRRP 路由器将通过比较优先级来确定主控路由器。路由器可配置的优先级值为 1～254，默认情况下，VRRP 路由器的优先级为 100。当优先级相同时，VRRP 将通过比较 IP 地址来进行选举，IP 地址大的路由器将成为主控路由器。

如图 3.4 所示，路由器 AR1 的 VRRP 的优先级为 120，路由器 AR2 的 VRRP 的优先级为 100（默认优先级），因此，路由器 AR1 将成为该组的主控路由器，路由器 AR2 将成为该组的备份路由器。

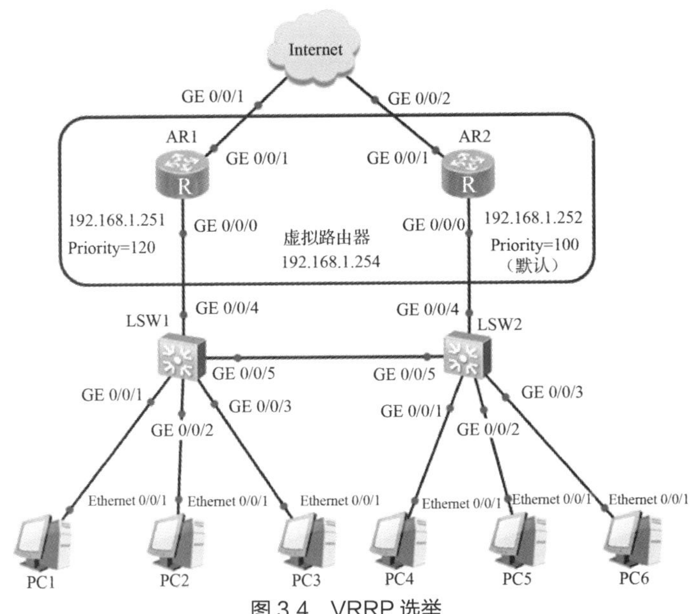

图 3.4　VRRP 选举

V3-1　VRRP 选举

当路由器 AR1 与路由器 AR2 的优先级相同时，VRRP 组内路由器将比较端口的 IP 地址，端口 IP 地址大的优先成为主控路由器。假设图 3.4 中的路由器 AR1 与路由器 AR2 的优先级都是默认值 100，则比较端口的 IP 地址，路由器 AR2 的端口 IP 地址为 192.168.1.252，而路由器 AR1 的端口 IP 地址为 192.168.1.251，因此，路由器 AR2 成为主控路由器，路由器 AR1 成为备份路由器。

1．创建 VRRP 组，并配置虚拟 IP 地址

在端口模式下，使用如下命令创建 VRRP 组，并配置虚拟 IP 地址。

```
[Huawei-GigabitEthernet0/0/0]vrrp vrid ?
  INTEGER<1-255>    Virtual router identifier
[Huawei-GigabitEthernet0/0/0]vrrp vrid 10 virtual-ip 192.168.1.254
```

其中，vrid 为 VRRP 组的编号，取值范围为 1～255。属于同一个 VRRP 组的路由器必须配置相同的 vrid 才能正常工作。

virtual-ip 为 VRRP 组的虚拟 IP 地址，虚拟 IP 地址可以是该子网中未使用的地址，也可以是该路由器的端口 IP 地址，虚拟 IP 地址必须与端口 IP 地址位于同一个子网中。

默认情况下，端口没有启用 VRRP 功能，即没有 VRRP 组。使用 undo 命令，可以禁止端口上的 VRRP 功能并取消虚拟 IP 地址的设置，配置命令如下。

```
[Huawei-GigabitEthernet0/0/0]undo vrrp vrid 10 virtual-ip 192.168.1.254
```

2．配置 VRRP 优先级

在端口模式下，使用如下命令配置 VRRP 优先级。

```
[Huawei-GigabitEthernet0/0/0]vrrp vrid 10 priority ?
  INTEGER<1-254>    The level of priority(default is 100)
[Huawei-GigabitEthernet0/0/0]vrrp vrid 10 priority 120
```

优先级的配置是基于端口和 VRRP 组的，也就是说，对于不同的端口和不同的 VRRP 组，可以分配不同的优先级。

3．配置 VRRP 抢占模式

在 VRRP 运行过程中，主控路由器定期发送 VRRP 通告信息，备份路由器将监听主控路由器的通告信息，当主控路由器失效时，备份路由器将接替该角色。路由器在运行 VRRP 时，VRRP 组中默认采用立即抢占方式，可修改主控路由器的延迟抢占时间，避免在网络环境不稳定时双方频繁抢占而导致

通信中断，配置命令如下。

```
[Huawei-GigabitEthernet0/0/0]vrrp vrid 10 preempt-mode timer delay ?
  INTEGER<0-3600>   Value of timer, in seconds(default is 0)
[Huawei-GigabitEthernet0/0/0]vrrp vrid 10 preempt-mode timer delay 20
```

配置 VRRP 抢占模式延迟时间值范围为 0～3600s，默认时间为 0s，即立即抢占方式。可以使用 undo 命令禁止抢占模式延迟，配置命令如下。

```
[Huawei-GigabitEthernet0/0/0]undo vrrp vrid 10 preempt-mode timer delay 20
```

4. 端口跟踪配置

在图 3.4 中，当路由器 AR1 的 GE 0/0/1 端口连接的链路出现故障时，路由器 AR1 仍作为主控路由器从 GE 0/0/0 端口接收局域网内的主机发送的报文，然而，路由器 AR1 无法对报文进行转发，使得网络无法正常通信。为了解决这个问题，可以使用 VRRP 端口跟踪机制，端口跟踪机制能够使 VRRP 根据路由器其他端口的状态自动调整该路由器的 VRRP 优先级，当被跟踪的端口不可用时，对应路由器 VRRP 优先级将降低，该路由器不再是主控路由器，从而使备份路由器有机会被选举为新的主控路由器，配置命令如下。

```
[Huawei-GigabitEthernet0/0/0]vrrp vrid 10 track interface GigabitEthernet 0/0/1  ?
  increased    Increase priority
  reduced      Reduce priority
  <cr>         Please press ENTER to execute command
[Huawei-GigabitEthernet0/0/0]vrrp vrid 10 track interface GigabitEthernet 0/0/1
reduced  30
```

5. VRRP 定时器配置

VRRP 路由器使用通告报文来进行选举与状态监测，当选举结束后，主控路由器定期发送通告报文，备份路由器将进行监听。可以在端口配置模式下，使用命令修改 VRRP 通告报文的发送时间间隔，配置命令如下。

```
[Huawei-GigabitEthernet0/0/0]vrrp vrid 10 timer advertise ?
  INTEGER<1-255>   Value of timer, in seconds(default is 1)
[Huawei-GigabitEthernet0/0/0]vrrp vrid 10 timer advertise 10
```

发送通告报文的时间间隔单位为秒（s），取值范围为 1～255，默认时间为 1s。

6. 查看 VRRP 运行状态

查看路由器 AR1 的 VRRP 运行状态。

```
<AR1>display vrrp brief
Total:1     Master:1     Backup:0     Non-active:0
VRID  State        Interface                Type      Virtual IP
----------------------------------------------------------------
10    Master       GE0/0/0                  Normal    192.168.1.254
< AR1>
```

路由器 AR1 的 VRRP 组的端口优先级配置为 120，而路由器 AR2 的 VRRP 组的端口优先级配置为默认值，即 100，所以路由器 AR1 被选举为主控路由器，而路由器 AR2 成为备份路由器。

查看路由器 AR2 的 VRRP 运行状态。

```
<AR2>display vrrp brief
Total:1      Master:0      Backup:1      Non-active:0
VRID      State      Interface            Type      Virtual IP
----------------------------------------------------------------
10        Backup     GE0/0/0              Normal    192.168.1.254
[AR2]
```

3.3 项目实施

3.3.1 VRRP 配置

VRRP 技术用于解决网络中主机配置单网关时出现的单点故障问题，即将多台路由器配置到一个VRRP 组中，每一个 VRRP 组构建一台虚拟路由器，作为网络中主机的网关。在一个 VRRP 组中，选举出一台优先级最高的路由器作为主控路由器，虚拟路由器的转发工作由主控路由器承担，当主控路由器因出现故障而宕机时，备份路由器将被选举为主控路由器，承担虚拟路由器的转发工作，从而保障网络的稳定性，如图 3.5 所示。

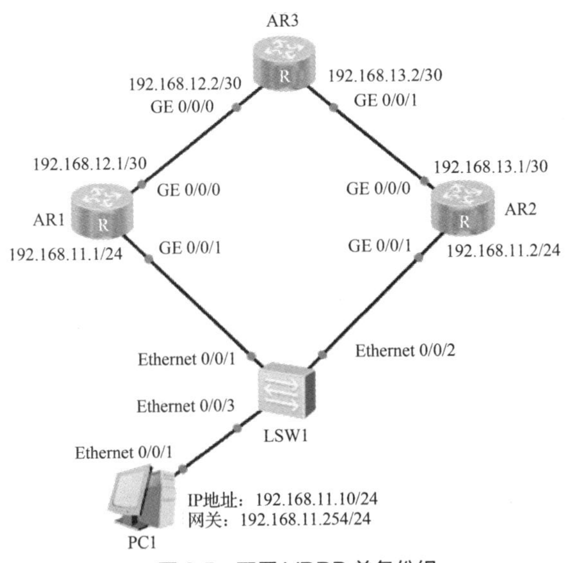

图 3.5 配置 VRRP 单备份组

V3-2 配置 VRRP 单备份组

（1）配置路由器 AR1，相关配置实例代码如下。

V3-3 配置 VRRP 单备份组——测试结果

```
<Huawei>system-view
[Huawei]sysname  AR1
[AR1]interface GigabitEthernet 0/0/1
[AR1-GigabitEthernet0/0/1]ip address 192.168.11.1 24
[AR1-GigabitEthernet0/0/1]vrrp vrid  1 virtual-ip 192.168.11.254
                                                    //设置虚拟网关地址
[AR1-GigabitEthernet0/0/1]vrrp vrid 1 priority 120  //设置优先级
[AR1-GigabitEthernet0/0/1]interface  GigabitEthernet0/0/0
[AR1-GigabitEthernet0/0/0]ip address 192.168.12.1 30
[AR1-GigabitEthernet0/0/0]quit
[AR1]interface LoopBack 1                           //回环端口
[AR1-LoopBack1]ip address 10.10.10.1 32             //回环地址
[AR1]
```

（2）显示路由器 AR1 的配置信息，主要配置实例代码如下。

```
<AR1>display current-configuration
#
 sysname  AR1
#
```

```
interface GigabitEthernet0/0/0
 ip address 192.168.12.1 255.255.255.252
#
interface GigabitEthernet0/0/1
 ip address 192.168.11.1 255.255.255.0
 vrrp vrid 1 virtual-ip 192.168.11.254
 vrrp vrid 1 priority 120
#
interface LoopBack1
 ip address 10.10.10.1 255.255.255.255
#
<AR1>
```

（3）配置路由器 AR2，相关配置实例代码如下。

```
<Huawei>system-view
[Huawei]sysname   AR2
[AR2]interface GigabitEthernet 0/0/1
[AR2-GigabitEthernet0/0/1]ip address 192.168.11.2 24
[AR2-GigabitEthernet0/0/1]vrrp vrid   1 virtual-ip 192.168.11.254
[AR2-GigabitEthernet0/0/1]interface   GigabitEthernet0/0/0
[AR2-GigabitEthernet0/0/1]ip address 192.168.13.1 30
[AR2-GigabitEthernet0/0/0]quit
[AR2]interface LoopBack 1
[AR2-LoopBack1]ip address 20.20.20.1 32
[AR2]
```

（4）显示路由器 AR2 的配置信息，主要配置实例代码如下。

```
<AR2>display current-configuration
#
 sysname   AR2
#
interface GigabitEthernet0/0/0
 ip address 192.168.13.1 255.255.255.252
#
interface GigabitEthernet0/0/1
 ip address 192.168.11.2 255.255.255.0
 vrrp vrid 1 virtual-ip 192.168.11.254
#
interface GigabitEthernet0/0/2
#
interface LoopBack1
 ip address 20.20.20.1 255.255.255.255
#
<AR2>
```

（5）在路由器 AR1 上验证配置，使用 display vrrp brief 命令，如图 3.6 所示。

```
<AR1>display vrrp brief
Total:1     Master:1     Backup:0     Non-active:0
VRID  State        Interface              Type     Virtual IP
----------------------------------------------------------------
1     Master       GE0/0/1                Normal   192.168.11.254
<AR1>
```

图 3.6　路由器 AR1 验证配置

（6）在路由器 AR2 上验证配置，使用 display vrrp brief 命令，如图 3.7 所示。

（7）在主机 PC1 上测试 VRRP 验证结果，如图 3.8 所示。

```
<AR2>display vrrp brief
Total:1     Master:0     Backup:1     Non-active:0
VRID  State        Interface                Type      Virtual IP
----------------------------------------------------------------
1     Backup       GE0/0/1                  Normal    192.168.11.254
<AR2>
```

图 3.7　路由器 AR2 验证配置

```
PC>ping 192.168.11.254

Ping 192.168.11.254: 32 data bytes, Press Ctrl_C to break
From 192.168.11.254: bytes=32 seq=1 ttl=255 time=109 ms
From 192.168.11.254: bytes=32 seq=2 ttl=255 time=46 ms
From 192.168.11.254: bytes=32 seq=3 ttl=255 time=47 ms
From 192.168.11.254: bytes=32 seq=4 ttl=255 time=31 ms
From 192.168.11.254: bytes=32 seq=5 ttl=255 time=31 ms

--- 192.168.11.254 ping statistics ---
  5 packet(s) transmitted
  5 packet(s) received
  0.00% packet loss
  round-trip min/avg/max = 31/52/109 ms

PC>ping 10.10.10.1

Ping 10.10.10.1: 32 data bytes, Press Ctrl_C to break
From 10.10.10.1: bytes=32 seq=1 ttl=255 time=46 ms
From 10.10.10.1: bytes=32 seq=2 ttl=255 time=47 ms
From 10.10.10.1: bytes=32 seq=3 ttl=255 time=47 ms

--- 10.10.10.1 ping statistics ---
  3 packet(s) transmitted
  3 packet(s) received
  0.00% packet loss
  round-trip min/avg/max = 46/46/47 ms

PC>ping 20.20.20.1

Ping 20.20.20.1: 32 data bytes, Press Ctrl_C to break
Request timeout!
Request timeout!
Request timeout!
Request timeout!
Request timeout!

--- 20.20.20.1 ping statistics ---
  5 packet(s) transmitted
  0 packet(s) received
  100.00% packet loss
```

图 3.8　在主机 PC1 上测试 VRRP 验证结果

3.3.2　MSTP 与 VRRP 多备份组实现负载均衡配置

配置 MSTP 与 VRRP 多备份组可实现负载均衡。配置 VLAN 10 与 VLAN 30 属于 MSTP 实例 1，VLAN 10 与 VLAN 30 属于 VRRP 主控交换机 LSW1，VRRP 备份交换机属于 LSW2；VLAN 20 与 VLAN 40 属于 MSTP 实例 2，VLAN 20 与 VLAN 40 属于 VRRP 主控交换机 LSW2，VRRP 备份交换机属于 LSW1；交换机 LSW1 与交换机 LSW2 之间做链路聚合，增加带宽并提高可靠性；交换机 LSW3、LSW4 为接入层交换机，可以连接不同 VLAN 之间的主机，如图 3.9 所示。

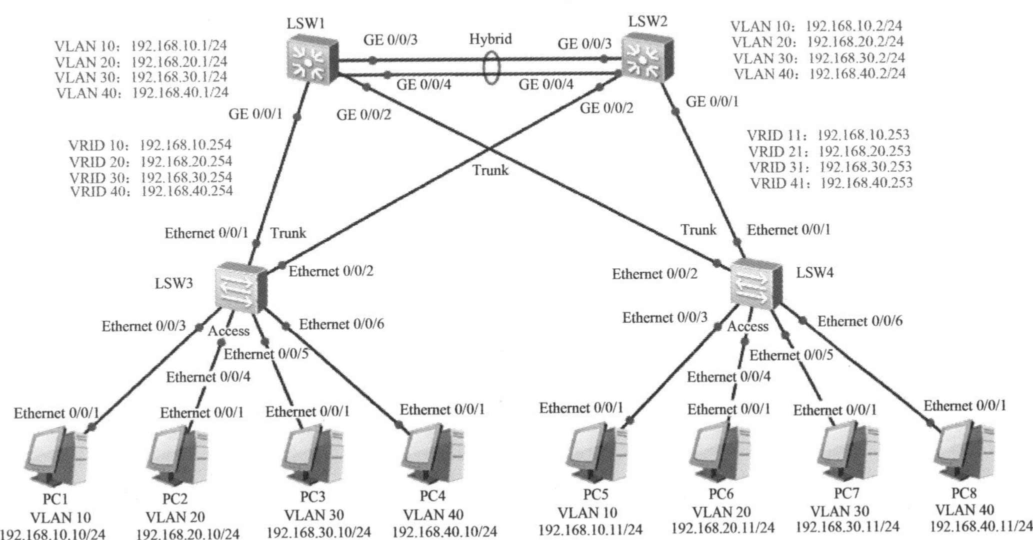

图 3.9　配置 MSTP 与 VRRP 多备份组

V3-4 配置 MSTP 与 VRRP 多备份组——LSW1

V3-5 配置 MSTP 与 VRRP 多备份组——LSW2

V3-6 配置 MSTP 与 VRRP 多备份组——LSW3、LSW4

V3-7 配置 MSTP 与 VRRP 多备份组——测试结果

（1）配置交换机 LSW1，相关配置实例代码如下。

```
<Huawei>system-view
[Huawei]sysname LSW1
[LSW1]vlan batch 10 20 30 40
[LSW1]port-group group-member GigabitEthernet 0/0/1 to GigabitEthernet 0/0/2
[LSW1-port-group]port link-type trunk
[LSW1-port-group]port trunk allow-pass vlan all
[LSW1-port-group]quit
[LSW1]port-group group-member GigabitEthernet 0/0/3 to GigabitEthernet 0/0/4
[LSW1-port-group]port link-type hybrid
[LSW1-port-group]quit
[LSW1]interface Eth-Trunk 1                              //配置链路聚合
[LSW1-Eth-Trunk1]trunkport GigabitEthernet 0/0/3 to 0/0/4
[LSW1-Eth-Trunk1]port link-type hybrid
[LSW1-Eth-Trunk1]quit
[LSW1]interface Vlanif 10
[LSW1-Vlanif10]ip address 192.168.10.1 24
[LSW1-Vlanif10]vrrp vrid 10 virtual-ip 192.168.10.254    //设置虚拟网关地址
[LSW1-Vlanif10]vrrp vrid 10 priority 120                 //设置优先级
[LSW1-Vlanif10]vrrp vrid 11 virtual-ip 192.168.10.253
[LSW1-Vlanif10]quit
[LSW1]interface Vlanif 20
[LSW1-Vlanif20]ip address 192.168.20.1 24
[LSW1-Vlanif20]vrrp vrid 20 virtual-ip 192.168.20.254
[LSW1-Vlanif20]vrrp vrid 20 priority 120
[LSW1-Vlanif20]vrrp vrid 21 virtual-ip 192.168.20.253
[LSW1-Vlanif20]quit
[LSW1]interface Vlanif 30
[LSW1-Vlanif30]ip address 192.168.30.1 24
[LSW1-Vlanif30]vrrp vrid 30 virtual-ip 192.168.30.254
[LSW1-Vlanif30]vrrp vrid 30 priority 120
[LSW1-Vlanif30]vrrp vrid 31 virtual-ip 192.168.30.253
[LSW1-Vlanif30]quit
[LSW1]interface Vlanif 40
[LSW1-Vlanif40]ip address 192.168.40.1 24
[LSW1-Vlanif40]vrrp vrid 40 virtual-ip 192.168.40.254
[LSW1-Vlanif40]vrrp vrid 40 priority 120
[LSW1-Vlanif40]vrrp vrid 41 virtual-ip 192.168.40.253
```

```
[LSW1-Vlanif40]quit
[LSW1]stp mode mstp
[LSW1]stp region-configuration
[LSW1-mst-region]region-name RG1
[LSW1-mst-region]instance 1 vlan 10 30
[LSW1-mst-region]instance 2 vlan 20 40
[LSW1-mst-region]active region-configuration
[LSW1-mst-region]quit
[LSW1]stp instance 1 priority 4096
[LSW1]stp instance 2 priority 8192
[LSW1]
```

（2）配置交换机 LSW2，相关配置实例代码如下。

```
<Huawei>system-view
[Huawei]sysname LSW2
[LSW2]vlan batch 10 20 30 40
[LSW2]port-group group-member GigabitEthernet 0/0/1 to GigabitEthernet 0/0/2
[LSW2-port-group]port link-type trunk
[LSW2-port-group]port trunk allow-pass vlan all
[LSW2-port-group]quit
[LSW2]port-group group-member GigabitEthernet 0/0/3 to GigabitEthernet 0/0/4
[LSW2-port-group]port link-type hybrid
[LSW2-port-group]quit
[LSW2]interface Eth-Trunk 1
[LSW2-Eth-Trunk1]trunkport GigabitEthernet 0/0/3 to 0/0/4
[LSW2-Eth-Trunk1]port link-type hybrid
[LSW2-Eth-Trunk1]quit
[LSW2]interface Vlanif 10
[LSW2-Vlanif10]ip address 192.168.10.2 24
[LSW2-Vlanif10]vrrp vrid 10 virtual-ip 192.168.10.254
[LSW2-Vlanif10]vrrp vrid 11 virtual-ip 192.168.10.253
[LSW2-Vlanif10]vrrp vrid 11 priority 120
[LSW2-Vlanif10]quit
[LSW2]interface Vlanif 20
[LSW2-Vlanif20]ip address 192.168.20.2 24
[LSW2-Vlanif20]vrrp vrid 20 virtual-ip 192.168.20.254
[LSW2-Vlanif20]vrrp vrid 21 virtual-ip 192.168.20.253
[LSW2-Vlanif20]vrrp vrid 21 priority 120
[LSW2-Vlanif20]quit
[LSW2]interface Vlanif 30
[LSW2-Vlanif30]ip address 192.168.30.2 24
[LSW2-Vlanif30]vrrp vrid 30 virtual-ip 192.168.30.254
[LSW2-Vlanif30]vrrp vrid 31 virtual-ip 192.168.30.253
[LSW2-Vlanif30]vrrp vrid 31 priority 120
[LSW2-Vlanif30]quit
[LSW2]interface Vlanif 40
[LSW2-Vlanif40]ip address 192.168.40.2 24
[LSW2-Vlanif40]vrrp vrid 40 virtual-ip 192.168.40.254
[LSW2-Vlanif40]vrrp vrid 41 virtual-ip 192.168.40.253
```

```
[LSW2-Vlanif40]vrrp vrid 41 priority 120
[LSW2-Vlanif40]quit
[LSW2]stp mode mstp
[LSW2]stp region-configuration
[LSW2-mst-region]region-name RG1
[LSW2-mst-region]instance 1 vlan 10 30
[LSW2-mst-region]instance 2 vlan 20 40
[LSW2-mst-region]active region-configuration
[LSW2-mst-region]quit
[LSW2]stp instance 1 priority 8192
[LSW2]stp instance 2 priority 4096
[LSW2]
```

（3）显示交换机 LSW1、LSW2 的配置信息，以交换机 LSW1 为例，其主要配置实例代码如下。

```
<LSW1>display current-configuration
#
sysname LSW1
#
vlan batch 10 20 30 40
#
stp instance 1 priority 4096
stp instance 2 priority 8192
#
stp region-configuration
 region-name RG1
 instance 1 vlan 10 30
 instance 2 vlan 20 40
 active region-configuration
#
interface Vlanif10
 ip address 192.168.10.1 255.255.255.0
 vrrp vrid 10 virtual-ip 192.168.10.254
 vrrp vrid 10 priority 120
 vrrp vrid 11 virtual-ip 192.168.10.253
#
interface Vlanif20
 ip address 192.168.20.1 255.255.255.0
 vrrp vrid 20 virtual-ip 192.168.20.254
 vrrp vrid 20 priority 120
 vrrp vrid 21 virtual-ip 192.168.20.253
#
interface Vlanif30
 ip address 192.168.30.1 255.255.255.0
 vrrp vrid 30 virtual-ip 192.168.30.254
 vrrp vrid 30 priority 120
 vrrp vrid 31 virtual-ip 192.168.30.253
#
interface Vlanif40
 ip address 192.168.40.1 255.255.255.0
```

```
 vrrp vrid 40 virtual-ip 192.168.40.254
 vrrp vrid 40 priority 120
 vrrp vrid 41 virtual-ip 192.168.40.253
#
interface MEth0/0/1
#
interface Eth-Trunk1
#
interface GigabitEthernet0/0/1
 port link-type trunk
 port trunk allow-pass vlan 2 to 4094
#
interface GigabitEthernet0/0/2
 port link-type trunk
 port trunk allow-pass vlan 2 to 4094
#
interface GigabitEthernet0/0/3
 eth-trunk 1
#
interface GigabitEthernet0/0/4
 eth-trunk 1
#
<LSW1>
```

（4）配置交换机 LSW3，相关配置实例代码如下。

```
<Huawei>system-view
[Huawei]sysname LSW3
[LSW3]vlan batch 10 20 30 40
[LSW3]port-group 1
[LSW3]port-group group-member Ethernet 0/0/1 to Ethernet 0/0/2
[LSW3-port-group]port link-type trunk
[LSW3-port-group]port trunk allow-pass vlan all
[LSW3-port-group]quit
[LSW3]port-group group-member Ethernet 0/0/3 to Ethernet 0/0/6
[LSW3-port-group]port link-type access
[LSW3-port-group]quit
[LSW3]interface Ethernet 0/0/3
[LSW3-Ethernet0/0/3]port default vlan 10
[LSW3-Ethernet0/0/3]quit
[LSW3]interface Ethernet 0/0/4
[LSW3-Ethernet0/0/4]port default vlan 20
[LSW3-Ethernet0/0/4]quit
[LSW3]interface Ethernet 0/0/5
[LSW3-Ethernet0/0/5]port default vlan 30
[LSW3-Ethernet0/0/5]quit
[LSW3]interface Ethernet 0/0/6
[LSW3-Ethernet0/0/6]port default vlan 40
[LSW3-Ethernet0/0/6]quit
[LSW3]stp mode mstp
```

```
[LSW3]stp region-configuration
[LSW3-mst-region]region-name RG1
[LSW3-mst-region]instance 1 vlan 10 30
[LSW3-mst-region]instance 2 vlan 20 40
[LSW3-mst-region]active region-configuration
[LSW3-mst-region]quit
[LSW3]
```

（5）配置交换机 LSW4，相关配置实例代码如下。

```
<Huawei>system-view
[Huawei]sysname LSW4
[LSW4]vlan batch 10 20 30 40
[LSW4]port-group 1
[LSW4]port-group group-member Ethernet 0/0/1 to Ethernet 0/0/2
[LSW4-port-group]port link-type trunk
[LSW4-port-group]port trunk allow-pass vlan all
[LSW4-port-group]quit
[LSW4]port-group group-member Ethernet 0/0/3 to Ethernet 0/0/6
[LSW4-port-group]port link-type access
[LSW4-port-group]quit
[LSW4]interface Ethernet 0/0/3
[LSW4-Ethernet0/0/3]port default vlan 10
[LSW4-Ethernet0/0/3]quit
[LSW4]interface Ethernet 0/0/4
[LSW4-Ethernet0/0/4]port default vlan 20
[LSW4-Ethernet0/0/4]quit
[LSW4]interface Ethernet 0/0/5
[LSW4-Ethernet0/0/5]port default vlan 30
[LSW4-Ethernet0/0/5]quit
[LSW4]interface Ethernet 0/0/6
[LSW4-Ethernet0/0/6]port default vlan 40
[LSW4-Ethernet0/0/6]quit
[LSW4]stp mode mstp
[LSW4]stp region-configuration
[LSW4-mst-region]region-name RG1
[LSW4-mst-region]instance 1 vlan 10 30
[LSW4-mst-region]instance 2 vlan 20 40
[LSW4-mst-region]active region-configuration
[LSW4-mst-region]quit
[LSW4]
```

（6）显示交换机 LSW3、LSW4 的配置信息，以交换机 LSW3 为例，其主要配置实例代码如下。

```
<LSW3>display current-configuration
#
sysname LSW3
#
vlan batch 10 20 30 40
#
stp region-configuration
 region-name RG1
```

```
 instance 1 vlan 10 30
 instance 2 vlan 20 40
 active region-configuration
#
interface Ethernet0/0/1
 port link-type trunk
 port trunk allow-pass vlan 2 to 4094
#
interface Ethernet0/0/2
 port link-type trunk
 port trunk allow-pass vlan 2 to 4094
#
interface Ethernet0/0/3
 port link-type access
 port default vlan 10
#
interface Ethernet0/0/4
 port link-type access
 port default vlan 20
#
interface Ethernet0/0/5
 port link-type access
 port default vlan 30
#
interface Ethernet0/0/6
 port link-type access
 port default vlan 40
#
port-group 1
#
<LSW3>
```

（7）设置主机 PC1 与主机 PC6 的 IP 地址，如图 3.10 所示。其他主机 IP 地址的设置这里不再赘述。

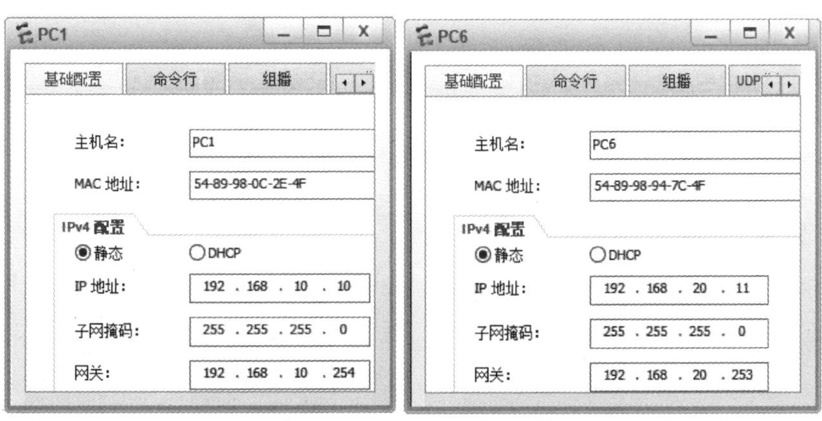

图 3.10　设置主机 PC1 与主机 PC6 的 IP 地址

（8）测试主机 PC1 的验证结果，主机 PC1 访问 VLAN 10 网关和虚拟网关的结果如图 3.11 所示。

（9）测试主机 PC6 的验证结果，主机 PC6 访问 VLAN 20 的网关和虚拟网关的结果如图 3.12 所示。

图 3.11 测试主机 PC1 的验证结果

```
PC6
基础配置 命令行 组播 UDP发包工具 串口
PC>ping 192.168.20.253

Ping 192.168.20.253: 32 data bytes, Press Ctrl_C to break
From 192.168.20.253: bytes=32 seq=1 ttl=255 time=78 ms
From 192.168.20.253: bytes=32 seq=2 ttl=255 time=47 ms
From 192.168.20.253: bytes=32 seq=3 ttl=255 time=16 ms
From 192.168.20.253: bytes=32 seq=4 ttl=255 time=32 ms
From 192.168.20.253: bytes=32 seq=5 ttl=255 time=47 ms

--- 192.168.20.253 ping statistics ---
  5 packet(s) transmitted
  5 packet(s) received
  0.00% packet loss
  round-trip min/avg/max = 16/44/78 ms

PC>ping 192.168.20.2

Ping 192.168.20.2: 32 data bytes, Press Ctrl_C to break
From 192.168.20.2: bytes=32 seq=1 ttl=255 time=47 ms
From 192.168.20.2: bytes=32 seq=2 ttl=255 time=31 ms
From 192.168.20.2: bytes=32 seq=3 ttl=255 time=31 ms
From 192.168.20.2: bytes=32 seq=4 ttl=255 time=31 ms
From 192.168.20.2: bytes=32 seq=5 ttl=255 time=32 ms

--- 192.168.20.2 ping statistics ---
  5 packet(s) transmitted
  5 packet(s) received
  0.00% packet loss
  round-trip min/avg/max = 31/34/47 ms

PC>
```

图 3.12 测试主机 PC6 的验证结果

（10）使用 display eth-trunk 1 命令，显示交换机 LSW1 的链路聚合状态，如图 3.13 所示。

（11）使用 display eth-trunk 1 命令，显示交换机 LSW2 的链路聚合状态，如图 3.14 所示。

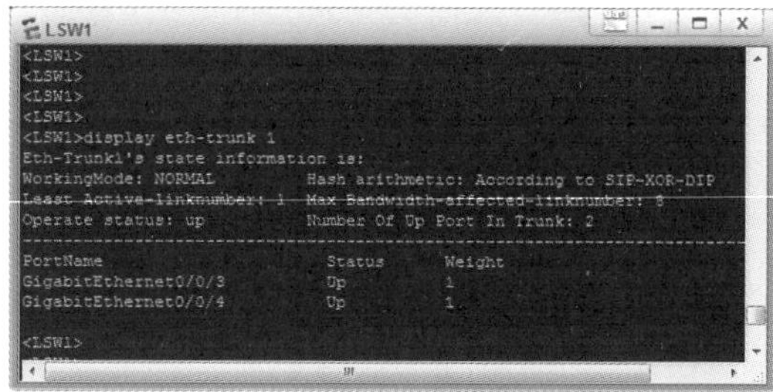

图 3.13 交换机 LSW1 的链路聚合状态

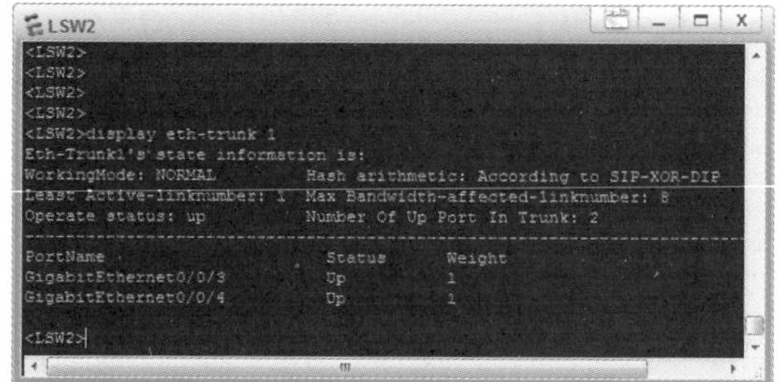

图 3.14 交换机 LSW2 的链路聚合状态

（12）使用 display stp instance 1 brief 命令，显示在交换机 LSW1 上 MSTP 实例 1 和实例 2 的运行状态，如图 3.15 所示。

（13）使用 display stp instance 1 brief 命令，显示在交换机 LSW2 上 MSTP 实例 1 和实例 2 的运行状态，如图 3.16 所示。

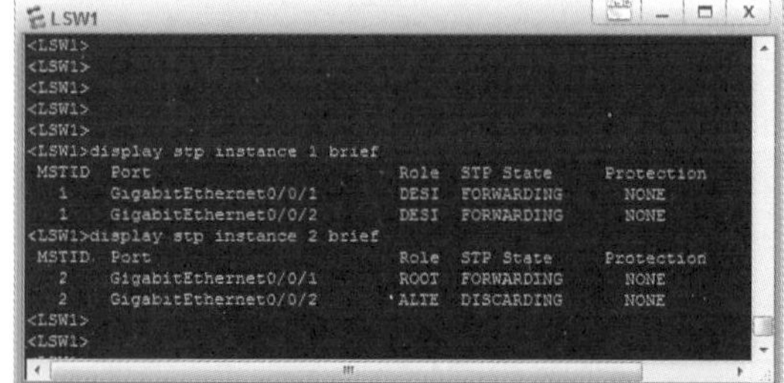

图 3.15 交换机 LSW1 上 MSTP 实例 1 和实例 2 的运行状态

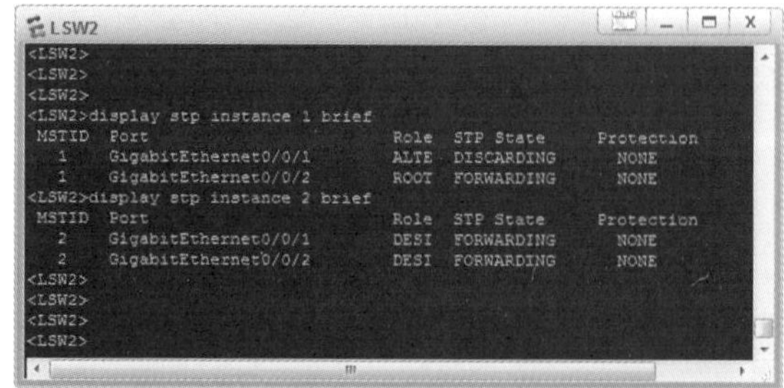

图 3.16 交换机 LSW2 上 MSTP 实例 1 和实例 2 的运行状态

（14）使用 display vrrp brief 命令，显示交换机 LSW1 上 VRRP 的运行状态，如图 3.17 所示。

（15）使用 display vrrp brief 命令，显示交换机 LSW2 上 VRRP 的运行状态，如图 3.18 所示。

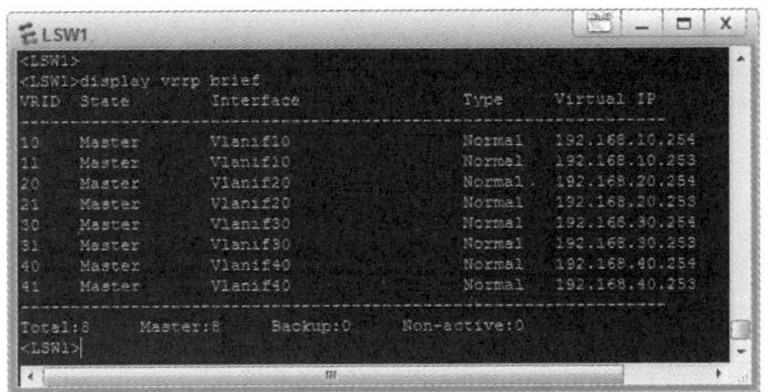

图 3.17　交换机 LSW1 上 VRRP 的运行状态

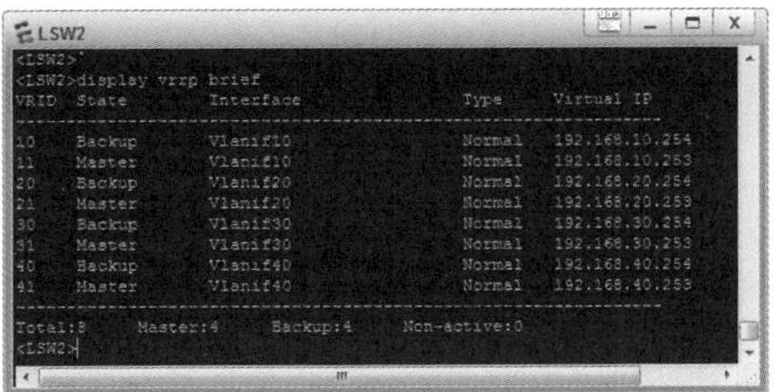

图 3.18　交换机 LSW2 上 VRRP 的运行状态

课后习题

1. 选择题

（1）一个 VRRP 虚拟路由器配置 VRID 为 5，虚拟 IP 地址为 200.1.1.10，那么其虚拟 MAC 地址是（　　）。

A. 00-00-5E-00-01-10　　B. 00-00-5E-00-01-05

C. 10-00-5E-00-01-10　　D. 10-00-5E-00-01-05

（2）默认情况下，VRRP 路由器的优先级为（　　）。

A. 0　　B. 1　　C. 100　　D. 255

（3）若网络环境不稳定，则启用 VRRP 功能后，（　　）能防止主备路由器频繁切换。

A. 配置 VRRP 实体间的认证　　B. 修改 VRRP 发送通告报文时间间隔

C. 修改 VRRP 的 track 值　　D. 启用备份组抢占模式

2. 简答题

（1）简述 VRRP 的主要作用及应用场景。

（2）如何配置 MSTP 与 VRRP 多备份组以实现负载均衡?

项目4
RIP与高级配置

【学习目标】

- 掌握RIP路由聚合功能及配置方法。
- 掌握RIP验证功能及配置方法。
- 掌握RIP与BFD联动配置方法。

【素质目标】

- 在RIP配置实践中，倡导学生坚守诚实守信的职业道德，确保路由配置的准确性和透明度，不进行可能导致网络不稳定或误导他人的操作。
- 训练学生能够清晰、准确地向非技术人员（如管理层、客户等）阐述RIP的工作原理、配置逻辑与故障处理过程，提升跨部门、跨专业的沟通能力。

4.1 项目描述

公司规模较小时，网络采用 RIP 进行配置。随着公司规模的不断扩大，公司网络的子网数量也不断增加，导致网络运行状态不够稳定，对公司业务造成了一定的影响。小李是一名刚入职的网络工程师，领导安排小李对公司网络进行优化。考虑到公司网络的安全性与稳定性，需要对公司网络进行认证使用，同时要动态监测网络的运行状况，对公司未来的网络扩展做好准备。小李需要根据公司的要求制订一份合理的网络优化方案，那么小李应如何配置网络设备呢?

4.2 必备知识

1. RIP 概述

路由信息协议（Routing Information Protocol，RIP）是一种内部网关协议（Interior Gateway Protocol，IGP），也是一种动态路由选择协议，用于传递自治系统（Autonomous System，AS）内的路由信息。RIP 基于距离矢量算法（Distance Vector Algorithm），使用“跳数”（Metric，报文经过的路由器的数量）来衡量到达目的地址的路由距离。运行这种协议的路由器只与自己相邻的路由器交换信息，范围限制在 15 跳之内，即 16 跳就认为网络不可达。

RIP 应用于开放系统互连（Open System Interconnection，OSI）参考模型的应用层，各厂家定义的管理距离（Administrative Distance，AD，即优先级）有所不同。例如，华为设备定义的优先级是 100，而思科设备定义的优先级是 120。RIP 在带宽、配置和管理方面的要求较低，主要适用于规模较小的网络，如图 4.1 所示。RIP 中定义的相关参数比较少，它不支持可变长子网掩码（Variable Length Subnet Mask，VLSM）和无类别域间路由（Classless Inter-Domain Routing，CIDR），也不支持认证功能。

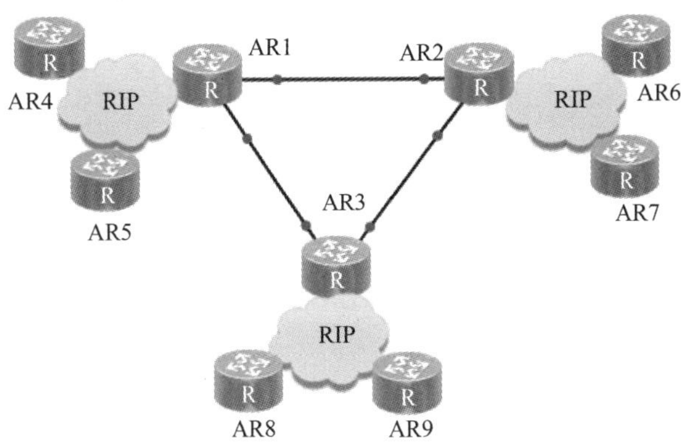

图 4.1　运行 RIP 的网络

2. RIP 的工作原理

路由器启动时，路由表中只会包含直连路由。运行 RIP 之后，路由器会发送 Request 报文，请求邻居路由器的 RIP 路由。运行 RIP 的邻居路由器收到该 Request 报文后，会根据自己的路由表生成 Response 报文进行回应。路由器在收到 Response 报文后，会将相应的路由添加到自己的路由表中。

RIP 网络稳定以后，每台路由器都会周期性（默认周期为 30s）地向邻居路由器发送 Response 报文，通告自己的整张路由表中的路由信息，然后邻居路由器根据收到的路由信息更新自己的路由表，如图 4.2 所示。针对某一条路由信息，如果 180s 以后路由器仍然没有接收到关于它的更新信息，那么将其标记为失效，即将 Metric 值标记为 16；在经过 120s 以后，如果仍然没有更新信息，则该失效信息将被删除。

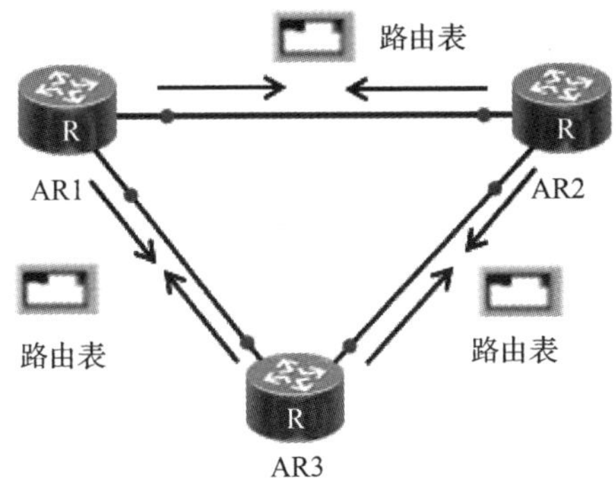

图 4.2　更新 RIP 路由表

3. RIP 的版本

RIP 分为 3 个版本：RIPv1、RIPv2 和 RIPng。前两者用于 IPv4，RIPng 用于 IPv6。

（1）RIPv1 为有类别路由协议，不支持 VLSM 和 CIDR；RIPv1 以广播形式发送路由信息，目的 IP 地址为广播地址 255.255.255.255；不支持认证；RIPv1 通过用户数据报协议（User Datagram Protocol，UDP）交换路由信息，端口号为 520。

一条 RIPv1 路由更新信息中最多可包含 25 个路由表项，每个路由表项都携带了目的网络的地址和度量值。一个 RIP 报文体积限制为 504 字节，如果整张路由表的更新信息超过该大小，则需要发送多个 RIPv1 报文。

（2）RIPv2 为无类别路由协议，支持 VLSM，支持路由聚合与 CIDR；支持以广播或多播（224.0.0.9）方式发送报文；支持明文认证和 MD5 密文认证。RIPv2 在 RIPv1 的基础上进行了扩展，但 RIPv2 的报文格式仍然同 RIPv1 类似。

RIPv1 的提出年代较早，其中有许多缺陷。为了改善 RIPv1 的不足，IETF 在 RFC 1388 中提出了改进的 RIPv2，并在 RFC 1723 和 RFC 2453 中进行了修订。

随着 OSPF 协议和 IS-IS 协议（将分别在项目 5 和项目 6 中进行介绍）的出现，许多人认为 RIP 已经过时了。但 RIP 仍有难以替代的优势，对小型网络而言，RIP 所占带宽小，易于配置和管理，故仍有大量网络在运行 RIP。RIP 也有明显的不足，即当有多个网络时会出现路由环路问题。为了解决路由环路问题，IETF 提出了分割范围的方法，即路由器不可以在通过自身端口获得路由信息后，再通过本端口去通告已获得的路由信息。分割范围解决了两台路由器之间的路由环路问题，但不能阻止多台路由器形成路由环路。触发更新是解决路由环路问题的另一方法，它要求路由器在链路发生变化时立即广播其路由表。这加速了网络的聚合，但容易产生广播泛滥。总之，解决路由环路问题需要消耗一定的时间和带宽。若采用 RIP，则其网络内部所经过的链路数不能超过 15，这使得 RIP 不适用于大型网络。

（3）下一代 RIP（RIP next generation，RIPng）是为 IPv6 网络设计的下一代距离矢量路由协议。与 IPv4 版本的 RIP 类似，RIPng 同样基于距离矢量算法。RIPng 保留了 RIP 的多个主要特性，例如，RIPng 规定每一跳的开销度量值为 1、最大跳数为 15，RIPng 通过 UDP 的 521 端口发送和接收路由信息。

RIPng 与 RIP 最主要的区别在于，RIPng 使用 IPv6 多播地址 ff02::9 作为目的地址来传送路由更新报文，而 RIPv2 使用的是多播地址 224.0.0.9；IPv4 一般采用公网地址或私网地址作为路由条目的下一跳地址，而 IPv6 通常采用链路本地地址作为路由条目的下一跳地址。

4. RIP 的局限性

（1）只适用于小型网络。

RIP 中规定，一条有效的路由信息的跳数不能超过 15，这使得 RIP 不能应用于大型的网络。不过正是因为设计者考虑到该协议只适用于小型网络，所以才进行了这一限制。

（2）收敛速度慢。

RIP 在实际应用中很容易出现“计数到无穷大”的现象，这使得路由收敛很慢，在网络拓扑结构变化以后，路由信息需要很长时间才能稳定下来。

（3）根据跳数选择的路由不一定是最优路由。

RIP 以跳数为衡量标准，并以此来选择路由。这一规定没有考虑网络时延、可靠性、线路负载等因素对传输质量和速度的影响，欠缺合理性。

5. RIPv1 与 RIPv2 的区别

RIPv1 使用广播方式更新路由。RIPv2 使用多播的方式向其他路由器发送更新报文，它使用的多播地址是 224.0.0.9。使用多播方式的优点在于，对于本地网络上相连的 RIP 路由器，不需要花费时间解析它们的更新广播报文。RIPv2 不是一种新的协议，它只是在 RIPv1 的基础上增加了一些扩展特性，以适应现代网络的路由选择环境。RIPv2 的扩展特性有：每个路由条目都携带自己的子网掩码；路由选择更新的认证功能更好；每个路由条目都携带下一跳地址；具有外部路由标志；能够进行多播路由更新。其中，最重要的一项是路由更新条目增加了子网掩码的字段，因此 RIPv2 可以支持 VLSM，从而使 RIPv2 协议变成了一种无类别的路由选择协议。

RIPv1 与 RIPv2 的区别概括如下。

（1）RIPv1 是有类路由协议；RIPv2 是无类路由协议。

（2）RIPv1 不支持 VLSM；RIPv2 支持 VLSM。

（3）RIPv1 没有认证的功能；RIPv2 支持认证功能，并有明文和 MD5 两种认证方式。

（4）RIPv1 没有手动聚合的功能；RIPv2 可以在关闭自动聚合功能的前提下，进行手动聚合。

（5）RIPv1 是广播更新；RIPv2 是多播更新。

（6）RIPv1 路由没有标记的功能；RIPv2 可以对路由封装标记。

（7）RIPv1 的更新报文中最多可以携带 25 条路由条目；RIPv2 的更新报文在有认证的情况下最多只能携带 24 条路由条目。

（8）RIPv1 发送的更新报文中不携带下一跳地址；RIPv2 发送的更新报文中携带下一跳地址，并可将其用于路由更新的重定向。

6. RIP 的基本配置

（1）配置 RIP 路由进程，发布与路由进程关联的网络，配置命令如下。

```
[Huawei]rip ?
  INTEGER<1-65535>   Process ID
  mib-binding        Mib-Binding a process
  vpn-instance       VPN instance
  <cr>               Please press ENTER to execute command
[Huawei-rip-1]network 192.168.10.0
[Huawei-rip-1]network 192.168.20.0
```

RIP 进程号的取值范围为 1～65535，默认情况下为 1。

（2）配置 RIP 接收和发送指定版本的数据包，配置命令如下。

```
[Huawei-rip-1]version ?
  INTEGER<1-2>   Version of RIP process
[Huawei-rip-1]version 2
```

（3）查看当前模式下的相关配置，命令如下。

```
[Huawei-rip-1]display this
[V200R003C00]
#
rip 1
 version 2
 network 192.168.10.0
 network 192.168.20.0
#
[Huawei-rip-1]
```

4.3 项目实施

4.3.1 RIP 路由聚合配置

当 RIP 网络规模很大时，RIP 路由表会变得十分庞大，存储路由表会占用大量的设备内存资源，传输和处理路由信息需要占用大量的网络资源，对网络传输速度和质量造成影响。使用路由聚合可以大大减小路由表的规模。此外，对路由进行聚合，隐藏部分路由，可以减少路由振荡对网络带来的影响。

RIP 支持两种聚合方式：自动聚合和手动聚合。自动聚合的路由优先级低于手动聚合的路由优先级，当需要将所有子网路由都发布出去时，可关闭 RIPv2 的自动聚合功能。

1. 配置 RIPv2 自动聚合的步骤

（1）使用 system-view 命令，进入系统视图。

（2）使用 rip [process-id]命令，进入 RIP 视图。

（3）使用 version 2 命令，设置 RIP 版本为 RIPv2。

（4）使用 summary 命令，启用 RIPv2 自动聚合功能。

（5）（可选）使用 summary always 命令，不论是否启用水平分割和毒性反转，都可以启用 RIPv2 自动聚合功能。

2. 配置 RIPv2 手动聚合的步骤

（1）使用 system-view 命令，进入系统视图。

（2）使用 interface interface-type interface-number 命令，进入端口视图。

（3）使用 rip summary-address ip-address mask [avoid-feedback]命令，配置 RIPv2 发布聚合的本地 IP 地址。

3. 配置 RIP 路由聚合

（1）配置 RIP 手动聚合，如图 4.3 所示，在路由器 AR1 的 GE 0/0/0 端口上进行手动聚合，将 200.16.10.0/24 与 200.16.20.0/24 聚合成一条 200.16.0.0/16 路由并通告给路由器 AR2；在路由器 AR2 的 GE 0/0/0 端口上进行手动聚合，将 192.168.10.0/24 与 192.168.20.0/24 聚合成一条 192.168.0.0/16 路由并通告给路由器 AR1。

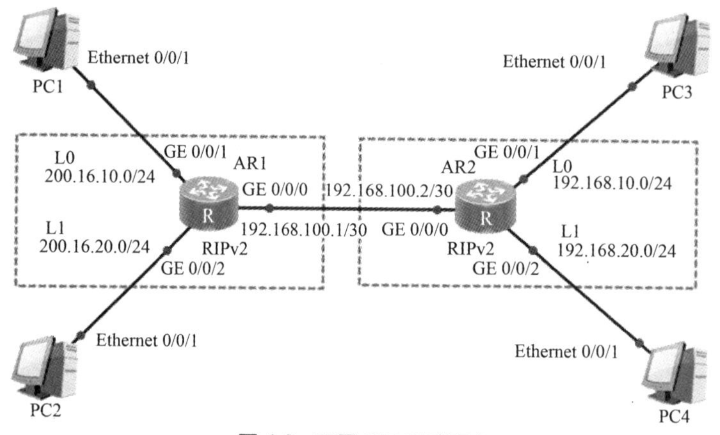

图 4.3 配置 RIP 手动聚合

V4-1 配置 RIP 手动聚合

（2）配置路由器 AR1，实例代码如下。

V4-2 配置 RIP 手动聚合——测试结果

```
<Huawei>system-view
[Huawei]sysname  AR1
[AR1]interface GigabitEthernet 0/0/0
[AR1-GigabitEthernet0/0/0]ip address 192.168.100.1 30
[AR1-GigabitEthernet0/0/0]rip version 2
[AR1-GigabitEthernet0/0/0]rip summary-address 200.16.0.0 255.255.0.0
                        //聚合成一条 200.16.0.0/16 路由并通告给路由器 AR2
[AR1-GigabitEthernet0/0/0]quit
[AR1]interface LoopBack 0
[AR1-LoopBack0]ip address 200.16.10.1 24
[AR1-LoopBack0]quit
[AR1]interface LoopBack 1
[AR1-LoopBack1]ip address 200.16.20.1 24
[AR1-LoopBack1]quit
[AR1]rip
[AR1-rip-1]version 2
[AR1-rip-1]network 192.168.100.0
[AR1-rip-1]network 200.16.10.0
```

```
[AR1-rip-1]network 200.16.20.0
[AR1-rip-1]undo summary                    //取消自动聚合
[AR1-rip-1]quit
[AR1]
```

（3）配置路由器 AR2，实例代码如下。

```
<Huawei>system-view
[Huawei]sysname   AR2
[AR2]interface GigabitEthernet 0/0/0
[AR2-GigabitEthernet0/0/0]ip address 192.168.100.2 30
[AR2-GigabitEthernet0/0/0]rip version 2
[AR2-GigabitEthernet0/0/0]rip summary-address 192.168.0.0 255.255.0.0
                                           //聚合成一条 192.168.0.0/16 路由并通告给路由器 AR1
[AR2-GigabitEthernet0/0/0]quit
[AR2]interface LoopBack 0
[AR2-LoopBack0]ip address 192.168.10.1 24
[AR2-LoopBack0]quit
[AR2]interface LoopBack 1
[AR2-LoopBack1]ip address 192.168.20.1 24
[AR2-LoopBack1]quit
[AR2]rip
[AR2-rip-1]version 2
[AR2-rip-1]network 192.168.100.0
[AR2-rip-1]network 192.168.10.0
[AR2-rip-1]network 192.168.20.0
[AR2-rip-1]undo summary                    //取消自动聚合
[AR2-rip-1]quit
[AR2]
```

（4）显示路由器 AR1 的配置信息，主要配置实例代码如下。

```
<AR1>display current-configuration
#
 sysname   AR1
#
interface GigabitEthernet0/0/0
 ip address 192.168.100.1 255.255.255.252
 rip version 2 multicast
 rip summary-address 200.16.0.0 255.255.0.0
#
interface LoopBack0
 ip address 200.16.10.1 255.255.255.0
#
interface LoopBack1
 ip address 200.16.20.1 255.255.255.0
#
rip 1
 undo summary
 version 2
 network 192.168.100.0
 network 200.16.10.0
```

```
 network 200.16.20.0
#
<AR1>
```

（5）显示路由器AR2的配置信息，主要配置实例代码如下。

```
<AR2>display current-configuration
#
 sysname   AR2
#
interface GigabitEthernet0/0/0
 ip address 192.168.100.2 255.255.255.252
 rip version 2 multicast
 rip summary-address 192.168.0.0 255.255.0.0
#
interface LoopBack0
 ip address 192.168.10.1 255.255.255.0
#
interface LoopBack1
 ip address 192.168.20.1 255.255.255.0
#
rip 1
 undo summary
 version 2
 network 192.168.100.0
 network 192.168.10.0
 network 192.168.20.0
#
<AR2>
```

（6）显示路由器AR1的路由表信息。

```
<AR1>display ip routing-table
Route Flags: R - relay, D - download to fib
------------------------------------------------------------------------------
Routing Tables: Public
         Destinations : 14        Routes : 14

  Destination/Mask    Proto   Pre  Cost    Flags     NextHop         Interface

        127.0.0.0/8   Direct  0    0       D       127.0.0.1         InLoopBack0
        127.0.0.1/32  Direct  0    0       D       127.0.0.1         InLoopBack0
127.255.255.255/32    Direct  0    0       D       127.0.0.1         InLoopBack0
     192.168.0.0/16   RIP     100  1       D   192.168.100.2         GigabitEthernet0/0/0
   192.168.100.0/30   Direct  0    0       D   192.168.100.1         GigabitEthernet0/0/0
   192.168.100.1/32   Direct  0    0       D       127.0.0.1         GigabitEthernet0/0/0
   192.168.100.3/32   Direct  0    0       D       127.0.0.1         GigabitEthernet0/0/0
     200.16.10.0/24   Direct  0    0       D     200.16.10.1         LoopBack0
     200.16.10.1/32   Direct  0    0       D       127.0.0.1         LoopBack0
   200.16.10.255/32   Direct  0    0       D       127.0.0.1         LoopBack0
     200.16.20.0/24   Direct  0    0       D     200.16.20.1         LoopBack1
     200.16.20.1/32   Direct  0    0       D       127.0.0.1         LoopBack1
```

```
  200.16.20.255/32   Direct  0    0     D      127.0.0.1        LoopBack1
255.255.255.255/32   Direct  0    0     D      127.0.0.1        InLoopBack0
<AR1>
```

（7）显示路由器 AR2 的路由表信息。

```
<AR2>display ip routing-table
Route Flags: R - relay, D - download to fib
------------------------------------------------------------------------------
Routing Tables: Public
         Destinations : 14        Routes : 14

Destination/Mask        Proto    Pre  Cost     Flags    NextHop         Interface

      127.0.0.0/8       Direct   0    0        D        127.0.0.1       InLoopBack0
      127.0.0.1/32      Direct   0    0        D        127.0.0.1       InLoopBack0
127.255.255.255/32      Direct   0    0        D        127.0.0.1       InLoopBack0
   192.168.10.0/24      Direct   0    0        D        192.168.10.1    LoopBack0
   192.168.10.1/32      Direct   0    0        D        127.0.0.1       LoopBack0
 192.168.10.255/32      Direct   0    0        D        127.0.0.1       LoopBack0
   192.168.20.0/24      Direct   0    0        D        192.168.20.1    LoopBack1
   192.168.20.1/32      Direct   0    0        D        127.0.0.1       LoopBack1
 192.168.20.255/32      Direct   0    0        D        127.0.0.1       LoopBack1
  192.168.100.0/30      Direct   0    0        D        192.168.100.2   GigabitEthernet0/0/0
  192.168.100.2/32      Direct   0    0        D        127.0.0.1       GigabitEthernet0/0/0
  192.168.100.3/32      Direct   0    0        D        127.0.0.1       GigabitEthernet0/0/0
     200.16.0.0/16      RIP      100  1        D        192.168.100.1   GigabitEthernet0/0/0
255.255.255.255/32      Direct   0    0        D        127.0.0.1       InLoopBack0
<AR2>
```

（8）RIP 手动聚合联通性测试如图 4.4 所示，在路由器 AR1 上访问路由器 AR2 的 192.168.0.0/16 网段地址。

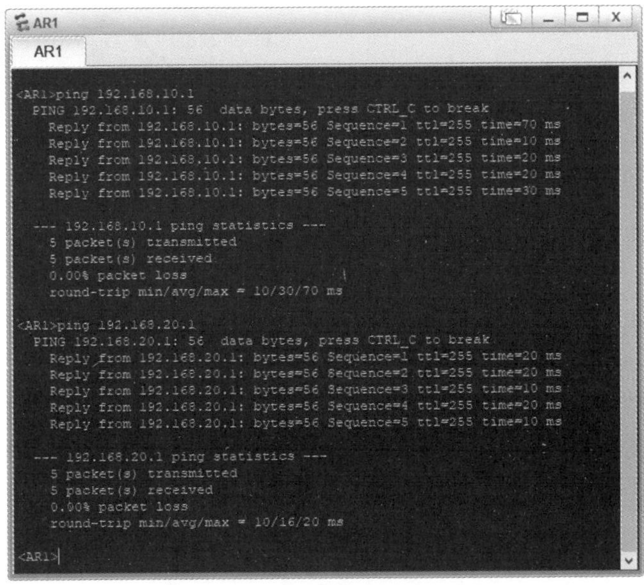

图 4.4　RIP 手动聚合联通性测试

4.3.2 RIPv2报文的认证方式配置

在安全性要求较高的网络中，可以通过配置 RIPv2 报文的认证来提高 RIP 网络的安全性。RIPv2 支持对协议报文进行认证，并提供了多种认证方式来增强安全性。其中，简单认证使用未加密的认证字段随报文一同传送，其安全性比 MD5 认证低。

在配置 RIPv2 报文的认证方式时，如果选择 plain 选项，则密码将以明文形式保存在配置文件中，存在安全隐患；建议选择 cipher 选项，对密码进行加密保存。

1. 配置RIPv2报文的认证方式的步骤

（1）使用 system-view 命令，进入系统视图。

（2）使用 interface interface-type interface-number 命令，进入端口视图。

（3）配置 RIPv2 报文的认证方式。

① 使用 rip authentication-mode simple { plain plain-text | [cipher] password-key}命令，配置 RIPv2 报文为简单认证方式。

② 使用以下命令，配置 RIPv2 报文为 MD5 密文认证方式。

```
rip authentication-mode md5 usual { plain plain-text | [ cipher ] password-key }
rip authentication-mode md5 nonstandard { keychain keychain-name | { plain plain-text | [ cipher ] password-key } key-id }
```

如果配置 MD5 认证，则必须选择 MD5 的类型。其中，usual 类型表示 MD5 密文认证报文使用通用报文格式（私有标准），nonstandard 类型表示 MD5 密文认证报文使用非标准报文格式（IETF 标准）。

简单认证和 MD5 认证存在安全风险，推荐配置 HMAC-SHA256 密文认证方式。

③ 使用 rip authentication-mode hmac-sha256 { plain plain-text | [cipher]password-key } key-id 命令，可配置 RIPv2 报文为 HMAC-SHA256 密文认证方式。

2. 配置RIPv2报文的认证方式实例

（1）配置 RIPv2 报文的认证方式，配置相关端口与 IP 地址，进行网络拓扑连接，如图 4.5 所示。

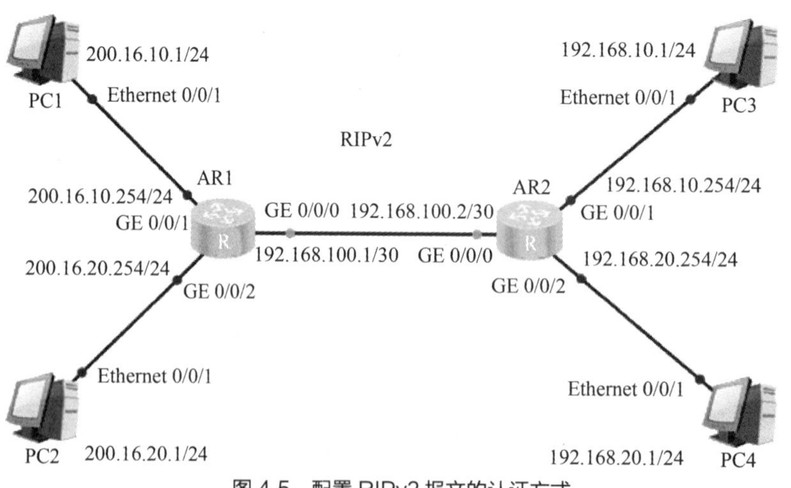

图 4.5 配置 RIPv2 报文的认证方式

V4-3 配置 RIPv2 报文的认证方式

V4-4 配置 RIPv2 报文的认证方式——测试结果

（2）配置主机 PC1 和主机 PC3 的 IP 地址，如图 4.6 所示。

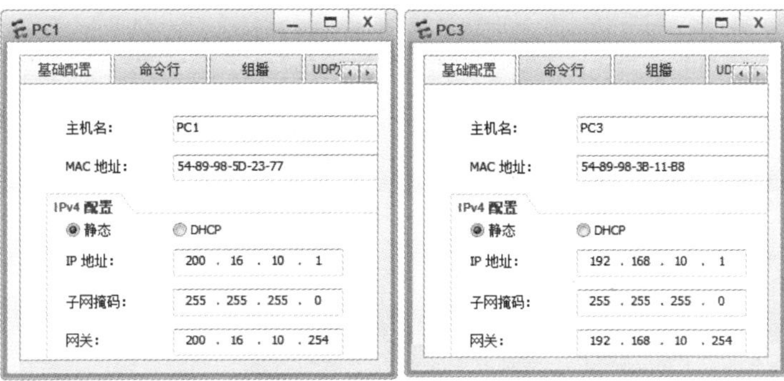

图 4.6 配置主机 PC1 和主机 PC3 的 IP 地址

（3）配置路由器 AR1，相关实例代码如下。

```
<Huawei>system-view
[Huawei]sysname  AR1
[AR1]interface GigabitEthernet 0/0/0
[AR1-GigabitEthernet0/0/0]ip address 192.168.100.1 30
[AR1-GigabitEthernet0/0/0]rip version 2
[AR1-GigabitEthernet0/0/0]rip authentication-mode hmac-sha256 cipher 123456 1
[AR1-GigabitEthernet0/0/0]quit
[AR1]interface GigabitEthernet 0/0/1
[AR1-GigabitEthernet0/0/1]ip address 200.16.10.254 24
[AR1]interface GigabitEthernet 0/0/2
[AR1-GigabitEthernet0/0/2]ip address 200.16.20.254 24
[AR1]rip
[AR1-rip-1]version 2
[AR1-rip-1]network 192.168.100.0
[AR1-rip-1]network 200.16.10.0
[AR1-rip-1]network 200.16.20.0
[AR1-rip-1]undo summary          //取消自动聚合
[AR1-rip-1]quit
[AR1]
```

（4）配置路由器 AR2，相关实例代码如下。

```
<Huawei>system-view
[Huawei]sysname  AR2
[AR2]interface GigabitEthernet 0/0/0
[AR2-GigabitEthernet0/0/0]ip address 192.168.100.2 30
[AR2-GigabitEthernet0/0/0]rip version 2
[AR2-GigabitEthernet0/0/0]rip authentication-mode hmac-sha256 cipher 123456 1
[AR2-GigabitEthernet0/0/0]quit
[AR2]interface GigabitEthernet 0/0/1
[AR2-GigabitEthernet0/0/1]ip address 192.168.10.254 24
[AR2]interface GigabitEthernet 0/0/2
[AR2-GigabitEthernet0/0/2]ip address 192.168.20.254 24
[AR2]rip
[AR2-rip-1]version 2
[AR2-rip-1]network 192.168.100.0
[AR2-rip-1]network 192.168.10.0
```

```
[AR2-rip-1]network 192.168.20.0
[AR2-rip-1]undo summary          //取消自动聚合
[AR2-rip-1]quit
[AR2]
```

（5）显示路由器AR1、路由器AR2的配置信息，以路由器AR1为例，主要配置实例代码如下。

```
<AR1>display current-configuration
#
 sysname   AR1
#
interface GigabitEthernet0/0/0
 ip address 192.168.100.1 255.255.255.252
 rip authentication-mode hmac-sha256 cipher %$%$g`:%W9%n*&DYV>>_"Q4/8=2Y%$%$ 1
 rip version 2 multicast
#
interface GigabitEthernet0/0/1
 ip address 200.16.10.254 255.255.255.0
#
interface GigabitEthernet0/0/2
 ip address 200.16.20.254 255.255.255.0
#
rip 1
 undo summary
 version 2
 network 192.168.100.0
 network 200.16.10.0
 network 200.16.20.0
#
<AR1>
```

（6）显示路由器AR1、路由器AR2的路由表信息，这里以路由器AR1为例。

```
<AR1>display ip routing-table
Route Flags: R - relay, D - download to fib
------------------------------------------------------------------------------
Routing Tables: Public
         Destinations : 15        Routes : 15

  Destination/Mask    Proto   Pre  Cost      Flags  NextHop         Interface

        127.0.0.0/8   Direct  0    0           D    127.0.0.1       InLoopBack0
        127.0.0.1/32  Direct  0    0           D    127.0.0.1       InLoopBack0
127.255.255.255/32    Direct  0    0           D    127.0.0.1       InLoopBack0
    192.168.10.0/24   RIP     100  1           D    192.168.100.2   GigabitEthernet0/0/0
    192.168.20.0/24   RIP     100  1           D    192.168.100.2   GigabitEthernet0/0/0
  192.168.100.0/30    Direct  0    0           D    192.168.100.1   GigabitEthernet0/0/0
  192.168.100.1/32    Direct  0    0           D    127.0.0.1       GigabitEthernet0/0/0
  192.168.100.3/32    Direct  0    0           D    127.0.0.1       GigabitEthernet0/0/0
     200.16.10.0/24   Direct  0    0           D    200.16.10.254   GigabitEthernet0/0/1
   200.16.10.254/32   Direct  0    0           D    127.0.0.1       GigabitEthernet0/0/1
   200.16.10.255/32   Direct  0    0           D    127.0.0.1       GigabitEthernet0/0/1
```

```
    200.16.20.0/24   Direct  0  0   D   200.16.20.254  GigabitEthernet0/0/2
  200.16.20.254/32   Direct  0  0   D   127.0.0.1      GigabitEthernet0/0/2
  200.16.20.255/32   Direct  0  0   D   127.0.0.1      GigabitEthernet0/0/2
255.255.255.255/32   Direct  0  0   D   127.0.0.1      InLoopBack0
<AR1>
```

（7）测试主机 PC1 的联通性，主机 PC1 分别访问主机 PC3 和主机 PC4，测试结果如图 4.7 所示。

图 4.7　主机 PC1 分别访问主机 PC3 和主机 PC4 的测试结果

4.3.3　RIP 与 BFD 联动配置

网络上的链路出现故障会导致路由器重新计算路由，造成流量丢失，因此缩短路由协议的收敛时间对于提高网络性能是非常重要的。加快故障感知速度并快速通告给路由协议是一种可行的方案。

双向转发检测（Bidirectional Forwarding Detection，BFD）是一种用于检测邻居路由器之间链路故障的机制，它通常与路由协议联动，通过快速感知并通告链路故障使得路由协议能够快速地重新收敛，从而减少链路故障导致的流量丢失。在 RIP 与 BFD 的联动中，BFD 可以快速检测到链路故障并通知 RIP，从而加快 RIP 对于网络拓扑变化的响应速度。在配置 BFD 前后，RIP 的链路故障检测机制及收敛速度如表 4.1 所示。

表 4.1　RIP 的链路故障检测机制及收敛速度

是否配置 BFD	链路故障检测机制	收敛速度
否	RIP 老化定时器超时（默认配置为 180s）	秒级（>180s）
是	BFD 会话状态为 Down	秒级（<30s）

1. 工作原理

路由协议与 BFD 的联动分为静态 BFD 和动态 BFD 两种模式。

（1）静态 BFD

静态 BFD 是指通过命令行手动配置 BFD 会话参数，包括配置本地标识符和远端标识符等，并手动下发 BFD 会话建立请求。

（2）动态 BFD

动态 BFD 是指由路由协议动态触发 BFD 会话，建立 BFD 联动。在动态 BFD 中，本地标识符是动态分配的，远端标识符从对端设备的 BFD 报文中获取。路由协议在建立了新的邻居关系时，将对应的参数及检测参数（包括目的地址、源地址等）通告给 BFD，BFD 根据收到的参数建立会话。当发生链路故障时，联动了 BFD 的路由协议可以快速感知到 BFD 会话状态变为 Down，从而将流量快速切换到备份链路，避免大量数据丢失。

静态 BFD 和动态 BFD 在不同的应用场景下各有优势。静态 BFD 可以不受对端设备的限制，在对端设备不支持 BFD 功能的情况下，本端通过静态 BFD 实现单臂 BFD 功能；而动态 BFD 比静态 BFD 的灵活性更好。

2. 应用环境

RIP 与 BFD 联动后，一旦链路发生故障，BFD 就会在毫秒级时间内感知该故障并通知 RIP，然后由路由器在路由表中删除故障链路的路由并快速启用备份链路，提高路由协议的收敛速度，如图 4.8 所示。

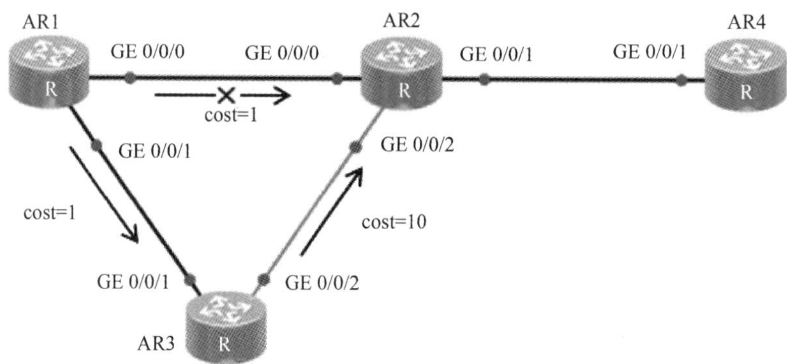

图 4.8 RIP 与 BFD 联动应用环境

（1）路由器 AR1、路由器 AR2、路由器 AR3 及路由器 AR4 建立 RIP 邻接。经过路由计算，路由器 AR1 到达路由器 AR4 的下一跳为路由器 AR2。在路由器 AR1 及路由器 AR2 上启用 RIP 与动态 BFD 联动。

（2）当路由器 AR1 和路由器 AR2 之间的链路出现故障时，BFD 快速感知并通告给路由器 AR1，路由器 AR1 删除下一跳为路由器 AR2 的路由。路由器 AR1 重新计算路由并启用备份链路，新的路由经过路由器 AR3、路由器 AR2 到达路由器 AR4。

（3）当路由器 AR1 与路由器 AR2 之间的链路恢复之后，二者之间的会话重新建立，路由器 AR1 收到路由器 AR2 的路由信息，重新计算路由并进行报文转发。

3. 配置 RIP 与静态 BFD 联动

BFD 能够提供轻载、快速的链路故障检测，配置 RIP 与静态 BFD 联动是实现 BFD 功能的一种方式。在 RIP 邻居间建立 BFD 会话可以快速检测链路故障，加快 RIP 进程对网络拓扑变化的响应速度。静态 BFD 可以实现以下两种功能。

（1）单臂 BFD：当网络中存在大量设备不支持 BFD 功能，而支持 BFD 的设备需要与不支持 BFD 的设备对接时，可以通过配置静态 BFD 来实现单臂 BFD 功能。

（2）普通 BFD：在某些对故障响应速度要求高且两端设备都支持 BFD 的链路上，可以在两端配置静态 BFD 来实现普通 BFD 功能。

建立静态 BFD 会话需要通过命令行手动配置。

4. 配置静态 BFD 的步骤

（1）启用全局 BFD 功能。

① 使用 system-view 命令，进入系统视图。

② 使用 bfd 命令，启用全局 BFD 功能。

③ 使用 quit 命令，返回系统视图。

注意 **启用单臂 BFD 功能，请执行（2）；启用普通 BFD 功能，请执行（3）。**

（2）配置单臂 BFD。

① 使用 bfd session-name bind peer-ip peer-ip interface interface-type interface-number [source-ip source-ip] one-arm-echo 命令，创建 BFD 会话。

这里指定了对端 IP 地址和本端端口，表示检测单跳链路，即检测以该端口为出端口、以 peer-ip 为下一跳地址的一条固定路由。

注意 **在配置单臂 Echo 功能时，必须配置源端口 IP 地址，源端口 IP 地址为合法的 IP 地址，配置的源端口 IP 地址与出端口 IP 地址不同。**

② 使用 discriminator local discr-value 命令，配置本地标识符。

③（可选）使用 min-echo-rx-interval interval 命令，配置单臂 BFD 的最小接收时间间隔。

④ 使用 commit 命令，提交配置。

⑤ 使用 quit 命令，返回系统视图。

（3）配置普通 BFD。

① 使用 bfd session-name bind peer-ip ip-address [interface interface-type interface-number] [source-ip ip-address]命令，创建 BFD 会话。

这里指定了对端 IP 地址和本端端口，表示检测单跳链路，即检测以该端口为出端口、以 peer-ip 为下一跳地址的一条固定路由。

② 配置标识符。

使用 discriminator local discr-value 命令，配置本地标识符。

使用 discriminator remote discr-value 命令，配置远端标识符。

BFD 会话两端设备的本地标识符和远端标识符需要分别对应，即本端的本地标识符和对端的远端标识符相同，本端的远端标识符与对端的本地标识符相同，否则会话无法正确建立。此外，本地标识符和远端标识符配置成功后不可修改。

注意 **本地设备的本地标识符 local discr-value 对应对端设备的远端标识符 remote discr-value，本地设备的远端标识符 remote discr-value 对应对端设备的本地标识符 local discr-value。**

③ 使用 commit 命令，提交配置。

④ 使用 quit 命令，返回系统视图。

（4）启用端口静态 BFD 功能。

① 使用 interface interface-type interface-number 命令，进入指定端口的端口视图。

② 使用 rip bfd static 命令，启用端口的静态 BFD 功能。

③ 使用 quit 命令，返回系统视图。

配置 RIP 与静态 BFD 联动之后，使用 display rip process-id interface [interface-type interface-number] verbose 命令，查看指定端口上 RIP 与 BFD 联动的配置信息。

5. 配置 RIP 与单臂静态 BFD 联动特性实例

如图 4.9 所示，在小型网络中有 4 台路由器，通过 RIP 实现网络互通。其中，业务流量经过主链路（路由器 AR1→路由器 AR2→路由器 AR4）进行传输。现要求提高数据转发的可靠性，当主链路发生故障时，业务流量会快速切换到备份链路（路由器 AR1→路由器 AR3→路由器 AR2→路由器 AR4）进行传输，配置相关端口与 IP 地址，进行网络拓扑连接。

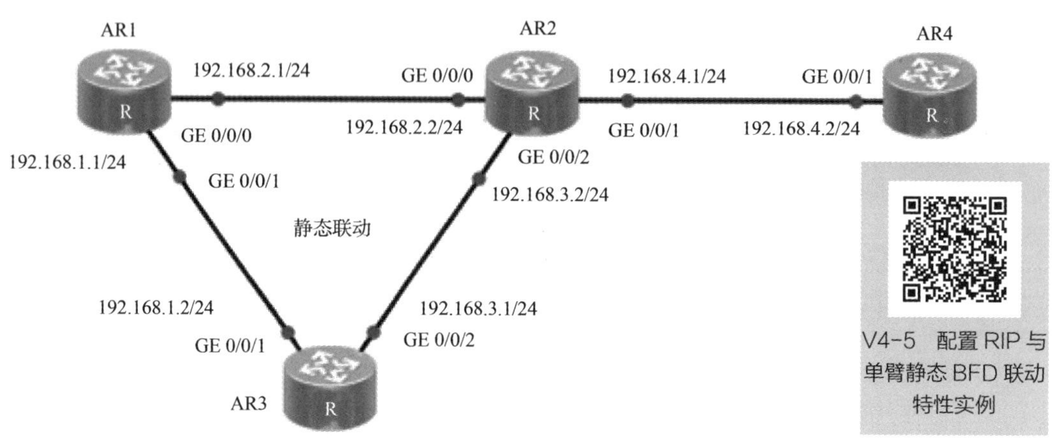

图 4.9 配置 RIP 与单臂静态 BFD 联动特性实例

（1）配置路由器 AR1，相关实例代码如下。

V4-6 配置 RIP 与单臂静态 BFD 联动特性实例——测试结果

```
<Huawei>system-view
[Huawei]sysname   AR1
[AR1]interface GigabitEthernet 0/0/0
[AR1-GigabitEthernet0/0/0]ip address 192.168.2.1 24
[AR1-GigabitEthernet0/0/0]quit
[AR1]interface GigabitEthernet 0/0/1
[AR1-GigabitEthernet0/0/1]ip address 192.168.1.1 24
[AR1-GigabitEthernet0/0/1]quit
[AR1]rip
[AR1-rip-1]version 2
[AR1-rip-1]network 192.168.1.0
[AR1-rip-1]network 192.168.2.0
[AR1-rip-1]quit
[AR1]
```

（2）配置路由器 AR2，相关实例代码如下。

```
<Huawei>system-view
[Huawei]sysname   AR2
[AR2]interface GigabitEthernet 0/0/0
[AR2-GigabitEthernet0/0/0]ip address 192.168.2.2 24
[AR2-GigabitEthernet0/0/0]quit
[AR2]interface GigabitEthernet 0/0/1
[AR2-GigabitEthernet0/0/1]ip address 192.168.4.1 24
[AR2-GigabitEthernet0/0/1]quit
```

```
[AR2]interface GigabitEthernet 0/0/2
[AR2-GigabitEthernet0/0/2]ip address 192.168.3.2 24
[AR2-GigabitEthernet0/0/2]quit
[AR2]rip
[AR2-rip-1]version 2
[AR2-rip-1]network 192.168.2.0
[AR2-rip-1]network 192.168.3.0
[AR2-rip-1]network 192.168.4.0
[AR2-rip-1]quit
[AR2]
```

（3）配置路由器 AR3，相关实例代码如下。

```
<Huawei>system-view
[Huawei]sysname   AR3
[AR3]interface GigabitEthernet 0/0/1
[AR3-GigabitEthernet0/0/1]ip address 192.168.1.2 24
[AR3-GigabitEthernet0/0/1]quit
[AR3]interface GigabitEthernet 0/0/2
[AR3-GigabitEthernet0/0/2]ip address 192.168.3.1 24
[AR3-GigabitEthernet0/0/2]quit
[AR3]rip
[AR3-rip-1]version 2
[AR3-rip-1]network 192.168.1.0
[AR3-rip-1]network 192.168.3.0
[AR3-rip-1]quit
[AR3]
```

（4）配置路由器 AR4，相关实例代码如下。

```
<Huawei>system-view
[Huawei]sysname   AR4
[AR4]interface GigabitEthernet 0/0/1
[AR4-GigabitEthernet0/0/1]ip address 192.168.4.2 24
[AR4-GigabitEthernet0/0/1]quit
[AR4]rip
[AR4-rip-1]version 2
[AR4-rip-1]network 192.168.4.0
[AR4-rip-1]quit
[AR4]
```

（5）查看路由器 AR1、路由器 AR2、路由器 AR3 及路由器 AR4 之间的邻居关系，这里以路由器 AR1 为例。

```
<AR1>display rip 1 neighbor
---------------------------------------------------------------------------
 IP Address       Interface              Type    Last-Heard-Time
---------------------------------------------------------------------------
 192.168.1.2      GigabitEthernet0/0/1   RIP     0:0:15
 Number of RIP routes    : 1
 192.168.2.2      GigabitEthernet0/0/0   RIP     0:0:16
 Number of RIP routes    : 2
<AR1>
```

（6）查看完成配置的路由器之间互相引入的路由信息，这里以路由器 AR1 为例。

```
<AR1>display ip routing-table
Route Flags: R - relay, D - download to fib
------------------------------------------------------------------------------
Routing Tables: Public
         Destinations : 12        Routes : 13

Destination/Mask    Proto   Pre  Cost      Flags NextHop         Interface

        127.0.0.0/8   Direct  0    0           D   127.0.0.1       InLoopBack0
       127.0.0.1/32   Direct  0    0           D   127.0.0.1       InLoopBack0
127.255.255.255/32   Direct  0    0           D   27.0.0.1        InLoopBack0
     192.168.1.0/24   Direct  0    0           D   192.168.1.1     GigabitEthernet0/0/1
     192.168.1.1/32   Direct  0    0           D   127.0.0.1       GigabitEthernet0/0/1
   192.168.1.255/32   Direct  0    0           D   127.0.0.1       GigabitEthernet0/0/1
     192.168.2.0/24   Direct  0    0           D   192.168.2.1     GigabitEthernet0/0/0
     192.168.2.1/32   Direct  0    0           D   127.0.0.1       GigabitEthernet0/0/0
   192.168.2.255/32   Direct  0    0           D   127.0.0.1       GigabitEthernet0/0/0
     192.168.3.0/24   RIP     100  1           D   192.168.1.2     GigabitEthernet0/0/1
                      RIP     100  1           D   192.168.2.2     GigabitEthernet0/0/0
     192.168.4.0/24   RIP     100  1           D   192.168.2.2     GigabitEthernet0/0/0
255.255.255.255/32   Direct  0    0           D   127.0.0.1       InLoopBack0
<AR1>
```

（7）配置路由器 AR1 的单臂静态 BFD 特性，相关实例代码如下。

```
[AR1]bfd          //启用 BFD 特性检测功能
[AR1-bfd]quit
[AR1] bfd 1 bind peer-ip 192.168.2.2 interface GigabitEthernet0/0/0 one-arm-echo
//配置单臂 Echo 功能的 BFD 会话
[AR1-bfd-session-1]discriminator local ?
  INTEGER<1-8191>   Discriminator value            //取值为 1~8191
[AR1-bfd-session-1]discriminator local 1           //配置本地标识符
[AR1-bfd-session-1]min-echo-rx-interval ?
  INTEGER<10-2000>   Minimum receive interval in milliseconds, default is 1000ms
  //单臂 BFD 的最小接收时间间隔取值范围为 10~2000ms，默认值为 1000ms
[AR1-bfd-session-1]min-echo-rx-interval 300      //配置单臂 BFD 的最小接收时间间隔为 300ms
[AR1-bfd-session-1]commit
[AR1-bfd-session-1]quit
[AR1]interface GigabitEthernet 0/0/0               //启用 GE 0/0/0 端口的静态 BFD 功能
[AR1-GigabitEthernet0/0/0]rip bfd static
[AR1-GigabitEthernet0/0/0]quit
[AR1]
```

（8）显示路由器 AR1 的配置信息，主要配置实例代码如下。

```
<AR1>display current-configuration
#
 sysname   AR1
#
bfd
#
```

```
interface GigabitEthernet0/0/0
 ip address 192.168.2.1 255.255.255.0
 rip bfd static
#
interface GigabitEthernet0/0/1
 ip address 192.168.1.1 255.255.255.0
#
bfd 1 bind peer-ip 192.168.2.2 interface GigabitEthernet0/0/0 one-arm-echo
 discriminator local 1
 min-echo-rx-interval 300
 commit
#
rip 1
 version 2
 network 192.168.1.0
 network 192.168.2.0
#
<AR1>
```

（9）完成上述配置之后，在路由器 AR1 上使用 display bfd session all 命令，可查看到静态 BFD 会话已经建立。

```
<AR1>display bfd session all
--------------------------------------------------------------------------
Local Remote     PeerIpAddr        State       Type          InterfaceName
--------------------------------------------------------------------------
1     -          192.168.2.2       Up          S_IP_IF       GigabitEthernet0/0/0
--------------------------------------------------------------------------
     Total UP/DOWN Session Number : 1/0
<AR1>
```

（10）验证配置结果，在路由器 AR2 的 GE 0/0/0 端口上使用 shutdown 命令，模拟主链路出现故障。模拟链路出现故障为验证需要，在实际应用中不需要执行此操作。

```
[AR2]interface GigabitEthernet 0/0/0
[AR2-GigabitEthernet0/0/0]shutdown
[AR2-GigabitEthernet0/0/0]quit
[AR2]
```

（11）查看路由器 AR1 的路由表。

```
<AR1>display ip routing-table
Route Flags: R - relay, D - download to fib
--------------------------------------------------------------------------
Routing Tables: Public
         Destinations : 9        Routes : 9

  Destination/Mask    Proto   Pre  Cost      Flags  NextHop        Interface

        127.0.0.0/8   Direct  0    0           D    127.0.0.1      InLoopBack0
       127.0.0.1/32   Direct  0    0           D    127.0.0.1      InLoopBack0
 127.255.255.255/32   Direct  0    0           D    127.0.0.1      InLoopBack0
     192.168.1.0/24   Direct  0    0           D    192.168.1.1    GigabitEthernet0/0/1
```

```
    192.168.1.1/32   Direct   0    0      D   127.0.0.1      GigabitEthernet0/0/1
  192.168.1.255/32   Direct   0    0      D   127.0.0.1      GigabitEthernet0/0/1
    192.168.3.0/24   RIP      100  1      D   192.168.1.2    GigabitEthernet0/0/1
    192.168.4.0/24   RIP      100  2      D   192.168.1.2    GigabitEthernet0/0/1
255.255.255.255/32   Direct   0    0      D   127.0.0.1      InLoopBack0
<AR1>
```

由路由器 AR1 的路由表可以看出，在主链路发生故障之后，备份链路路由器 AR1→路由器 AR3→路由器 AR2→路由器 AR4 被启用，去往 192.168.4.0/24 的路由下一跳地址是 192.168.1.2，出端口为 GE 0/0/1。

6. 配置 RIP 与动态 BFD 联动

通常情况下，RIP 通过定时接收和发送更新报文来保持邻居关系，若在老化定时器设定时间内没有收到邻居发送的更新报文，则宣告邻居状态变为 Down。老化定时器的默认值为 180s，如果出现链路故障，则 RIP 要经过至少 180s 才会检测到。如果网络中部署了高速数据业务，则在故障期间将造成大量数据丢失。

BFD 能够提供毫秒级的故障检测机制，及时检测到被保护的链路或节点故障并通知 RIP，提高 RIP 进程对网络拓扑变化的响应速度，从而实现 RIP 的快速收敛。

配置 RIP 与动态 BFD 联动有两种方式。

（1）在 RIP 进程下启用 BFD 功能。当网络中的大部分 RIP 端口需要启用 RIP 与动态 BFD 联动时，建议选择此方式。

（2）在 RIP 端口下启用 BFD 功能。当网络中只有小部分 RIP 端口需要启用 RIP 与动态 BFD 联动时，建议选择此方式。

7. 配置动态 BFD 的步骤

在 RIP 进程下启用 BFD 功能的步骤如下。

（1）使用 system-view 命令，进入系统视图。

（2）使用 bfd 命令，启用全局 BFD 功能。

（3）使用 quit 命令，返回系统视图。

（4）使用 rip [process-id] 命令，进入 RIP 视图。

（5）使用 bfd all-interfaces enable 命令，启用 RIP 进程的 BFD 功能，建立 BFD 会话。

当配置了全局 BFD 特性且邻居状态为 Up 时，RIP 为该进程下所有满足上述条件的端口使用默认的 BFD 参数值建立 BFD 会话。

（6）（可选）使用 bfd all-interfaces { min-rx-interval min-receive-value | min-tx-interval min-transmit-value | detect-multiplier detect-multiplier-value } *命令，配置 BFD 参数，指定用于建立 BFD 会话的各个参数值。使用该命令后，所有 RIP 端口建立 BFD 会话的参数都会改变。

参数的具体配置取决于网络状况及对网络可靠性的要求。

① 对于网络可靠性要求较高的链路，可以减小 BFD 报文的实际发送时间间隔。

② 对于网络可靠性要求较低的链路，可以增大 BFD 报文的实际发送时间间隔。

（7）（可选）执行以下步骤可禁用 RIP 进程下某些端口创建 BFD 会话的功能。

① 使用 quit 命令，返回系统视图。

② 使用 interface interface-type interface-number 命令，进入指定端口的端口视图。

③ 使用 rip bfd block 命令，禁用端口创建 BFD 会话的功能。

在 RIP 端口下启用 BFD 功能的步骤如下。

（1）使用 system-view 命令，进入系统视图。

（2）使用 bfd 命令，启用全局 BFD 功能。

（3）使用 quit 命令，返回系统视图。

（4）使用 interface interface-type interface-number 命令，进入指定端口的端口视图。

（5）使用 rip bfd enable 命令，启用端口的 BFD 功能，建立 BFD 会话。

（6）（可选）使用 rip bfd { min-rx-interval min-receive-value | min-tx-interval min-transmit-value | detect-multiplier detect-multiplier-value } *命令，配置 BFD 参数，指定用于建立 BFD 会话的各个参数值。

当链路两端均配置 RIP 与 BFD 联动后，使用 display rip process-id bfd session { interface interface-type interface-number| neighbor-id | all }命令，可以看到本地路由器上的 BFDState 字段显示为 Up。

8. 配置 RIP 与动态 BFD 联动特性实例

如图 4.10 所示，在小型网络中有 4 台路由器，通过 RIP 实现网络互通。采用配置 RIP 与动态 BFD 联动的方式，在各端口上配置 IP 地址，使网络可达，在各路由器上启用 RIP，基本实现网络互联。在路由器 AR1 和路由器 AR2 上配置 RIP 与动态 BFD 联动，通过 BFD 快速检测链路的状态，从而实现链路的快速切换，提高 RIP 的收敛速度。其中，业务流量经过主链路（路由器 AR1→路由器 AR2→路由器 AR4）进行传输。现要求提高从路由器 AR1 到路由器 AR2 数据转发的可靠性，当主链路发生故障时，业务流量会快速切换到备份链路（路由器 AR1→路由器 AR3→ 路由器 AR2→路由器 AR4）进行传输，配置相关端口与 IP 地址，进行网络拓扑连接。

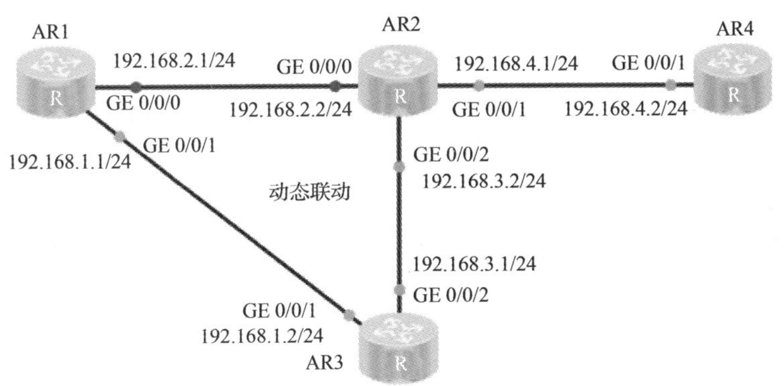

V4-7　配置 RIP 与动态 BFD 联动特性实例

图 4.10　配置 RIP 与动态 BFD 联动特性实例

（1）配置路由器 AR1，相关实例代码如下。

V4-8　配置 RIP 与动态 BFD 联动特性实例——测试结果

```
<Huawei>system-view
[Huawei]sysname   AR1
[AR1]interface GigabitEthernet 0/0/0
[AR1-GigabitEthernet0/0/0]ip address 192.168.2.1 24
[AR1-GigabitEthernet0/0/0]quit
[AR1]interface GigabitEthernet 0/0/1
[AR1-GigabitEthernet0/0/1]ip address 192.168.1.1 24
[AR1-GigabitEthernet0/0/1]quit
[AR1]rip
[AR1-rip-1]version 2
[AR1-rip-1]network 192.168.1.0
[AR1-rip-1]network 192.168.2.0
[AR1-rip-1]quit
[AR1]
```

（2）配置路由器 AR2，相关实例代码如下。

```
<Huawei>system-view
[Huawei]sysname   AR2
[AR2]interface GigabitEthernet 0/0/0
[AR2-GigabitEthernet0/0/0]ip address 192.168.2.2 24
[AR2-GigabitEthernet0/0/0]quit
[AR2]interface GigabitEthernet 0/0/1
[AR2-GigabitEthernet0/0/1]ip address 192.168.4.1 24
[AR2-GigabitEthernet0/0/1]quit
[AR2]interface GigabitEthernet 0/0/2
[AR2-GigabitEthernet0/0/2]ip address 192.168.3.2 24
[AR2-GigabitEthernet0/0/2]quit
[AR2]rip
[AR2-rip-1]version 2
[AR2-rip-1]network 192.168.2.0
[AR2-rip-1]network 192.168.3.0
[AR2-rip-1]network 192.168.4.0
[AR2-rip-1]quit
[AR2]
```

（3）配置路由器 AR3，相关实例代码如下。

```
<Huawei>system-view
[Huawei]sysname   AR3
[AR3]interface GigabitEthernet 0/0/1
[AR3-GigabitEthernet0/0/1]ip address 192.168.1.2 24
[AR3-GigabitEthernet0/0/1]quit
[AR3]interface GigabitEthernet 0/0/2
[AR3-GigabitEthernet0/0/2]ip address 192.168.3.1 24
[AR3-GigabitEthernet0/0/2]quit
[AR3]rip
[AR3-rip-1]version 2
[AR3-rip-1]network 192.168.1.0
[AR3-rip-1]network 192.168.3.0
[AR3-rip-1]quit
[AR3]
```

（4）配置路由器 AR4，相关实例代码如下。

```
<Huawei>system-view
[Huawei]sysname   AR4
[AR4]interface GigabitEthernet 0/0/1
[AR4-GigabitEthernet0/0/1]ip address 192.168.4.2 24
[AR4-GigabitEthernet0/0/1]quit
[AR4]rip
[AR4-rip-1]version 2
[AR4-rip-1]network 192.168.4.0
[AR4-rip-1]quit
[AR4]
```

（5）查看路由器 AR1、路由器 AR2、路由器 AR3 及路由器 AR4 之间的邻居关系，这里以路由器 AR1 为例。

```
<AR1>display rip 1 neighbor
---------------------------------------------------------------------------
 IP Address       Interface                       Type    Last-Heard-Time
---------------------------------------------------------------------------
 192.168.1.2      GigabitEthernet0/0/1            RIP     0:0:10
 Number of RIP routes   : 1
 192.168.2.2      GigabitEthernet0/0/0            RIP     0:0:26
 Number of RIP routes   : 2
<AR1>
```

（6）查看完成配置的路由器之间互相引入的路由信息，这里以路由器 AR1 为例。

```
<AR1>display ip routing-table
Route Flags: R - relay, D - download to fib
------------------------------------------------------------------------------
Routing Tables: Public
         Destinations : 12        Routes : 13
   Destination/Mask    Proto   Pre  Cost      Flags  NextHop         Interface
          127.0.0.0/8  Direct  0    0           D    127.0.0.1       InLoopBack0
         127.0.0.1/32  Direct  0    0           D    127.0.0.1       InLoopBack0
 127.255.255.255/32    Direct  0    0           D    127.0.0.1       InLoopBack0
     192.168.1.0/24    Direct  0    0           D    192.168.1.1     GigabitEthernet0/0/1
     192.168.1.1/32    Direct  0    0           D    127.0.0.1       GigabitEthernet0/0/1
   192.168.1.255/32    Direct  0    0           D    127.0.0.1       GigabitEthernet0/0/1
     192.168.2.0/24    Direct  0    0           D    192.168.2.1     GigabitEthernet0/0/0
     192.168.2.1/32    Direct  0    0           D    127.0.0.1       GigabitEthernet0/0/0
   192.168.2.255/32    Direct  0    0           D    127.0.0.1       GigabitEthernet0/0/0
     192.168.3.0/24      RIP   100  1           D    192.168.1.2     GigabitEthernet0/0/1
                         RIP   100  1           D    192.168.2.2     GigabitEthernet0/0/0
     192.168.4.0/24      RIP   100  1           D    192.168.2.2     GigabitEthernet0/0/0
255.255.255.255/32 Direct   0   0          D        127.0.0.1       InLoopBack0
<AR1>
```

（7）配置路由器 AR1 的动态 BFD 特性，相关实例代码如下。

```
[AR1]bfd        //启用 BFD 功能
[AR1-bfd]quit
[AR1]rip 1
[AR1-rip-1]bfd all-interfaces enable
[AR1-rip-1]bfd all-interfaces min-rx-interval ?
  INTEGER<10-2000>   The minimum receive interval (milliseconds)
  //配置接收单跳 BFD 控制报文的最小时间间隔，其取值范围为 10～2000ms
[AR1-rip-1]bfd all-interfaces min-rx-interval 200 min-tx-interval ?
  INTEGER<10-2000>   The minimum transmit interval (milliseconds)
  //配置发送单跳 BFD 控制报文的最小时间间隔，其取值范围为 10～2000ms
[AR1-rip-1]bfd all-interfaces min-rx-interval 200 min-tx-interval 200 detect-multiplier ?
  INTEGER<3-50>   The detect multiplier value
  //配置单跳 BFD 检测时间倍数，其取值范围为 3～50
[AR1-rip-1]bfd all-interfaces min-rx-interval 200 min-tx-interval 200 detect-multiplier 10
[AR1-rip-1]quit
[AR1]
```

路由器 AR2 的配置与路由器 AR1 相同，这里不赘述。

（8）完成上述配置之后，在路由器上使用 display rip <1-65535> bfd session all 命令可以看到路由器 AR1 与路由器 AR2 之间已经建立 BFD 会话，BFDState 字段显示为 Up。

```
<AR1>display rip 1 bfd session all
 LocalIp          :192.168.1.1    RemoteIp     :192.168.1.2    BFDState   :Down
 TX               :10000           RX          :10000           Multiplier:0
 BFD Local Dis    :8192           Interface    :GigabitEthernet0/0/1
 Diagnostic Info:No diagnostic information

 LocalIp          :192.168.2.1    RemoteIp     :192.168.2.2    BFDState   :Up
 TX               :200              RX         :200            Multiplier  :10
 BFD Local Dis    :8193           Interface    :GigabitEthernet0/0/0
 Diagnostic Info:No diagnostic information
<AR1>
```

（9）验证配置结果，在路由器 AR2 的 GE 0/0/0 端口上使用 shutdown 命令，模拟主链路出现故障。模拟链路出现故障为验证需要，在实际应用中不需要执行此操作。

```
[AR2]interface GigabitEthernet 0/0/0
[AR2-GigabitEthernet0/0/0]shutdown
[AR2-GigabitEthernet0/0/0]quit
[AR2]
```

（10）查看路由器 AR1 的路由表。

```
<AR1>display ip routing-table
Route Flags: R - relay, D - download to fib
------------------------------------------------------------------------------
Routing Tables: Public
         Destinations : 9        Routes : 9
  Destination/Mask    Proto   Pre  Cost      Flags    NextHop         Interface
        127.0.0.0/8   Direct  0    0           D      127.0.0.1       InLoopBack0
       127.0.0.1/32   Direct  0    0           D      127.0.0.1       InLoopBack0
127.255.255.255/32    Direct  0    0           D      127.0.0.1       InLoopBack0
     192.168.1.0/24   Direct  0    0           D      192.168.1.1     GigabitEthernet0/0/1
     192.168.1.1/32   Direct  0    0           D      127.0.0.1       GigabitEthernet0/0/1
   192.168.1.255/32   Direct  0    0           D      127.0.0.1       GigabitEthernet0/0/1
     192.168.3.0/24     RIP   100  1           D      192.168.1.2     GigabitEthernet0/0/1
     192.168.4.0/24     RIP   100  2           D      192.168.1.2     GigabitEthernet0/0/1
255.255.255.255/32    Direct  0    0           D      127.0.0.1       InLoopBack0
<AR1>
```

由路由器 AR1 的路由表可以看出，在主链路发生故障之后，备份链路（路由器 AR1→路由器 AR3→路由器 AR2→路由器 4）被启用，去往 192.168.4.0/24 的路由下一跳地址是 192.168.1.2，出端口为 GE 0/0/1。

（11）显示路由器 AR1 的配置信息，主要配置实例代码如下。

```
<AR1>display current-configuration
#
 sysname   AR1
#
bfd
#
```

```
interface GigabitEthernet0/0/0
 ip address 192.168.2.1 255.255.255.0
#
interface GigabitEthernet0/0/1
 ip address 192.168.1.1 255.255.255.0
#
rip 1
 version 2
 network 192.168.1.0
 network 192.168.2.0
 bfd all-interfaces enable
 bfd all-interfaces min-tx-interval 200 min-rx-interval 200 detect-multiplier 10
#
<AR1>
```

4.3.4 RIP 引入外部路由配置

从配置和管理的角度来看，使用一种路由协议更容易操作。但是在实际应用中，一台路由器上常常会同时运行一种以上的路由协议。

在路由器上运行多种路由协议时，为了使不同路由协议之间良好地协同工作，需要在区域边界路由器（Area Border Router，ABR）上引入外部路由，RIP 可以引入从其他进程或其他协议学习到的路由信息，从而丰富路由表项。

1. 配置 RIP 引入外部路由的步骤

（1）使用 system-view 命令，进入系统视图。

（2）使用 rip [process-id] 命令，进入 RIP 视图。

（3）（可选）使用 default-cost cost 命令，设定引入路由的度量值。如果在引入路由时没有指定度量值，则使用默认度量值。

（4）使用 import-route bgp [permit-ibgp] [cost { cost | transparent } | route-policyroute-policy-name] *命令或 import-route { { static | direct | unr } | { { rip | ospf | isis }[process-id] } } [cost cost | route-policy route-policy-name] *命令，引入外部路由信息。

注意 **RIP 进程引入内部边界网关协议（Internal Border Gateway Protocol，IBGP）路由时容易造成路由环路，配置该功能应谨慎。**

（5）（可选）使用 filter-policy { acl-number | acl-name acl-name | ip-prefix ip-prefixname} export [protocol [process-id] | interface-type interface-number]命令，在引入的路由信息向外发布时进行过滤。

因为 RIP 要发布的路由信息中有可能包含引入的其他路由协议的路由信息，所以可指定 protocol 参数来对这些路由信息进行过滤。如果没有指定 protocol 参数，则要手动对所要发布的路由信息进行过滤，包括引入的路由和本地 RIP 路由（相当于直连路由）。

注意 **RIPv2 规定的 Tag 字段长度为 16bit，其他路由协议的 Tag 字段长度为 32bit。如果在引入其他路由协议时应用的路由策略（Route-Policy）中使用了 Tag，则应确保 Tag 值不超过 65535，否则将导致路由策略失效或者产生错误的匹配结果。**

2. 配置 RIP 引入外部路由实例

如图 4.11 所示，路由器 AR2 上运行着两个 RIP 进程：RIP 10 和 RIP 20。现要求路由器 AR1 与其他网段互通，配置相关端口与 IP 地址，进行网络拓扑连接。

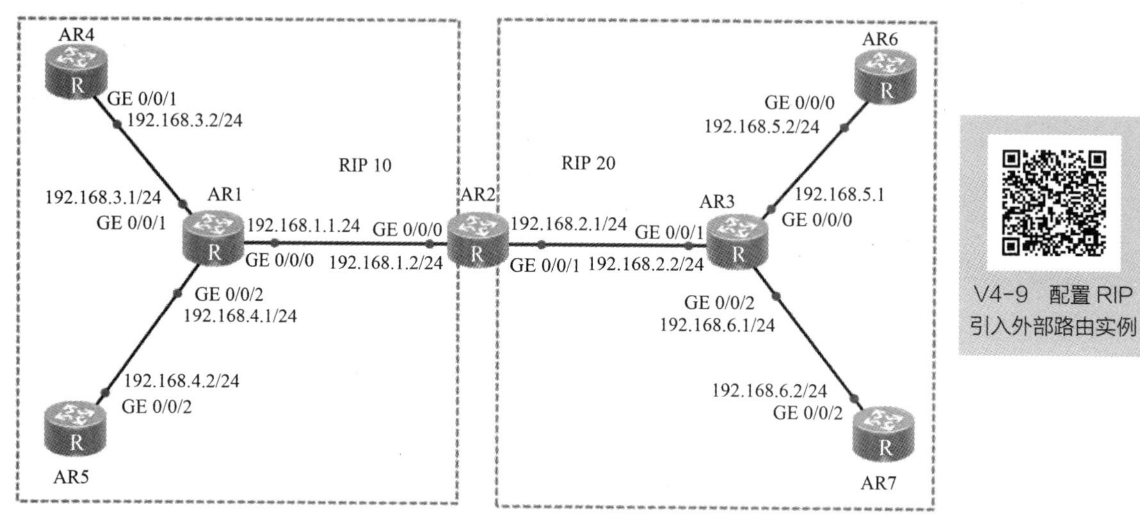

图 4.11　配置 RIP 引入外部路由实例

配置 RIP 引入外部路由，在各路由器上启用 RIP，实现各进程内的网络互联。在路由器 AR2 上配置 RIP 10 和 RIP 20 之间的路由相互引入，将引入的 RIP 20 路由的度量值设为 2，实现两个进程路由的互通；在路由器 AR2 上配置访问控制列表（Access Control List，ACL），对引入的 RIP 20 的一条路由（192.168.6.0/24）进行过滤，实现路由器 AR1 仅与网段 192.168.5.0/24 互通。

（1）配置路由器 AR1，相关实例代码如下。

```
<Huawei>system-view
[Huawei]sysname  AR1
[AR1]interface GigabitEthernet 0/0/0
[AR1-GigabitEthernet0/0/0]ip address 192.168.1.1 24
[AR1-GigabitEthernet0/0/0]quit
[AR1]interface GigabitEthernet 0/0/1
[AR1-GigabitEthernet0/0/1]ip address 192.168.3.1 24
[AR1-GigabitEthernet0/0/1]quit
[AR1]interface GigabitEthernet 0/0/2
[AR1-GigabitEthernet0/0/2]ip address 192.168.4.1 24
[AR1-GigabitEthernet0/0/2]quit
[AR1]rip 10
[AR1-rip-10]network 192.168.1.0
[AR1-rip-10]network 192.168.3.0
[AR1-rip-10]network 192.168.4.0
[AR1-rip-10]quit
[AR1]
```

（2）配置路由器 AR2，相关实例代码如下。

```
<Huawei>system-view
[Huawei]sysname  AR2
[AR2]interface GigabitEthernet 0/0/0
```

```
[AR2-GigabitEthernet0/0/0]ip address 192.168.1.2 24
[AR2-GigabitEthernet0/0/0]quit
[AR2]interface GigabitEthernet 0/0/1
[AR2-GigabitEthernet0/0/1]ip address 192.168.2.1 24
[AR2-GigabitEthernet0/0/1]quit
[AR2]rip 10
[AR2-rip-10]network 192.168.1.0
[AR2-rip-10]quit
[AR2]rip 20
[AR2-rip-20]network 192.168.2.0
[AR2-rip-20]quit
[AR2]
```

（3）配置路由器 AR3，相关实例代码如下。

```
<Huawei>system-view
[Huawei]sysname  AR3
[AR3]interface GigabitEthernet 0/0/0
[AR3-GigabitEthernet0/0/0]ip address 192.168.5.1 24
[AR3-GigabitEthernet0/0/0]quit
[AR3]interface GigabitEthernet 0/0/1
[AR3-GigabitEthernet0/0/1]ip address 192.168.2.2 24
[AR3-GigabitEthernet0/0/1]quit
[AR3]interface GigabitEthernet 0/0/2
[AR3-GigabitEthernet0/0/2]ip address 192.168.6.1 24
[AR3-GigabitEthernet0/0/2]quit
[AR3]rip 20
[AR3-rip-20]network 192.168.2.0
[AR3-rip-20]network 192.168.5.0
[AR3-rip-20]network 192.168.6.0
[AR3-rip-20]quit
[AR3]
```

路由器 AR4、路由器 AR5、路由器 AR6 及路由器 AR7 的配置与路由器 AR1、路由器 AR2、路由器 AR3 大致相同，这里不赘述。

（4）查看路由器 AR1 的路由表。

```
<AR1>display ip routing-table
Route Flags: R - relay, D - download to fib
------------------------------------------------------------------------------
Routing Tables: Public
         Destinations : 13          Routes : 13
  Destination/Mask    Proto   Pre  Cost      Flags   NextHop         Interface
        127.0.0.0/8   Direct  0    0           D     127.0.0.1       InLoopBack0
       127.0.0.1/32   Direct  0    0           D     127.0.0.1       InLoopBack0
127.255.255.255/32    Direct  0    0           D     127.0.0.1       InLoopBack0
     192.168.1.0/24   Direct  0    0           D     192.168.1.1     GigabitEthernet0/0/0
     192.168.1.1/32   Direct  0    0           D     127.0.0.1       GigabitEthernet0/0/0
   192.168.1.255/32   Direct  0    0           D     127.0.0.1       GigabitEthernet0/0/0
     192.168.3.0/24   Direct  0    0           D     192.168.3.1     GigabitEthernet0/0/1
     192.168.3.1/32   Direct  0    0           D     127.0.0.1       GigabitEthernet0/0/1
```

```
   192.168.3.255/32      Direct   0    0          D     127.0.0.1       GigabitEthernet0/0/1
     192.168.4.0/24      Direct   0    0          D     192.168.4.1     GigabitEthernet0/0/2
     192.168.4.1/32      Direct   0    0          D     127.0.0.1       GigabitEthernet0/0/2
   192.168.4.255/32      Direct   0    0          D     127.0.0.1       GigabitEthernet0/0/2
 255.255.255.255/32      Direct   0    0          D     127.0.0.1       InLoopBack0
<AR1>
```

其他路由器的路由信息与路由器 AR1 的路由信息大致相同。从以上路由表中可以看出，只有本地路由器的直连路由信息，没有其他路由信息。

（5）配置 RIP 引入外部路由，在路由器 AR2 上设置默认路由值为 2，并将两个不同 RIP 进程的路由相互引入对方的路由表中。

```
[AR2]rip 10
[AR2-rip-10]default-cost ?
  INTEGER<0-15>    Value of metric
//配置默认路由值为2，其取值范围为0～15
[AR2-rip-10]default-cost 2
[AR2-rip-10]import-route ?
  bgp       Border Gateway Protocol (BGP) routes
  direct    Direct routes
  isis      Intermediate System to Intermediate System (ISIS) routes
  ospf      Open Shortest Path First (OSPF) routes
  rip       Routing Information Protocol (RIP) routes
  static    Static routes
  unr       User Network Route
            //可以配置不同路由引入协议，如 BGP、OSPF 协议、IS-IS 协议、RIP 等
[AR2-rip-10]import-route rip 20
            //将 RIP 进程为 20 的路由引入 RIP 进程为 10 的路由表中
[AR2-rip-10]quit
[AR2]rip 20
[AR2-rip-20]default-cost 2
[AR2-rip-20]import-route rip 10
            //将 RIP 进程为 10 的路由引入 RIP 进程为 20 的路由表中
[AR2-rip-20]quit
[AR2]
```

（6）配置完成后，查看路由器 AR1 的路由表。

```
<AR1>display ip routing-table
Route Flags: R - relay, D - download to fib
------------------------------------------------------------------------------
Routing Tables: Public
         Destinations : 16          Routes : 16
  Destination/Mask      Proto    Pre  Cost      Flags   NextHop         Interface
        127.0.0.0/8     Direct   0    0           D     127.0.0.1       InLoopBack0
       127.0.0.1/32     Direct   0    0           D     127.0.0.1       InLoopBack0
 127.255.255.255/32     Direct   0    0           D     127.0.0.1       InLoopBack0
     192.168.1.0/24     Direct   0    0           D     192.168.1.1     GigabitEthernet0/0/0
     192.168.1.1/32     Direct   0    0           D     127.0.0.1       GigabitEthernet0/0/0
   192.168.1.255/32     Direct   0    0           D     127.0.0.1       GigabitEthernet0/0/0
     192.168.2.0/24     RIP      100  3           D     192.168.1.2     GigabitEthernet0/0/0
```

```
      192.168.3.0/24    Direct   0    0        D    192.168.3.1     GigabitEthernet0/0/1
      192.168.3.1/32    Direct   0    0        D    127.0.0.1       GigabitEthernet0/0/1
    192.168.3.255/32    Direct   0    0        D    127.0.0.1       GigabitEthernet0/0/1
      192.168.4.0/24    Direct   0    0        D    192.168.4.1     GigabitEthernet0/0/ 2
      192.168.4.1/32    Direct   0    0        D    127.0.0.1       GigabitEthernet0/0/2
    192.168.4.255/32    Direct   0    0        D    127.0.0.1       GigabitEthernet0/0/2
      192.168.5.0/24       RIP   100  3        D    192.168.1.2     GigabitEthernet0/0/0
      192.168.6.0/24       RIP   100  3        D    192.168.1.2     GigabitEthernet/0/0
  255.255.255.255/32    Direct   0    0        D    127.0.0.1       InLoopBack0
<AR1>
```

可以看出，路由器 AR1 学习到了网段 192.168.5.0/24 与 192.168.6.0/24 的路由信息。

（7）配置 RIP 过滤引入路由，在路由器 AR2 上配置 ACL，并增加一条规则：拒绝源地址为 192.168.6.0/24 的数据包通过。

```
[AR2]acl 2000
[AR2-acl-basic-2000]rule deny source 192.168.6.0 0.0.0.255
[AR2-acl-basic-2000]rule permit
[AR2-acl-basic-2000]quit
[AR2]rip 10
[AR2-rip-10]filter-policy 2000 export
[AR2-rip-10]quit
[AR2]
```

（8）验证配置结果，查看过滤路由后路由器 AR1 的路由表。

```
<AR1>display ip routing-table
Route Flags: R - relay, D - download to fib
------------------------------------------------------------------------------
Routing Tables: Public
         Destinations : 15          Routes : 15
  Destination/Mask    Proto    Pre  Cost     Flags  NextHop         Interface
        127.0.0.0/8   Direct   0    0        D      127.0.0.1       InLoopBack0
        127.0.0.1/32  Direct   0    0        D      127.0.0.1       InLoopBack0
  127.255.255.255/32  Direct   0    0        D      127.0.0.1       InLoopBack0
      192.168.1.0/24  Direct   0    0        D      192.168.1.1     GigabitEthernet0/0/0
      192.168.1.1/32  Direct   0    0        D      127.0.0.1       GigabitEthernet0/0/0
    192.168.1.255/32  Direct   0    0        D      127.0.0.1       GigabitEthernet0/0/0
      192.168.2.0/24  RIP      100  3        D      192.168.1.2     GigabitEthernet0/0/0
      192.168.3.0/24  Direct   0    0        D      192.168.3.1     GigabitEthernet0/0/1
      192.168.3.1/32  Direct   0    0        D      127.0.0.1       GigabitEthernet0/0/1
    192.168.3.255/32  Direct   0    0        D      127.0.0.1       GigabitEthernet0/0/1
      192.168.4.0/24  Direct   0    0        D      192.168.4.1     GigabitEthernet0/0/2
      192.168.4.1/32  Direct   0    0        D      127.0.0.1       GigabitEthernet0/0/2
    192.168.4.255/32  Direct   0    0        D      127.0.0.1       GigabitEthernet0/0/2
      192.168.5.0/24     RIP   100  3        D      192.168.1.2     GigabitEthernet0/0/0
  255.255.255.255/32  Direct   0    0        D      127.0.0.1       InLoopBack0
<AR1>
```

可以看出，路由器 AR1 的路由表中只学习到了网段 192.168.5.0/24 的路由信息，网段 192.168.6.0/24 的路由信息被过滤掉了。

4.3.5 RIPng 配置

（1）如图 4.12 所示，配置 RIPng，配置相关端口与 IP 地址，进行网络拓扑连接。路由器 AR1 和路由器 AR2 的 Loopback 1 端口使用的是全球单播地址。路由器 AR1 和路由器 AR2 的物理端口在使用 RIPng 传送路由信息时，路由条目的下一跳地址只能是链路本地地址。例如，如果路由器 AR1 收到的路由条目的下一跳地址为 2005::2/64，则路由器 AR1 认为目的地址为 2004::1 的网络地址可达。

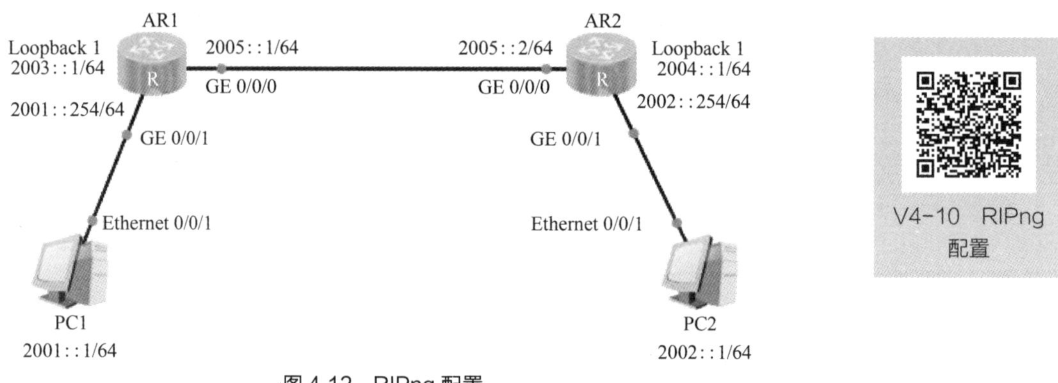

图 4.12 RIPng 配置

（2）配置主机 PC1 和主机 PC2 的 IPv6 地址，如图 4.13 所示。

图 4.13 配置主机 PC1 和主机 PC2 的 IPv6 地址

（3）配置路由器 AR1，相关实例代码如下。

```
<Huawei>system-view
```

```
[Huawei]sysname   AR1
[AR1]ipv6                  //启用 IPv6 功能，不启用此功能时各端口无法互通
[AR1]interface GigabitEthernet 0/0/0
[AR1-GigabitEthernet0/0/0]ipv6 enable
[AR1-GigabitEthernet0/0/0]ipv6 address 2005::1 64
[AR1-GigabitEthernet0/0/0]ripng 1 enable
[AR1-GigabitEthernet0/0/0]quit
[AR1]interface GigabitEthernet 0/0/1
[AR1-GigabitEthernet0/0/1]ipv6   enable
[AR1-GigabitEthernet0/0/1]ipv6 address 2001::254 64    //配置 IPv6 地址
[AR1-GigabitEthernet0/0/1]ripng 1 enable               //配置 RIPng
[AR1-GigabitEthernet0/0/1]quit
[AR1]interface LoopBack1
[AR1-LoopBack1]ipv6 address 2003::1 64
[AR1-LoopBack1]ripng 1 enable
[AR1-LoopBack1]quit
[AR1]
```

使用 ipv6 enable 命令，在路由器端口上启用 IPv6 功能，使端口能够接收和转发 IPv6 报文。端口的 IPv6 功能默认是未启用的。

使用 ipv6 address auto link-local 命令，为端口配置自动生成的链路本地地址。

使用 ripng process-id enable 命令，启用一个端口的 RIPng 功能。process-id 的取值范围为 1～65535。默认情况下，端口上未启用 RIPng 功能。

（4）配置路由器 AR2，相关实例代码如下。

```
<Huawei>system-view
[Huawei]sysname   AR2
[AR2]ipv6
[AR2]interface GigabitEthernet 0/0/1
[AR2-GigabitEthernet0/0/1]ipv6   enable
[AR2-GigabitEthernet0/0/1]ipv6 address 2002::254 64
[AR2-GigabitEthernet0/0/1]ripng 1 enable
[AR2-GigabitEthernet0/0/1]quit
[AR2]interface GigabitEthernet 0/0/0
[AR2-GigabitEthernet0/0/0]ipv6 enable
[AR2-GigabitEthernet0/0/0]ipv6 address 2005::2 64
[AR2-GigabitEthernet0/0/0]ripng 1 enable
[AR2-GigabitEthernet0/0/0]quit
[AR2]interface LoopBack1
[AR2-LoopBack1]ipv6 address 2004::1 64
[AR2-LoopBack1]ripng 1 enable
[AR2-LoopBack1]quit
[AR2]
```

（5）显示路由器 AR1、路由器 AR2 的配置信息，这里以路由器 AR1 为例，其主要配置实例代码如下。

```
<AR1>display current-configuration
#
 sysname   AR1
#
```

```
ipv6
#
interface GigabitEthernet0/0/0
ipv6 enable
 ipv6 address 2005::1/64
 ripng 1 enable
#
interface GigabitEthernet0/0/1
 ipv6 enable
 ipv6 address 2001::254/64
 ripng 1 enable
#
interface LoopBack1
 ipv6 enable
 ipv6 address 2003::1/64
 ripng 1 enable
#
ripng 1
#
<AR1>
```

（6）显示路由器 AR1 的 RIPng 路由信息，如图 4.14 所示。

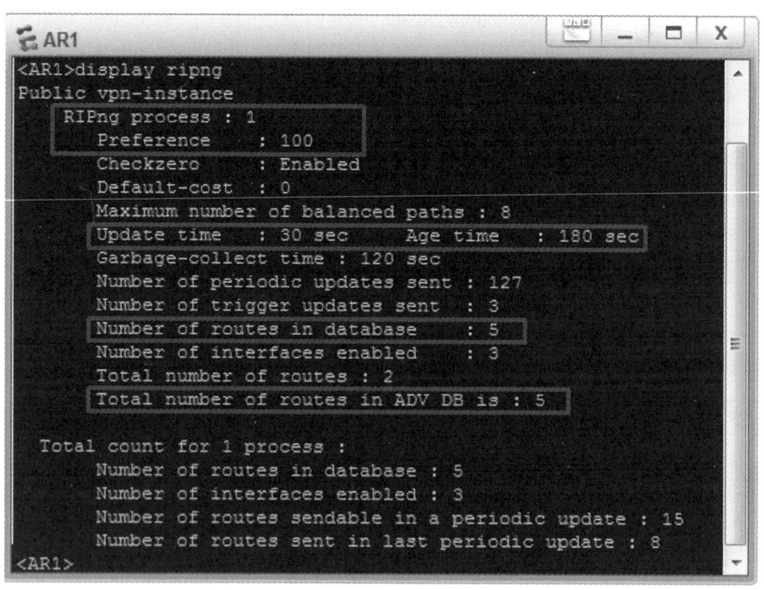

图 4.14　路由器 AR1 的 RIPng 路由信息

使用 display ripng 命令，可以查看 RIPng 进程实例以及该实例的路由信息。从显示信息中可以看出，RIPng 的协议优先级是 100；路由信息的更新周期是 30s；Number of routes in database 字段显示为 5，表明 RIPng 数据库中路由的条数为 5；Total number of routes in ADV DB is 字段显示为 5，表明 RIPng 正常工作并发送了 5 条路由更新信息。

（7）测试主机 PC1 的联通性，主机 PC1 分别访问路由器 AR1 和主机 PC2，测试结果如图 4.15 所示。

图 4.15　主机 PC1 分别访问路由器 AR1 和主机 PC2 的测试结果

课后习题

1. 选择题

（1）RIP 网络中允许的最大跳数为（　　）。

A. 13　　B. 14　　C. 15　　D. 16

（2）华为设备中，定义 RIP 网络的默认管理距离为（　　）。

A. 60　　B. 100　　C. 120　　D. 150

（3）RIP 网络中，每台路由器都会周期性地向邻居路由器通告自己的整张路由表中的路由信息，默认周期为（　　）。

A. 30s　　B. 60s　　C. 120s　　D. 180s

（4）RIP 网络中，为防止出现路由环路，路由器不会把从邻居路由器学到的路由反向通告回去，这种方法被称为（　　）。

A. 定义最大值　　B. 水平分割　　C. 控制更新时间　　D. 触发更新

（5）关于 RIPv1 与 RIPv2，下列说法正确的是（　　）。

A. RIPv1 是有类路由协议，RIPv2 是无类路由协议

B. RIPv1 与 RIPv2 都可以支持 VLSM

C. RIPv1 是多播更新，RIPv2 是广播更新

D. RIPv1 与 RIPv2 都可以支持认证

2. 简答题

（1）简述 RIP 的工作原理及其局限性。

（2）简述如何进行 RIP 路由聚合。

（3）简述如何配置 RIPv2 报文的认证方式。

（4）简述如何配置 RIP 与 BFD 联动。

项目5
OSPF协议与高级配置

【学习目标】

- 掌握OSPF协议路由聚合功能及配置方法。
- 掌握OSPF协议认证方式及配置方法。
- 掌握OSPF协议特殊区域的配置方法。
- 掌握OSPF协议与BFD联动的配置方法。
- 掌握OSPF协议引入外部路由的配置方法及OSPFv3协议的配置方法。

【素质目标】

- 培养学生团队协作精神，学会在团队中发挥所长、共同解决问题。
- 鼓励学生在学习和应用OSPF技术时，积极探索新的路由策略、优化配置参数，以应对日益复杂的网络环境和业务需求，培养创新意识与实践能力。

5.1 项目描述

某公司网络采用开放最短路径优先（Open Shortest Path First，OSPF）协议对路由器进行配置，随着公司规模的不断扩大，公司网络的子网数量增加，导致网络运行状态不够稳定，对公司业务造成了一定的影响。公司领导安排网络工程师小李对公司网络进行优化。考虑到公司网络的安全性与稳定性，需要对公司网络实施认证机制，同时动态监测网络的运行状况，并对公司未来的网络扩展做好准备。小李根据公司的要求制订了一份合理的网络优化方案，他应如何配置网络设备呢?

5.2 必备知识

1. OSPF 协议

OSPF 协议是目前广泛使用的一种动态路由协议，具有路由变化收敛速度快、无路由环路、支持 VLSM 和汇总、支持层次区域划分等优点。在网络中使用 OSPF 协议后，大部分路由将由 OSPF 协议自行计算和生成，无须网络管理员手动配置。当网络拓扑发生变化时，OSPF 协议还可以自动计算、更正路由，极大地方便了网络管理。项目 4 中介绍的 RIP 是一种基于距离矢量算法的路由协议，存在着收敛速度慢、易产生路由环路、可扩展性差等问题，目前已逐渐被 OSPF 协议所取代。

OSPF 协议是一种链路状态协议。每台路由器都负责发现邻居、维护与邻居的关系，并将已知的邻居列表和链路状态更新（Link State Update，LSU）报文通过可靠的泛洪与 AS 内的其他路由器周期性地进行交互，学习到整个 AS 的网络拓扑结构，再通过 AS 边界的路由器注入其他 AS 的路由信息，从而得到整个 Internet 的路由信息。每隔特定时间或当链路状态发生变化时，路由器将重新生成链路状态广播（Link State Advertisement，LSA）数据包，并通过泛洪机制将新 LSA 通告出去，以便实现路由实时更新。

OSPF 协议是一种内部网关协议，用于在单一 AS 内决策路由，它是基本链路状态的路由协议。链路状态是指路由器端口或连接到路由器的链路的状态信息，包括端口的 IP 地址、分配给端口的子网掩码、端口所连接的网络及链路开销。OSPF 协议与其他路由器交换信息，但所交换的不是路由而是链路状态。OSPF 协议路由器不是告知其他路由器可以到达哪些网络及距离是多少，而是告知其网络链路状态、端口所连接的网络及链路开销。各路由器都有其自身的链路状态，称为本地链路状态，这些本地链路状态在 OSPF 协议路由域内传播，直到所有的 OSPF 协议路由器都有完整而等同的链路状态数据库（Link State Database，LSDB）为止。一旦每台路由器都接收到所有的链路状态，各路由器就可以以其自身为根构造一棵树，而树的分支表示到 AS 中所有网络的最短或开销最低的路由。

对于规模较大的网络，OSPF 协议通常将其划分成多个 OSPF 协议区域，并只要求路由器与同一区域的路由器交换链路状态，在区域边界路由器上交换区域内的汇总链路状态，这样可以减少传播的信息量，且能够降低最短路径计算强度。在区域划分时，必须要有一个骨干区域（区域 0），其他非骨干区域与骨干区域必须有物理或者逻辑连接。当有物理连接时，必须有这样一台路由器：其一个端口在骨干区域，另一个端口在非骨干区域。当非骨干区域不可能物理连接到骨干区域时，必须定义一个虚拟链路，虚拟链路由两个端点和一个传输区来定义，其中，一个端点是路由器端口，在骨干区域；另一个端点也是路由器端口，但在与骨干区域没有物理连接的非骨干区域中；传输区是一个区域，介于骨干区域与非骨干区域之间。

OSPF 协议的协议号为 89，采用多播方式进行 OSPF 协议包交换，多播地址为 224.0.0.5（全部 OSPF 协议路由器）和 224.0.0.6（指定路由器）。

2. OSPF 协议路由区域报文类型

OSPF 协议报文用来保证路由器之间能够互相传播信息。OSPF 协议报文共有 5 种报文类型，任意一种类型的报文都需要加上 OSPF 协议的报文头，最后封装在 IP 中进行传送。一个 OSPF 报文的最大长度为 1500 字节，其结构如图 5.1 所示。

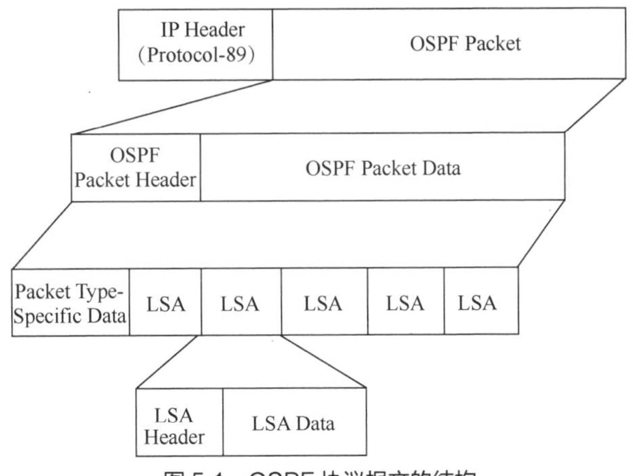

图 5.1　OSPF 协议报文的结构

OSPF 协议直接运行在 IP 之上，使用 IP 协议的端口 89。OSPF 协议的 5 种报文使用相同的 OSPF 协议报文头，如表 5.1 所示。

（1）Hello 报文：最常用的一种报文，用于发现邻居、维护邻居关系，并在广播多路访问（Broadcast Multi-Access，BMA）和非广播多路访问（Non-Broadcast Multi-Access，NBMA）类型的网络中选举指定路由器（Designated Router，DR）和备份指定路由器（Backup Designated Router，BDR）。

（2）数据库描述（Database Description，DD）报文：两台路由器进行 LSDB 同步时，用 DD 报文来描述自己的 LSDB。DD 报文的内容包括 LSDB 中的每一条 LSA 头（LSA 头可以唯一标识一条

LSA）。LSA 头只占一条 LSA 整体数据量的一小部分，这样可以减少路由器之间的协议报文流量。

（3）链路状态请求（Link State Request，LSR）报文：两台路由器互相交换过 DD 报文之后，就可以知道有哪些 LSA 是本地 LSDB 所缺少的，此时需要发送 LSR 报文向对方请求缺少的 LSA。LSR 只包含所需 LSA 的头部信息，数据量很小。

（4）链路状态更新（Link State Update，LSU）报文：用来发送对端路由器所需的 LSA。

（5）链路状态确认（Link State Acknowledgment，LSACK）报文：用来对接收到的 LSU 报文进行确认。

表 5.1　OSPF 协议中 5 种类型的路由协议报文

报文类型	功能描述
Hello 报文	周期性发送，发现和维护 OSPF 协议邻居关系
DD 报文	邻居间同步 LSDB 内容
LSR 报文	向对方请求所需要的 LSA 报文
LSU 报文	向对方通告 LSA 报文
LSACK 报文	对收到的 LSU 报文进行确认

3. OSPF 协议的 LSA 类型

OSPF 协议是目前应用最广泛的内部网关协议，其 LSA 类型繁多，一共有 11 种。LSA 在 OSPF 协议环境中的作用范围如图 5.2 所示。

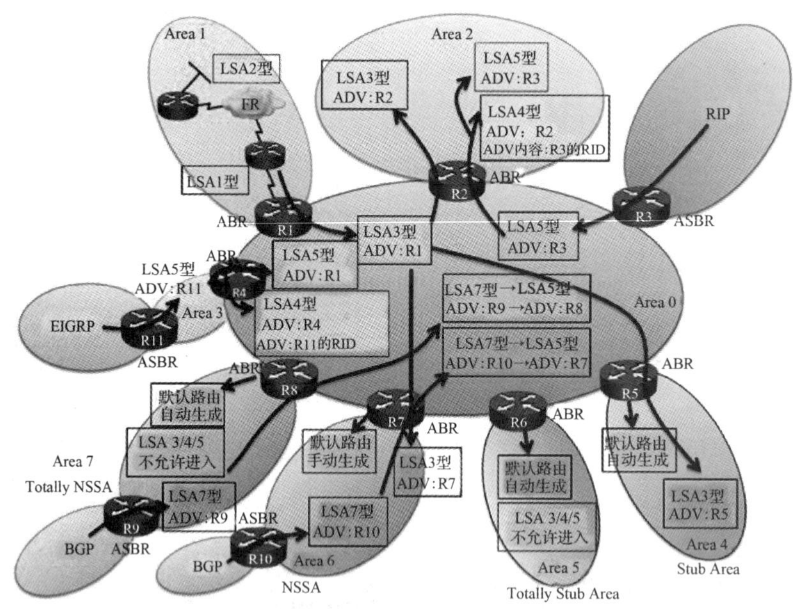

图 5.2　LSA 在 OSPF 协议环境中的作用范围

OSPF 协议的 LSA 分别如下。

① LSA1：路由器 LSA（Router LSA）。

② LSA2：网络 LSA（Network LSA）。

③ LSA3：网络汇总 LSA（Network Summary LSA）。

④ LSA4：ASBR 汇总 LSA（ASBR Summary LSA）。

⑤ LSA5：AS 外部 LSA（Autonomous System External LSA）。

⑥ LSA6：组成员 LSA（Group Membership LSA），目前不支持多播 OSPF 协议。

⑦ LSA7：NSSA 外部 LSA（NSSA External LSA）。

⑧ LSA8：BGP 的外部属性 LSA（External Attributes LSA for BGP）。

⑨ LSA9：不透明 LSA（Opaque LSA）作用于本地链路上，目前主要用于多协议标签交换（Multi-Protocol Label Switching，MPLS）协议。

⑩ LSA10：不透明 LSA 作用于本地区域内，目前主要用于 MPLS 协议。

⑪ LSA11：不透明 LSA 作用于 AS 内，目前主要用于 MPLS 协议。

本书主要讲解其中的 LSA1、LSA2、LSA3、LSA4、LSA5。其余的 LSA 只在一些特殊环境中使用，暂时不对它们进行深入的探讨。

（1）LSA1：路由器 LSA。

路由器 LSA 描述了路由器的直连链路状态信息，由每台发起路由器通告，只在本区域内传播，不会超过 ABR。这些最基本的 LSA 通告列出了路由器所有的链路和端口，并指明了它们的状态和沿每条链路方向出站的代价。

（2）LSA2：网络 LSA。

网络 LSA 描述了本区域内 BMA/NBMA（但不包括串行连接信息）的网络信息以及连接到此网络的路由器。其由本区域内的 BMA/NBMA 的 DR 或 BDR 通告，由区域内的 DR 或 BDR 路由器产生，只在本区域内传播。

（3）LSA3：网络汇总 LSA。

网络汇总 LSA 描述了 OSPF 协议的区域间路由[在路由表中以 OSPF 的域内路由（OSPF Inter Area，OIA）标识]，由 ABR 产生，可以通知本区域内的路由器通往区域外的路由信息。对位于区域外但仍然在 OSPF 协议 AS 内部的默认路由而言，其也可以通过 LSA3 来通告，原 LSA1 所描述的路由信息会由所在区域的 ABR 转换为 LSA3。LSA3 可以传播到整个 OSPF 协议的所有区域（特殊区域除外）中，LSA3 每穿越一台 ABR，其通告路由器（Advertisement Router，ADV Router）都会发生改变，转变为最后一次穿越的 ABR。

（4）LSA5：AS 外部 LSA。

这里先介绍 LSA5，再介绍 LSA4。AS 外部 LSA 描述的是 OSPF 协议区域以外的路由，如 RIP、增强型的内部网关路由协议（Enhanced Interior Gateway Routing Protocol，EIGRP）、BGP 等。其由 ASBR 通告，可以传播到整个 OSPF 协议的所有区域（特殊区域除外）中。注意，LSA5 的通告路由器在穿越 ABR 时不会改变。

（5）LSA4：ASBR 汇总 LSA。

ASBR 汇总 LSA 描述了 ASBR 的 Router ID（RID）。在图 5.2 中，R4（通告路由器）将 Area 3 中 R11 的 RID 转换为 LSA4，在整个 OSPF 协议域中泛洪传播。由于 LSA5 的通告路由器在穿越 ABR 时不会改变，图 5.2 中 Area 3 的 LSA5 在穿越 R4 到达 Area 0 时，通告路由器仍然是 R11，因此，除了 Area 3 之外，其他区域都不知道 R11 的信息，此时就需要 LSA4 为其他区域提供 R11 的信息。可以说，LSA4 是为 LSA5 服务的。

此外，OSPF 协议中存在 4 类特殊区域，分别介绍如下。

（1）Stub Area（末梢区域）。

在 Stub Area 中只有域内和域间路由，只允许 LSA3 进入此区域，而不允许 LSA4/5 进入。配置 Stub Area 后，会在区域内自动生成一条默认路由，以便访问 OSPF 协议中其他区域的网络。

（2）Totally Stub Area（绝对末梢区域）。

在 Totally Stub Area 中只有此区域内的路由，LSA3/4/5 均不允许进入此区域。配置 Totally Stub Area 后，该区域内会自动生成一条默认路由，以便访问 OSPF 协议中其他区域的网络。

（3）NSSA（次末梢区域）。

NSSA 中允许存在 ASBR，所以可以引入外部路由。该外部路由在 NSSA 内以 LSA7 的形式存在。当此 LSA7 路由离开 NSSA 进入其他区域时，NSSA 的 ABR 会进行 LSA7 向 LSA5 的转换（见图 5.2 中的 Area 6）。此区域只允许 LSA3 进入，禁止 LSA4/5 进入，所以，此区域中有域内、域间和外部路由。配置 NSSA 时，需要在区域内手动创建一条默认路由，以便访问 OSPF 协议中其他区域的网络，配置命令如下。

```
[Huawei]ospf 1
[Huawei-ospf-1]area 6
[Huawei-ospf-1-area-0.0.0.6]nssa default-route-advertise
```

（4）Totally NSSA（绝对次末梢区域）。

在 Totally NSSA 中允许存在 ASBR，所以可以引入外部路由。该外部路由在 Totally NSSA 内以 LSA7 的形式存在。当此 LSA7 路由离开 Totally NSSA 进入其他区域时，NSSA 的 ABR 会进行 LSA7 向 LSA5 的转换（见图 5.2 中的 Area 7）。此区域禁止 LSA3/4/5 进入，只有此区域内的路由和外部路由。配置 Totally NSSA 后，该区域内会自动生成一条默认路由，以便访问 OSPF 协议中其他区域的网络。

OSPF 协议中 4 类特殊区域的特点汇总如表 5.2 所示。

表 5.2 OSPF 协议中 4 类特殊区域的特点汇总

区域类型	是否接收区域间路由	ABR 是否自动发送默认路由	是否可以重发布外部路由
Stub Area	是	是	否
Totally Stub Area	否	是	否
NSSA	是	否	是
Totally NSSA	否	是	是

Stub Area 过滤 LSA4/5，ABR 会产生默认的 LSA3，区域内不能引入外部路由。

Totally Stub Area 过滤 LSA3/4/5，ABR 会产生默认的 LSA3，区域内不能引入外部路由。

NSSA 过滤 LSA4/5，ABR 会产生默认的 LSA7，区域内可以引入外部路由。

Totally NSSA 过滤 LSA3/4/5，ABR 会产生默认的 LSA3，区域内可以引入外部路由。

4. DR 与 BDR 选举

每一个含有至少两台路由器的 BMA 和 NBMA 网络中都有一台 DR 和 BDR，DR 和 BDR 可以减少邻接关系的数量，从而减少链路状态信息及路由信息的交换次数，这样可以节省带宽，降低路由器的处理压力。

一台不是 DR/BDR 的路由器只与 DR 和 BDR 形成邻接关系，交换链路状态信息及路由信息，这样可以大大减少大型广播网络和 NBMA 网络中的邻接关系数量。在没有 DR 的广播网络中，邻接关系的数量可以根据公式 $n(n-1)/2$ 计算得到，n 代表参与 OSPF 协议的路由器端口的数量。

如图 5.3 所示，所有路由器之间共有 10 个邻接关系。当指定了 DR 后，所有的路由器都与 DR 建立邻接关系，DR 成为该广播网络的中心点。BDR 在 DR 发生故障时接管业务，此时该广播网络中的所有路由器都必须同 BDR 建立邻接关系。

在邻居发现完成之后，路由器会根据网段类型进行 DR 选举。在 BMA 和 NBMA 网络中，路由器会根据参与选举的每个端口的优先级进行 DR 选举。优先级取值范围为 0～255，值越高，表示优先级越高。默认情况下，端口优先级为 1。如果一个端口优先级为 0，那么该端口将不会参与 DR 或者 BDR 的选举。如果两个端口优先级相同，则比较 RID，值越大，越优先被选举为 DR。为了给 DR 备份，每个 BMA 和 NBMA 网络中还要选举一台 BDR，BDR 也会与网络中的所有路由器建立邻接关系。为了维护网络中邻接关系的稳定性，如果网络中已经存在 DR 和 BDR，则新添加进该网络中的路由器（即使其优先级最大）不会成为 DR 和 BDR。如果当前 DR 发生故障，则当前 BDR 自动成为新的 DR，网络中重新选举 BDR；如果当前 BDR 发生故障，则 DR 不变，重新选举 BDR。这种选举机制的目的是保持邻接关系的稳定性，使拓扑结构的改变对邻接关系的影响尽量小。

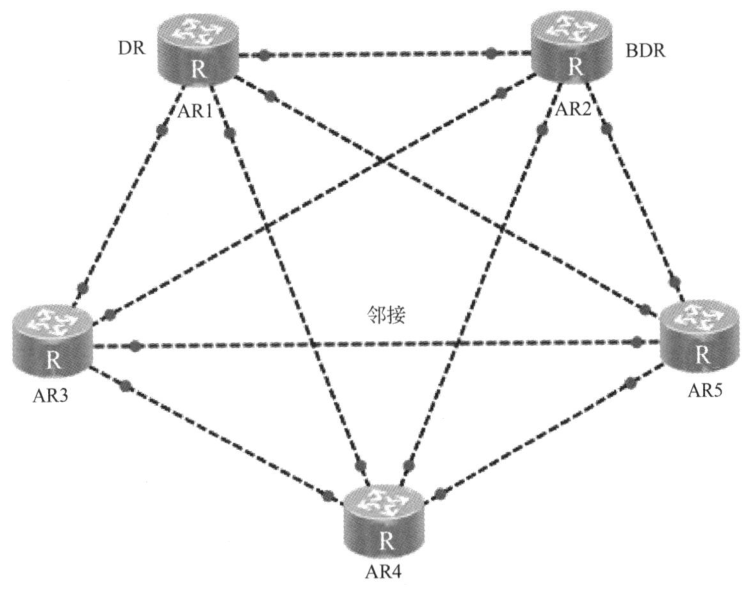

图 5.3　DR 与 BDR 选举

5.3 项目实施

5.3.1 OSPF 协议路由聚合配置

当 OSPF 协议网络规模较大时，配置路由聚合可以有效减少路由表中的条目，从而减少对系统资源的占用，且不影响系统的性能。此外，如果被聚合的 IP 地址范围内的某条链路频繁改变状态，则该变化并不会通告到被聚合的 IP 地址范围外的设备，这样可以避免网络中的路由振荡，在一定程度上提高网络的稳定性。

ABR 向其他区域发送路由信息时，以网段为单位生成 LSA3。当区域中存在连续的网段（具有相同前缀的路由信息）时，可以通过 abr-summary 命令将这些网段聚合成一个网段，ABR 只向其他区域发送一条聚合后的 LSA，所有被聚合的 LSA 将不会再被单独发送，从而减小路由表的规模，提高路由器的性能。

1. 配置 ABR 路由聚合的步骤

（1）使用 system-view 命令，进入系统视图。

（2）使用 ospf [process-id]命令，进入 OSPF 协议进程视图。

（3）使用 area area-id 命令，进入 OSPF 协议区域视图。

（4）使用 abr-summary ip-address mask [[cost { cost | inherit-minimum } | [advertise [generate-null0-route] | not-advertise | generate-null0-route[advertise]]] *] 命令，配置 OSPF 协议的 ABR 路由聚合。

2. 配置 ASBR 路由聚合的步骤

（1）使用 system-view 命令，进入系统视图。

（2）使用 ospf [process-id] 命令，进入 OSPF 协议进程视图。

（3）（可选）使用 asbr-summary type nssa-trans-type-reference [cost] nssa-trans-cost -reference] 命令，OSPF 协议在设置聚合路由类型和开销时考虑将 LSA7 转换为 LSA5。未配置此命令时，OSPF 协议在设置聚合路由类型和开销时不考虑将 LSA7 转换为 LSA5。

（4）使用 asbr-summary ip-address mask [not-advertise | tag tag |cost cost |distribute-delay interval] *命令，配置 OSPF 协议的 ASBR 路由聚合。

注意 **在配置路由聚合后，本地 OSPF 协议设备的路由表保持不变。其他 OSPF 协议设备的路由表中将只有一条聚合路由，没有具体路由，直到网络中被聚合的路由都因出现故障而消失后，该聚合路由才会消失。**

3. 配置 OSPF 协议路由聚合

（1）配置 OSPF 协议手动聚合。在一个 OSPF 协议的 AS 中配置 ABR 与 ASBR，路由器 AR1、路由器 AR2 运行在 Area 0 中，路由器 AR2、路由器 AR3 运行在 Area 1 中，路由器 AR2 为 ABR，路由器 AR3 为 ASBR。在路由器 AR3 的 GE 0/0/0 与 GE 0/0/2 端口上进行手动聚合，将 150.1.1.0/24 与 150.1.2.0/24 聚合为一条 150.1.0.0/16 路由并引入 OSPF 协议中，配置相关端口与 IP 地址，进行网络拓扑连接，如图 5.4 所示。

V5-1 配置 OSPF 协议路由聚合

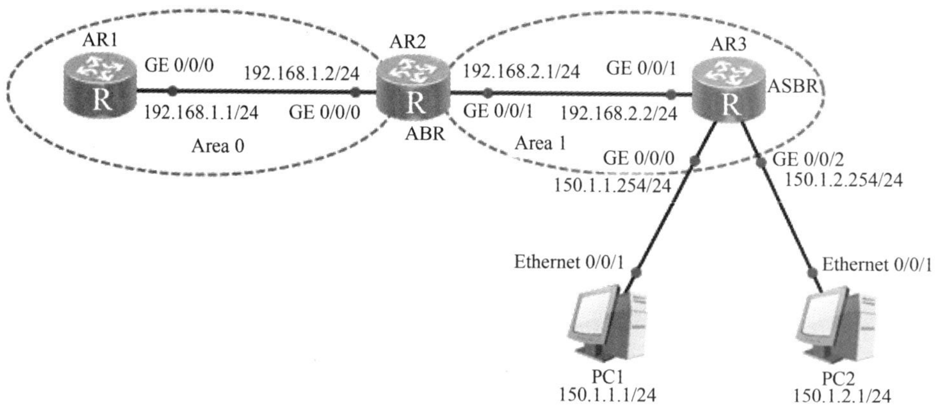

图 5.4 配置 OSPF 协议路由聚合

（2）配置路由器 AR1，相关实例代码如下。

```
<Huawei>system-view
[Huawei]sysname  AR1
[AR1]router id  1.1.1.1
[AR1]interface GigabitEthernet 0/0/0
[AR1-GigabitEthernet0/0/0]ip address 192.168.1.1 24
[AR1-GigabitEthernet0/0/0]quit
[AR1]interface LoopBack 0
[AR1-LoopBack0]ip address 1.1.1.2 255.255.255.255
[AR1-LoopBack0]quit
[AR1]ospf 1
[AR1-ospf-1]area 0
[AR1-ospf-1-area-0.0.0.0] network 1.1.1.1 0.0.0.0
```

```
[AR1-ospf-1-area-0.0.0.0]network 192.168.1.0 0.0.0.255
[AR1-ospf-1-area-0.0.0.0]quit
[AR1-ospf-1]quit
[AR1]
```

（3）配置路由器 AR2，相关实例代码如下。

```
<Huawei>system-view
[Huawei]sysname   AR2
[AR2]router id   2.2.2.2
[AR2]interface GigabitEthernet 0/0/0
[AR2-GigabitEthernet0/0/0]ip address 192.168.1.2 24
[AR2-GigabitEthernet0/0/0]quit
[AR2]interface GigabitEthernet 0/0/1
[AR2-GigabitEthernet0/0/1]ip address 192.168.2.1 24
[AR2-GigabitEthernet0/0/1]quit
[AR2]ospf 1
[AR2-ospf-1]area 0
[AR2-ospf-1-area-0.0.0.0]network 2.2.2.2 0.0.0.0
[AR2-ospf-1-area-0.0.0.0]network 192.168.1.0 0.0.0.255
[AR2-ospf-1-area-0.0.0.0]quit
[AR2-ospf-1]quit
[AR2]ospf 1
[AR2-ospf-1]area 1
[AR2-ospf-1-area-0.0.0.1]network 192.168.2.0 0.0.0.255
[AR2-ospf-1-area-0.0.0.1]quit
[AR2-ospf-1]quit
[AR2]
```

（4）配置路由器 AR3，相关实例代码如下。

```
<Huawei>system-view
[Huawei]sysname   AR3
[AR3]router id 3.3.3.3
[AR3]interface GigabitEthernet 0/0/0
[AR3-GigabitEthernet0/0/0]ip address 150.1.1.254 24
[AR3-GigabitEthernet0/0/0]quit
[AR3]interface GigabitEthernet 0/0/1
[AR3-GigabitEthernet0/0/1]ip address 192.168.2.2 24
[AR3-GigabitEthernet0/0/1]quit
[AR3]interface GigabitEthernet 0/0/2
[AR3-GigabitEthernet0/0/2]ip address 150.1.2.254 24
[AR3-GigabitEthernet0/0/2]quit
[AR3]ospf 1
[AR3-ospf-1]asbr-summary 150.1.0.0 255.255.0.0        //对引入的路由进行聚合
[AR3-ospf-1]import-route direct                        //引入端口的直连路由
[AR3-ospf-1]area 1
[AR3-ospf-1-area-0.0.0.1]network 3.3.3.3 0.0.0.0
[AR3-ospf-1-area-0.0.0.1]network 192.168.2.0 0.0.0.255
[AR3-ospf-1-area-0.0.0.1]quit
[AR3-ospf-1]quit
[AR3]
```

（5）查看路由器 AR1、路由器 AR2、路由器 AR3 的路由信息，这里以路由器 AR1 为例。

```
<AR1>display ip routing-table
Route Flags: R - relay, D - download to fib
------------------------------------------------------------------------------
Routing Tables: Public
         Destinations : 10        Routes : 10

 Destination/Mask        Proto    Pre  Cost       Flags      NextHop        Interface

        1.1.1.2/32       Direct   0    0            D        127.0.0.1      LoopBack0
       127.0.0.0/8       Direct   0    0            D        127.0.0.1      InLoopBack0
      127.0.0.1/32       Direct   0    0            D        127.0.0.1      InLoopBack0
127.255.255.255/32       Direct   0    0            D        127.0.0.1      InLoopBack0
150.1.0.0/16             O_ASE    150  2            D        192.168.1.2    GigabitEthernet0/0/0
    192.168.1.0/24       Direct   0    0            D        192.168.1.1    GigabitEthernet0/0/0
    192.168.1.1/32       Direct   0    0            D        127.0.0.1      GigabitEthernet0/0/0
  192.168.1.255/32       Direct   0    0            D        127.0.0.1      GigabitEthernet0/0/0
    192.168.2.0/24       OSPF     10   2            D        192.168.1.2    GigabitEthernet0/0/0
255.255.255.255/32       Direct   0    0            D        127.0.0.1      InLoopBack0
<AR1>
```

（6）显示路由器 AR1、路由器 AR2、路由器 AR3 的配置信息，这里以路由器 AR3 为例，主要配置实例代码如下。

```
<AR3>display current-configuration
#
 sysname  AR3
#
router id 3.3.3.3
#
interface GigabitEthernet0/0/0
 ip address 150.1.1.254 255.255.255.0
#
interface GigabitEthernet0/0/1
 ip address 192.168.2.2 255.255.255.0
#
interface GigabitEthernet0/0/2
 ip address 150.1.2.254 255.255.255.0
#
interface NULL0
#
ospf 1
 asbr-summary 150.1.0.0 255.255.0.0
 import-route direct
 area 0.0.0.1
  network 3.3.3.3 0.0.0.0
  network 192.168.2.0 0.0.0.255
#
return
<AR3>
```

5.3.2 OSPF 协议认证方式配置

为了提高网络的安全性，需要配置 OSPF 协议认证。例如，网络中的所有路由器都启用了 OSPF 协议，在该网络拓扑环境中，某人想学习 OSPF 协议网络中的路由信息，其在 OSPF 协议网络中的一个节点上又连接了一台路由器，并且启用了 OSPF 协议，如果 OSPF 协议网络中没有配置加密认证，则这台路由器会轻易地学习到其他所有路由器的信息。这是极不安全的，所以通常需要配置加密认证来管理 OSPF 协议网络。

1. 区域认证方式

使用区域认证方式时，一个区域中的所有路由器在该区域下的验证模式和口令必须一致。例如，在 Area 0 中的所有路由器上配置认证模式为简单认证，口令为 123。

配置区域认证方式的步骤如下。

（1）使用 system-view 命令，进入系统视图。

（2）使用 ospf [process-id]命令，进入 OSPF 协议进程视图。

（3）使用 area area-id 命令，进入 OSPF 协议区域视图。

（4）根据需求，配置 OSPF 协议区域的认证模式。

使用 authentication-mode simple [plain plain-text | [cipher] cipher-text]命令，配置 OSPF 协议区域的认证模式。

① simple 表示使用简单认证模式。

② plain 表示明文口令类型。

③ cipher 表示密文口令类型。对于 MD5/HMAC-MD5 认证模式，默认为 cipher 类型。

使用 authentication-mode { md5 | hmac-md5 | hmac-sha256 } [key-id{ plain plain-text | [cipher] cipher-text }]命令，配置 OSPF 区域的认证模式。

① md5 表示使用 MD5 密文认证模式。

② hmac-md5 表示使用 HMAC-MD5 密文认证模式。

③ hmac-sha256 表示使用 HMAC-SHA256 密文认证模式。

④ key-id 表示密文认证的标识符。

使用 authentication-mode keychain keychain-name 命令，配置 OSPF 协议区域的 Keychain 认证模式。

2. 端口认证方式

端口认证方式用于在相邻的路由器之间设置认证模式和口令，其优先级高于区域认证方式。

配置端口认证方式的步骤如下。

（1）使用 system-view 命令，进入系统视图。

（2）使用 interface interface-type interface-number 命令，进入 OSPF 协议端口视图。

（3）根据需求，配置端口认证方式。

使用 ospf authentication-mode simple [plain plain-text | [cipher] cipher-text]命令，配置 OSPF 协议端口的认证模式。

使用 ospf authentication-mode { md5 | hmac-md5 | hmac-sha256 } [key-id{ plain plain-text | [cipher] cipher-text }]命令，配置 OSPF 协议端口的认证模式。

使用 ospf authentication-mode null 命令，表示不对 OSPF 协议端口进行认证。

使用 ospf authentication-mode keychain keychain-name 命令，表示配置 OSPF 协议区域的 Keychain 认证模式。

> **注意** 使用 Keychain 认证模式时，需要在系统视图下配置 Keychain 信息。必须保证本端 ActiveSendKey 和对端 ActiveRecvKey 的 key-id、algorithm、key-string 相同，才能建立 OSPF 协议邻居。

5.3.3 OSPF 协议认证方式配置实例

如图 5.5 所示，配置 OSPF 协议认证方式，配置相关端口与 IP 地址，进行网络拓扑连接。

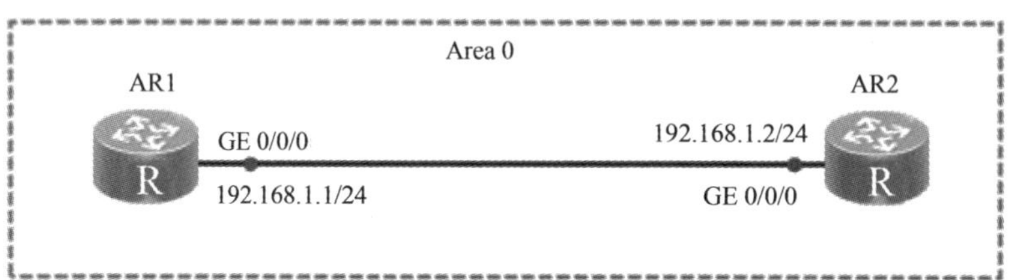

图 5.5 配置 OSPF 协议认证方式

V5-2 配置 OSPF 协议认证方式

1. 区域认证方式的配置

配置路由器 AR1，相关实例代码如下。

```
<Huawei>system-view
[Huawei]sysname  AR1
[AR1]router id  1.1.1.1
[AR1]interface GigabitEthernet 0/0/0
[AR1-GigabitEthernet0/0/0]ip address 192.168.1.1 24
[AR1-GigabitEthernet0/0/0]quit
[AR1]interface LoopBack 0
[AR1-LoopBack0]ip address 1.1.1.2 255.255.255.255
[AR1-LoopBack0]quit
[AR1]ospf 1
[AR1-ospf-1]area 0
[AR1-ospf-1-area-0.0.0.0] network 1.1.1.1 0.0.0.0
[AR1-ospf-1-area-0.0.0.0]network 192.168.1.0 0.0.0.255
[AR1-ospf-1-area-0.0.0.0]quit
[AR1-ospf-1]quit
[AR1]ospf 1
[AR1-ospf-1]area 0
[AR1-ospf-1-area-0.0.0.0]authentication-mode ?                //4 种认证方式
  hmac-md5   Use HMAC-MD5 algorithm
  keychain   Keychain authentication mode
  md5        Use MD5 algorithm
  simple     Simple authentication mode
[AR1-ospf-1-area-0.0.0.0]authentication-mode keychain ?
  STRING<1-47>   The keychain name
[AR1-ospf-1-area-0.0.0.0]authentication-mode keychain admin
[AR1-ospf-1-area-0.0.0.0]authentication-mode hmac-md5 1 ?
  STRING<1-255>/<20-392>   The password (key)
  cipher                   Encryption type (Cryptogram)       //加密
  plain                    Encryption type (Plain text)       //明文
```

```
[AR1-ospf-1-area-0.0.0.0]authentication-mode hmac-md5 1 cipher 123456
[AR1-ospf-1-area-0.0.0.0]quit
[AR1-ospf-1]quit
[AR1]
```

路由器 AR2 与路由器 AR1 的配置方式相同，这里不赘述。

2. 端口认证方式的配置

配置路由器 AR1，相关实例代码如下。

```
<Huawei>system-view
[Huawei]sysname  AR1
[AR1]router id  1.1.1.1
[AR1]interface GigabitEthernet 0/0/0
[AR1-GigabitEthernet0/0/0]ip address 192.168.1.1 24
[AR1-GigabitEthernet0/0/0]quit
[AR1]interface LoopBack 0
[AR1-LoopBack0]ip address 1.1.1.2 255.255.255.255
[AR1-LoopBack0]quit
[AR1]ospf 1
[AR1-ospf-1]area 0
[AR1-ospf-1-area-0.0.0.0] network 1.1.1.1 0.0.0.0
[AR1-ospf-1-area-0.0.0.0]network 192.168.1.0 0.0.0.255
[AR1-ospf-1-area-0.0.0.0]quit
[AR1-ospf-1]quit
[AR1]interface GigabitEthernet 0/0/0
[AR1-GigabitEthernet0/0/0]ospf authentication-mode ?  //5 种认证方式
  hmac-md5     Use HMAC-MD5 algorithm
  keychain     Keychain authentication mode
  md5          Use MD5 algorithm
  null         Use null authentication
  simple       Simple authentication mode
[AR1-GigabitEthernet0/0/0]ospf authentication-mode hmac-md5 ?
  INTEGER<1-255>  Key ID
  <cr>            Please press ENTER to execute command
[AR1-GigabitEthernet0/0/0]ospf authentication-mode hmac-md5 1 ?
  STRING<1-255>/<20-392>  The password (key)
  cipher                  Encryption type (Cryptogram)
  plain                   Encryption type (Plain text)
[AR1-GigabitEthernet0/0/0]ospf authentication-mode hmac-md5 1 cipher 123456
[AR1-GigabitEthernet0/0/0]quit
[AR1]
```

路由器 AR2 与路由器 AR1 的配置方式相同，这里不赘述。

5.3.4 OSPF 协议的特殊区域虚连接配置

OSPF 协议要求每个区域都必须与骨干区域（Area 0）直接相连，但是在实际组网中，网络情况非常复杂，在划分区域时，可能无法保证每个区域都满足此要求。此时就需要使用虚连接（Virtual Link）技术来解决这个问题。

虚连接是指在两台 ABR 之间，穿过一个非骨干区域（也称为转换区域，Transit Area）建立的一条逻辑上的连接通道（必须在两端的 ABR 上同时配置）。

（1）如图 5.6 所示，配置 OSPF 协议虚连接，配置相关端口与 IP 地址，进行网络拓扑连接。Area 2 没有与 Area 0 直接相连，Area 1 作为转换区域来连接 Area 2 和 Area 0，路由器 AR1 和路由器 AR2 之间配置了一条虚连接。

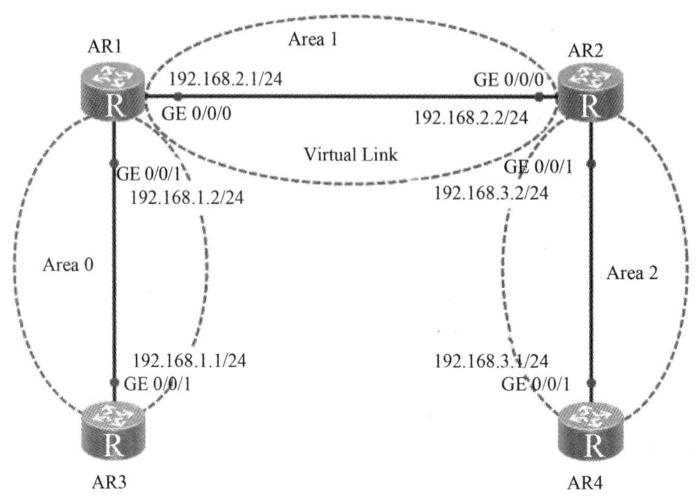

图 5.6　配置 OSPF 协议虚连接

V5-3　配置 OSPF 协议虚连接

（2）配置路由器 AR1，相关实例代码如下。

```
<Huawei>system-view
[Huawei]sysname   AR1
[AR1]interface GigabitEthernet 0/0/0
[AR1-GigabitEthernet0/0/0]ip address 192.168.2.1 24
[AR1]interface GigabitEthernet 0/0/1
[AR1-GigabitEthernet0/0/1]ip address 192.168.1.2 24
[AR1-GigabitEthernet0/0/1]quit
[AR1]ospf 1
[AR1-ospf-1]area 0
[AR1-ospf-1-area-0.0.0.0]network 192.168.1.0 0.0.0.255
[AR1-ospf-1-area-0.0.0.0]quit
[AR1-ospf-1]area 1
[AR1-ospf-1-area-0.0.0.1]network 192.168.2.0 0.0.0.255
[AR1-ospf-1-area-0.0.0.1]quit
[AR1-ospf-1]quit
[AR1]
```

（3）配置路由器 AR2，相关实例代码如下。

```
<Huawei>system-view
[Huawei]sysname   AR2
[AR2]interface GigabitEthernet 0/0/0
[AR2-GigabitEthernet0/0/0]ip address 192.168.2.2 24
[AR2]interface GigabitEthernet 0/0/1
[AR2-GigabitEthernet0/0/1]ip address 192.168.3.2 24
[AR2-GigabitEthernet0/0/1]quit
[AR2]ospf 1
[AR2-ospf-1]area 1
[AR2-ospf-1-area-0.0.0.1]network 192.168.2.0 0.0.0.255
```

```
[AR2-ospf-1-area-0.0.0.1]quit
[AR2-ospf-1]area 2
[AR2-ospf-1-area-0.0.0.2]network 192.168.3.0 0.0.0.255
[AR2-ospf-1-area-0.0.0.2]quit
[AR2-ospf-1]quit
[AR2]
```

（4）配置路由器 AR3，相关实例代码如下。

```
<Huawei>system-view
[Huawei]sysname   AR3
[AR3]interface GigabitEthernet 0/0/1
[AR3-GigabitEthernet0/0/1]ip address 192.168.1.1 24
[AR3-GigabitEthernet0/0/1]quit
[AR3]ospf 1
[AR3-ospf-1]area 0
[AR3-ospf-1-area-0.0.0.0]network 192.168.1.0 0.0.0.255
[AR3-ospf-1-area-0.0.0.0]quit
[AR3-ospf-1]quit
[AR3]
```

（5）配置路由器 AR4，相关实例代码如下。

```
<Huawei>system-view
[Huawei]sysname   AR4
[AR4]interface GigabitEthernet 0/0/1
[AR4-GigabitEthernet0/0/1]ip address 192.168.3.1 24
[AR4-GigabitEthernet0/0/1]quit
[AR4]ospf 1
[AR4-ospf-1]area 2
[AR4-ospf-1-area-0.0.0.2]network 192.168.3.0 0.0.0.255
[AR4-ospf-1-area-0.0.0.2]quit
[AR4-ospf-1]quit
[AR4]
```

（6）查看路由器 AR1 的路由表，由于 Area 2 没有与 Area 0 直接相连，所以路由器 AR1 的路由表中没有 Area 2 中的路由。

```
<AR1>display ospf routing
         OSPF Process 1 with Router ID 192.168.2.1
                  Routing Tables
  Routing for Network
  Destination        Cost      Type       NextHop        AdvRouter      Area
  192.168.1.0/24     1         Transit    192.168.1.2    192.168.2.1    0.0.0.0
  192.168.2.0/24     1         Transit    192.168.2.1    192.168.2.1    0.0.0.1
  Total Nets: 2
  Intra Area: 2   Inter Area: 0   ASE: 0   NSSA: 0
<AR1>
```

（7）在路由器 AR1 与路由器 AR2 上配置虚连接。

在路由器 AR1 上配置虚连接。

```
[AR1]router id 1.1.1.1
[AR1]ospf 1
[AR1-ospf-1]area 1
[AR1-ospf-1-area-0.0.0.1]vlink-peer 2.2.2.2
```

```
[AR1-ospf-1-area-0.0.0.1]vlink-peer 192.168.2.2
[AR1-ospf-1-area-0.0.0.1]quit
[AR1-ospf-1]quit
[AR1]
```

在路由器 AR2 上配置虚连接。

```
[AR2]router id 2.2.2.2
[AR2]ospf 1
[AR2-ospf-1]area 1
[AR2-ospf-1-area-0.0.0.1]vlink-peer 1.1.1.1
[AR2-ospf-1-area-0.0.0.1]vlink-peer 192.168.2.1
[AR2-ospf-1-area-0.0.0.1]quit
[AR2-ospf-1]quit
[AR2]
```

（8）验证配置结果，查看路由器 AR2 的路由表。

```
<AR2>display ospf routing
        OSPF Process 1 with Router ID 192.168.2.2
                Routing Tables
 Routing for Network
 Destination        Cost  Type         NextHop          AdvRouter        Area
 192.168.2.0/24     1     Transit      192.168.2.2      192.168.2.2      0.0.0.1
 192.168.3.0/24     1     Transit      192.168.3.2      192.168.2.2      0.0.0.2
 192.168.1.0/24     2     Inter-area   192.168.2.1      192.168.2.1      0.0.0.1
 Total Nets: 3
 Intra Area: 2   Inter Area: 1   ASE: 0   NSSA: 0
```

5.3.5 Stub Area 配置

OSPF 协议路由器需要用 LSA5 来了解 OSPF 协议 AS 以外的路径。随着 LSA5 记录数量变多，OSPF 协议数据库会变得非常庞大，路由表的外部地址也会增多，占用了路由器的大量资源。这个问题的解决方案如下：就像计算机主机只专注于应用程序一样，OSPF 协议把所有路由的工作都交给网关。Stub Area 中的路由器不保存任何 OSPF 协议 AS 外部的路径，它们把 ABR 当作默认网关。

Stub Area 就是一个对区域概念的最典型的应用。Stub Area 的设计思想如下：在划分了区域之后，非骨干区域中的路由器一定要通过 ABR 转发到区域外的路由；对于区域内的路由器来说，ABR 是一条通往外部的必经之路。既然如此，区域内的路由器就没有必要知道通往域外路由的详细信息了，由 ABR 向该区域发布一条默认路由来指导报文的发送即可。这样，区域内的路由器中只有为数不多的区域内路由和一条指向 ABR 的默认路由，无论区域外的路由如何变化，都不会影响区域内路由器的路由表。因为区域内的路由器通常是由一些处理能力有限的低端路由器组成的，所以有了 Stub Area 属性之后，网络的规划就更符合实际设备的特点。处于 Stub Area 内的低端设备既不需要保存庞大的路由表，又不需要经常进行路由计算。

1. 配置当前区域为 Stub Area 的步骤

（1）使用 system-view 命令，进入系统视图。

（2）使用 ospf [process-id]命令，进入 OSPF 协议进程视图。

（3）使用 area area-id 命令，进入 OSPF 协议区域视图。

（4）使用 stub [no-summary | default-route-advertise backbone-peer-ignore] *命令，配置当前区域为 Stub Area。

① no-summary 用来禁止 ABR 向 Stub Area 发送 LSA3。

② default-route-advertise 用来在 ABR 上配置产生默认的 LSA3 到 Stub Area 中。

③ backbone-peer-ignore 用来忽略检查骨干区域的邻居状态，即骨干区域中只要存在 Up 状态的端口，无论其是否存在 Full 状态的邻居，ABR 都会产生默认的 LSA3 到 Stub Area 中。

2.（可选）配置发送到 Stub Area 的默认路由的开销

（1）使用 stub [no-summary]命令，配置当前区域为 Stub Area（可选）。

no-summary 用来禁止 ABR 向 Stub Area 发送 LSA3。

（2）使用 default-cost cost 命令，配置发送到 Stub Area 的默认路由的开销。

cost 为发送到 Stub Area 的 LSA3 默认路由的开销，默认值为 1。

当区域配置为 Stub Area 后，为保证到 AS 外的路由可达，Stub Area 的 ABR 将生成一条默认路由，并发布给 Stub Area 中的其他路由器。

> **注意** **所有连接到 Stub Area 的路由器必须使用 stub 命令将该区域配置为 Stub Area。**
> **配置或取消 Stub Area 属性时，可能会触发区域更新。只有在区域更新完成后，才能再次进行配置或取消配置操作。**

3. 检查 OSPF 协议的 Stub Area 的配置结果

（1）使用以下命令查看 OSPF 协议的 LSDB 信息。

```
display ospf [ process-id ] lsdb [ brief ]
display ospf [ process-id ] lsdb [ { router | network | summary | asbr | ase | nssa |opaque-link | opaque-area | opaque-as } [ link-state-id ] ] [ originate-router[ advertising-router-id ] | self-originate ] [ age { min-value min-age-value | max-value max-age-value } * ]
```

（2）使用以下命令查看 OSPF 协议路由表的信息。

```
display ospf [ process-id ] routing [ ip-address [ mask | mask-length ] ] [ interface interface-type interface-number ] [ nexthop nexthop-address ]
display ospf [ process-id ] routing router-id [ router-id ]
```

（3）使用 display ospf [process-id] abr-asbr [router-id]命令，可以查看 OSPF 协议 ABR 及 ASBR 的信息。

4. 配置 OSPF 协议的 Stub Area 实例

V5-4 配置 OSPF 协议的 Stub Area 实例

如图 5.7 所示，所有的路由器都运行 OSPF 协议，整个 AS 划分为 3 个区域。其中，路由器 AR1 和路由器 AR2 作为 ABR 来转发区域之间的路由，路由器 AR4 作为 ASBR 引入了外部路由（静态路由）。现要求将 Area 1 配置为 Stub Area，减少通告到此区域内的 LSA 数量，但不影响路由的可达性。配置相关端口与 IP 地址，进行网络拓扑连接。

V5-5 配置 OSPF 协议的 Stub Area 实例——测试结果

（1）配置路由器 AR1，相关实例代码如下。

```
<Huawei>system-view
[Huawei]sysname  AR1
[AR1]router id 1.1.1.1
[AR1]interface GigabitEthernet 0/0/0
[AR1-GigabitEthernet0/0/0]ip address 192.168.1.1 24
[AR1]interface GigabitEthernet 0/0/1
[AR1-GigabitEthernet0/0/1]ip address 192.168.2.1 24
[AR1-GigabitEthernet0/0/1]quit
[AR1]ospf 1
[AR1-ospf-1]area 0
[AR1-ospf-1-area-0.0.0.0]network 192.168.1.0 0.0.0.255
```

```
[AR1-ospf-1-area-0.0.0.0]quit
[AR1-ospf-1]area 1
[AR1-ospf-1-area-0.0.0.1]network 192.168.2.0 0.0.0.255
[AR1-ospf-1-area-0.0.0.1]quit
[AR1-ospf-1]quit
[AR1]
```

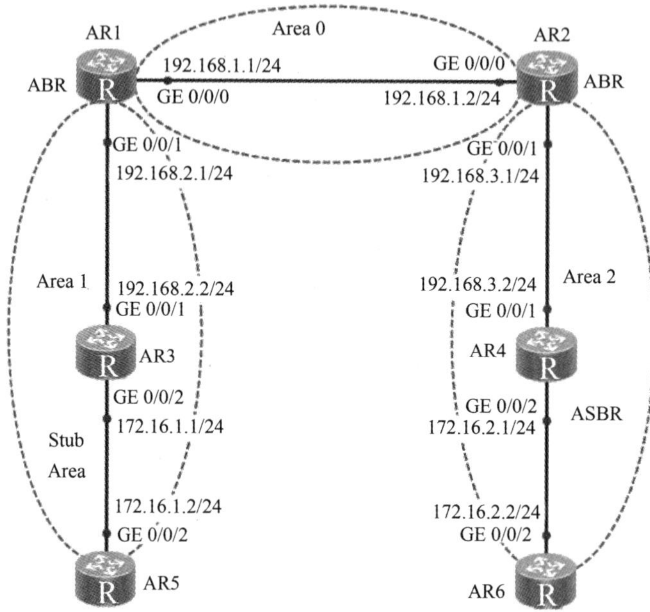

图 5.7　配置 OSPF 协议的 Stub Area 实例

（2）配置路由器 AR2，相关实例代码如下。

```
<Huawei>system-view
[Huawei]sysname   AR2
[AR2]router id 2.2.2.2
[AR2]interface GigabitEthernet 0/0/0
[AR2-GigabitEthernet0/0/0]ip address 192.168.1.2 24
[AR2]interface GigabitEthernet 0/0/1
[AR2-GigabitEthernet0/0/1]ip address 192.168.3.1 24
[AR2-GigabitEthernet0/0/1]quit
[AR2]ospf 1
[AR2-ospf-1]area 0
[AR2-ospf-1-area-0.0.0.0]network 192.168.1.0 0.0.0.255
[AR2-ospf-1-area-0.0.0.0]quit
[AR2-ospf-1]area 2
[AR2-ospf-1-area-0.0.0.2]network 192.168.3.0 0.0.0.255
[AR2-ospf-1-area-0.0.0.2]quit
[AR2-ospf-1]quit
[AR2]
```

（3）配置路由器 AR3，相关实例代码如下。

```
<Huawei>system-view
[Huawei]sysname   AR3
[AR3]router id 3.3.3.3
```

```
[AR3]interface GigabitEthernet 0/0/1
[AR3-GigabitEthernet0/0/1]ip address 192.168.2.2 24
[AR3]interface GigabitEthernet 0/0/2
[AR3-GigabitEthernet0/0/2]ip address 172.16.1.1 24
[AR3-GigabitEthernet0/0/2]quit
[AR3]ospf 1
[AR3-ospf-1]area 1
[AR3-ospf-1-area-0.0.0.1]network 192.168.2.0 0.0.0.255
[AR3-ospf-1-area-0.0.0.1]network 172.16.1.0 0.0.0.255
[AR3-ospf-1-area-0.0.0.1]quit
[AR3-ospf-1]quit
[AR3]
```

（4）配置路由器 AR4，相关实例代码如下。

```
<Huawei>system-view
[Huawei]sysname   AR4
[AR4]router id 4.4.4.4
[AR4]interface GigabitEthernet 0/0/1
[AR4-GigabitEthernet0/0/1]ip address 192.168.3.2 24
[AR4]interface GigabitEthernet 0/0/2
[AR4-GigabitEthernet0/0/2]ip address 172.16.2.1 24
[AR4-GigabitEthernet0/0/2]quit
[AR4]ospf 1
[AR4-ospf-1]area 2
[AR4-ospf-1-area-0.0.0.2]network 192.168.3.0 0.0.0.255
[AR4-ospf-1-area-0.0.0.2]network 172.16.2.0 0.0.0.255
[AR4-ospf-1-area-0.0.0.2]quit
[AR4-ospf-1]quit
[AR4]
```

（5）配置路由器 AR5，相关实例代码如下。

```
<Huawei>system-view
[Huawei]sysname   AR5
[AR5]router id 5.5.5.5
[AR5]interface GigabitEthernet 0/0/2
[AR5-GigabitEthernet0/0/2]ip address 172.16.1.2 24
[AR5-GigabitEthernet0/0/2]quit
[AR5]ospf 1
[AR5-ospf-1]area 1
[AR5-ospf-1-area-0.0.0.1]network 172.16.1.0 0.0.0.255
[AR5-ospf-1-area-0.0.0.1]quit
[AR5-ospf-1]quit
[AR5]
```

（6）配置路由器 AR6，相关实例代码如下。

```
<Huawei>system-view
[Huawei]sysname   AR6
[AR6]router id 6.6.6.6
[AR6]interface GigabitEthernet 0/0/2
[AR6-GigabitEthernet0/0/2]ip address 172.16.2.2 24
[AR6-GigabitEthernet0/0/2]quit
```

```
[AR6]ospf 1
[AR6-ospf-1]area 2
[AR6-ospf-1-area-0.0.0.2]network 172.16.2.0 0.0.0.255
[AR6-ospf-1-area-0.0.0.2]quit
[AR6-ospf-1]quit
[AR6]
```

（7）配置路由器 AR4，引入静态路由。

```
[AR4]ip route-static 100.0.0.0 8 NULL   0
[AR4]ospf 1
[AR4-ospf-1]import-route static type 1
[AR4-ospf-1]quit
[AR4]
```

（8）查看路由器 AR3 的 ABR 及 ASBR 的信息。

```
<AR3>display ospf abr-asbr
        OSPF Process 1 with Router ID 3.3.3.3
              Routing Table to ABR and ASBR
 RtType        Destination        Area        Cost     NextHop            Type
 Intra-area    1.1.1.1            0.0.0.1      1       192.168.2.1        ABR
 Inter-area    4.4.4.4            0.0.0.1      3       192.168.2.1        ASBR
 <AR3>
```

（9）查看路由器 AR3 的 OSPF 路由表信息。

```
<AR3>display ospf routing
        OSPF Process 1 with Router ID 3.3.3.3
               Routing Tables
 Routing for Network
 Destination          Cost        Type            NextHop          AdvRouter       Area
 172.16.1.0/24        1           Transit         172.16.1.1       3.3.3.3         0.0.0.1
 192.168.2.0/24       1           Transit         192.168.2.2      3.3.3.3         0.0.0.1
 172.16.2.0/24        4           Inter-area      192.168.2.1      1.1.1.1         0.0.0.1
 192.168.1.0/24       2           Inter-area      192.168.2.1      1.1.1.1         0.0.0.1
 192.168.3.0/24       3           Inter-area      192.168.2.1      1.1.1.1         0.0.0.1
 Routing for ASEs
 Destination          Cost        Type      Tag        NextHop          AdvRouter
 100.0.0.0/8          4           Type1     1          192.168.2.1      4.4.4.4
 Total Nets: 6
 Intra Area: 2   Inter Area: 3   ASE: 1   NSSA: 0
<AR3>
```

可以看出，当路由器 AR3 所在区域为普通区域时，路由表中存在 AS 外部的路由。

（10）配置 Area 1 为 Stub Area。

配置路由器 AR1。

```
[AR1]ospf 1
[AR1-ospf-1]area 1
[AR1-ospf-1-area-0.0.0.1]stub
[AR1-ospf-1-area-0.0.0.1]quit
[AR1-ospf-1]quit
[AR1]
```

配置路由器 AR3。

```
[AR3]ospf 1
```

```
[AR3-ospf-1]area 1
[AR3-ospf-1-area-0.0.0.1]stub
[AR3-ospf-1-area-0.0.0.1]quit
[AR3-ospf-1]quit
[AR3]
```

配置路由器 AR5。

```
[AR5]ospf 1
[AR5-ospf-1]area 1
[AR5-ospf-1-area-0.0.0.1]stub
[AR5-ospf-1-area-0.0.0.1]quit
[AR5-ospf-1]quit
[AR5]
```

（11）配置完成后，再次查看路由器 AR3 的 OSPF 协议路由表信息。

```
<AR3>display ospf routing
        OSPF Process 1 with Router ID 3.3.3.3
                Routing Tables
 Routing for Network
 Destination        Cost     Type          NextHop         AdvRouter      Area
 172.16.1.0/24      1        Transit       172.16.1.1      3.3.3.3        0.0.0.1
 192.168.2.0/24     1        Transit       192.168.2.2     3.3.3.3        0.0.0.1
 0.0.0.0/0          2        Inter-area    192.168.2.1     1.1.1.1        0.0.0.1
 172.16.2.0/24      4        Inter-area    192.168.2.1     1.1.1.1        0.0.0.1
 192.168.1.0/24     2        Inter-area    192.168.2.1     1.1.1.1        0.0.0.1
 192.168.3.0/24     3        Inter-area    192.168.2.1     1.1.1.1        0.0.0.1
 Total Nets: 6
 Intra Area: 2   Inter Area: 4   ASE: 0   NSSA: 0
<AR3>
```

把路由器 AR3 所在区域配置为 Stub Area 后，已经看不到 AS 外部的路由，取而代之的是一条默认路由。

（12）配置禁止向 Stub Area 通告 LSA3，配置路由器 AR1。

```
[AR1]ospf 1
[AR1-ospf-1]area 1
[AR1-ospf-1-area-0.0.0.1]stub no-summary
[AR1-ospf-1-area-0.0.0.1]quit
[AR1-ospf-1]quit
[AR1]
```

（13）验证配置结果，查看路由器 AR3 的 OSPF 协议路由表信息，主要配置实例代码如下。

```
<AR3>display ospf routing
        OSPF Process 1 with Router ID 3.3.3.3
                Routing Tables
 Routing for Network
 Destination        Cost     Type          NextHop         AdvRouter      Area
 172.16.1.0/24      1        Transit       172.16.1.1      3.3.3.3        0.0.0.1
 192.168.2.0/24     1        Transit       192.168.2.2     3.3.3.3        0.0.0.1
 0.0.0.0/0          2        Inter-area    192.168.2.1     1.1.1.1        0.0.0.1
 Total Nets: 3
 Intra Area: 2   Inter Area: 1   ASE: 0   NSSA: 0
<AR3>
```

从以上信息可以看出，在禁止向 Stub Area 通告 LSA3 后，Stub Area 内的路由器的路由表项进一步减少，只保留了一条通往外部区域的默认路由。

（14）查看路由器 AR1 的 OSPF 路由表信息。

```
<AR1>display ospf routing
      OSPF Process 1 with Router ID 1.1.1.1
            Routing Tables
 Routing for Network
 Destination       Cost    Type          NextHop        AdvRouter    Area
 192.168.1.0/24    1       Transit       192.168.1.1    1.1.1.1      0.0.0.0
 192.168.2.0/24    1       Transit       192.168.2.1    1.1.1.1      0.0.0.1
 172.16.1.0/24     2       Transit       192.168.2.2    5.5.5.5      0.0.0.1
 172.16.2.0/24     3       Inter-area    192.168.1.2    2.2.2.2      0.0.0.0
 192.168.3.0/24    2       Inter-area    192.168.1.2    2.2.2.2      0.0.0.0
 Routing for ASEs
 Destination       Cost    Type          Tag            NextHop      AdvRouter
 100.0.0.0/8       3       Type1         1              192.168.1.2  4.4.4.4
 Total Nets: 6
 Intra Area: 3   Inter Area: 2   ASE: 1   NSSA: 0
<AR1>
```

从以上信息可以看出，路由器 AR1 的 OSPF 协议路由表信息是完整的。

5.3.6 NSSA 配置

OSPF 协议是目前互联网中应用最为广泛的一种 IGP，而 NSSA 则是在该协议发展过程中产生的一种新的区域类型，它的英文全称是 Not-So-Stubby Area。在 NSSA 内，所有路由器都必须支持该区域的属性（包括 NSSA 的 ABR），而 AS 中的其他路由器则不需要。

Stub Area 虽然为合理地规划网络描绘了美好的前景，但其在实际的组网中不具备可操作性，且 OSPF 协议已经基本成形，不可能再做大的修改。为了弥补缺陷，协议设计者提出了一种新的概念——NSSA，并将其作为 OSPF 协议的一种扩展属性在 RFC1587 中单独进行了描述。

AS 外的外部（AS-External，ASE）路由不可以进入 NSSA，但是 NSSA 内的路由器引入的 ASE 路由可以在 NSSA 中传播并发送到区域之外，即取消了 Stub Area 关于 ASE 的双向传播的限制（区域外的进不来，区域内的出不去），改为单向限制（区域外的进不来，区域内的能出去）。

由于 NSSA 是 OSPF 协议的一种具有扩展属性的区域，因此应尽量减少与不支持该属性的路由器协调工作时的冲突和兼容性问题。为了解决此类问题，NSSA 中重新定义了一种 LSA，即 LSA7，在区域内的路由器引入外部路由时使用。LSA7 除了类型标识与 LSA5 不同之外，其他内容基本一样，这样，区域内的路由器就可以通过 LSA 的类型来判断该路由是否来自此区域。由于 LSA7 是新定义的，无法识别不支持 NSSA 属性的路由器，因此协议规定：在 NSSA 的 ABR 上，将 NSSA 内部产生的 LSA7 转换为 LSA5 再发布出去，并更改 LSA 的发布者为 ABR，这样 NSSA 外的路由器就无须支持 NSSA 属性。

NSSA 由 Stub Area 改进得来，其和 LSA 的关系如下。

（1）LSA7 在 NSSA 内携带外部信息。

（2）LSA7 在 NSSA 的 ABR 上被转换为 LSA5。

（3）NSSA 不允许外部 LSA 进入。

（4）NSSA 可引入汇总 LSA。

NSSA 适用于既需要引入外部路由又要避免外部路由带来资源消耗的场景。

NSSA 是 OSPF 协议的特殊区域类型。NSSA 与 Stub Area 有许多相似的地方，如两者都不传播来自 OSPF 网络其他区域的外部路由。其不同之处在于，Stub Area 不能引入外部路由，NSSA 能够将区域外部路由引入并传播到整个 OSPF 协议区域中。

在 NSSA 中，使用 LSA7 描述引入的外部路由信息。LSA7 由 NSSA 的 ASBR 产生，其扩散范围仅限于边界路由器所在的协议 NSSA。

NSSA 的 ABR 收到 LSA7 时，会选择性地将其转换为 LSA5，以便将外部路由信息通告到 OSPF 协议网络的其他区域中。

1. 配置 OSPF 协议的 NSSA 的步骤

（1）使用 system-view 命令，进入系统视图。

（2）使用 ospf [process-id]命令，进入 OSPF 协议进程视图。

（3）使用 area area-id 命令，进入 OSPF 协议区域视图。

（4）使用 nssa [{ default-route-advertise [backbone-peer-ignore] | suppress-default-route} | flush-waiting-timer interval-value | no-import-route | no-summary | set-n-bit suppress-forwarding-address | translator-always | translator-interval interval-value |zero-address-forwarding | translator-strict]*命令，配置当前区域为 NSSA。

注意 **所有连接到 NSSA 的设备，必须使用 nssa 命令为该区域配置 NSSA 属性。**
配置或取消 NSSA 属性时，可能会触发区域更新及邻居中断。只有在区域更新完成后，才能再次进行配置操作或取消配置操作。

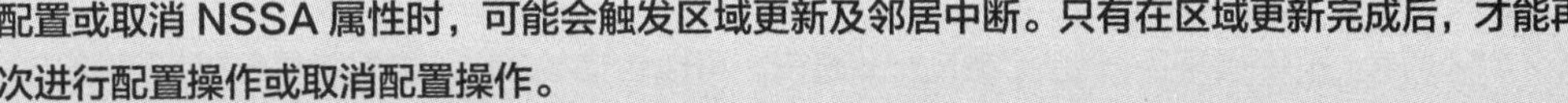

nssa 命令的适用场景如下。

① default-route-advertise 用来在 ASBR 上配置产生默认的 LSA7 到 NSSA 中。

在 ABR 上，无论路由表中是否存在默认路由 0.0.0.0/0，都会产生 LSA7 默认路由；在 ASBR 上，只有当路由表中存在默认路由 0.0.0.0/0 时，才会产生 LSA7 默认路由。

② backbone-peer-ignore 用来忽略检查骨干区域的邻居状态，即骨干区域中只要存在 Up 状态的端口，无论其是否存在 Full 状态的邻居，ABR 都会自动产生默认的 LSA7 到 NSSA 中。

③ 当 ASBR 所在的区域被配置为 NSSA 时，LSA 泛洪区域中的其他路由器上仍会保留已经无用的 LSA5，这些 LSA 必须等到老化时间达到 3600s 后才会被删除。大量的 LSA 会占用路由器内存资源，对设备性能造成影响。此时，应配置 flush-waiting-timer 参数产生老化时间被置为最大值（3600s）的 LSA5，及时清除其他路由器上已经无用的 LSA5。

注意 **当 LSA 报文头部的老化时间达到 3600s 时，该 LSA 会被删除。**
当 ASBR 同时是 ABR 时，flush-waiting-timer 参数不会生效，以防删除非 NSSA 的 LSA5。

④ 当 ASBR 同时是 ABR 时，配置 no-import-route 参数，使 OSPF 协议通过 import-route 命令引入的外部路由不被通告到 NSSA 中。

⑤ 为了继续减少发送到 NSSA 的 LSA 的数量，可以配置 ABR 的 no-summary 属性，禁止 ABR 向 NSSA 发送 LSA3。

注意 **使用 nssa default-route-advertise backbone-peer-ignore no-summary 命令后，骨干区域中只要存在 Up 状态的端口，无论其是否存在 Full 状态的邻居，ABR 都会同时产生默认的 LSA7 和默认的 LSA3，且默认的 LSA3 优先生效。**

⑥ 设置了 set-n-bit 关键字后，当路由器与邻居路由器同步时，会在 DD 报文中设置 N-bit 位的标志。

⑦ 当 NSSA 中有多个 ABR 时，系统会根据规则自动选择一台 ABR 作为转换路由器（通常情况下为 RID 最大的设备），将 LSA7 转换为 LSA5。在 ABR 上配置 translator-always 参数，可以将某台 ABR 指定为转换路由器。如果需要指定两台转换路由器进行负载均衡，则可以配置 translator-always 来指定两台转换路由器同时工作。如果需要使用某台固定的转换路由器，防止由于转换路由器变动引起 LSA 重新泛洪，则可以预先使用 translator-always 命令进行指定。

⑧ translator-interval 参数主要用于转换路由器切换过程，以保障切换平滑进行。所以，interval-value 参数的默认间隔要大于泛洪的时间。

（5）（可选）使用 default-cost cost 命令，配置 ABR 发送到 NSSA 的 LSA3 默认路由的开销。

当区域配置为 NSSA 后，为保证到 AS 外的路由可达，NSSA 的 ABR 将生成一条默认路由，并发布给 NSSA 中的其他路由器。配置 NSSA 的默认路由的开销时，需调整默认路由的选路。

在 NSSA 中，可能同时存在多台边界路由器。为了防止路由环路产生，边界路由器之间不计算对方发布的默认路由。

默认情况下，ABR 发送到 NSSA 的 LSA3 默认路由的开销为 1。

2. Stub Area 和 NSSA 的区别

（1）Stub Area：不传播来自其他区域的外部路由；不传播 ASBR 引入的 AS 外部的路由，即在 Stub Area 中不会传播 LSA5。

（2）NSSA：不传播来自其他区域的外部路由；可以传播 ASBR 引入的 AS 外部的路由。NSSA 的 ASBR 产生 LSA7，NSSA 的 ABR 收到 LSA7 后，会将其转换为 LSA5，并将外部路由信息发布到 OSPF 协议网络的其他区域中；配置区域为 NSSA 后，可以避免大量外部路由对路由器带宽和存储资源的消耗。

3. 配置 OSPF 协议的 NSSA 实例

如图 5.8 所示，所有的路由器都运行 OSPF 协议，整个 AS 划分为两个区域。其中，路由器 AR1 和路由器 AR2 作为 ABR 来转发区域间的路由，路由器 AR3 和路由器 AR4 作为 ASBR 分别引入外部静态路由 10.0.0.0/8 和 20.0.0.0/8。此时，可在不影响路由可达性的前提下，达到减少通告到 Area 1 内的 LSA 数量、引入 AS 外部路由的目的。需要将 Area 1 配置为 NSSA，并配置 NSSA 中的路由器 AR1 为转换路由器，配置相关端口与 IP 地址，进行网络拓扑连接。

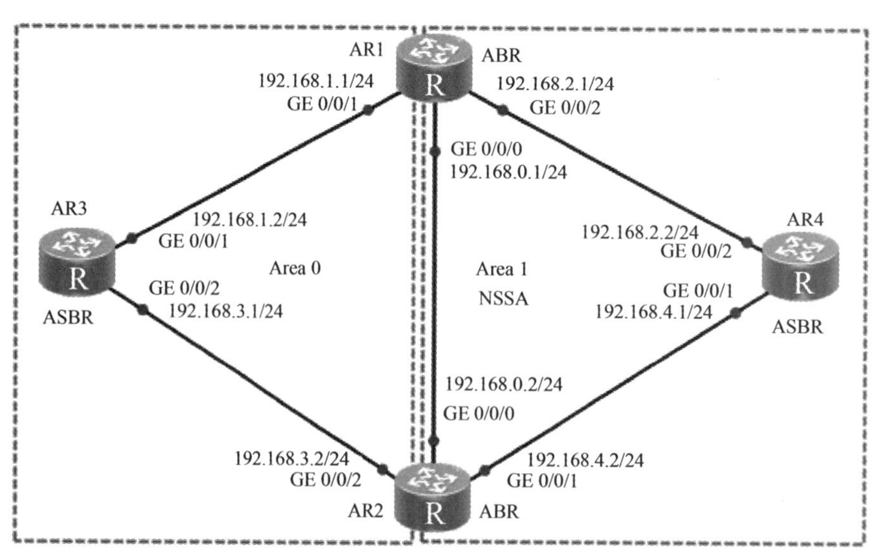

V5-6 配置 OSPF 协议的 NSSA 实例

图 5.8 配置 OSPF 协议的 NSSA 实例

（1）配置路由器 AR1，相关实例代码如下。

V5-7 配置 OSPF 协议的 NSSA 实例——测试结果

```
<Huawei>system-view
[Huawei]sysname  AR1
[AR1]router id 1.1.1.1
[AR1]interface GigabitEthernet 0/0/0
[AR1-GigabitEthernet0/0/0]ip address 192.168.0.1 24
[AR1]interface GigabitEthernet 0/0/1
[AR1-GigabitEthernet0/0/1]ip address 192.168.1.1 24
[AR1-GigabitEthernet0/0/1]quit
[AR1]interface GigabitEthernet 0/0/2
[AR1-GigabitEthernet0/0/2]ip address 192.168.2.1 24
[AR1-GigabitEthernet0/0/2]quit
[AR1]ospf 1
[AR1-ospf-1]area 0
[AR1-ospf-1-area-0.0.0.0]network 192.168.1.0 0.0.0.255
[AR1-ospf-1-area-0.0.0.0]quit
[AR1-ospf-1]area 1
[AR1-ospf-1-area-0.0.0.1]network 192.168.0.0 0.0.0.255
[AR1-ospf-1-area-0.0.0.1]network 192.168.2.0 0.0.0.255
[AR1-ospf-1-area-0.0.0.1]quit
[AR1-ospf-1]quit
[AR1]
```

（2）配置路由器 AR2，相关实例代码如下。

```
<Huawei>system-view
[Huawei]sysname  AR2
[AR2]router id 2.2.2.2
[AR2]interface GigabitEthernet 0/0/0
[AR2-GigabitEthernet0/0/0]ip address 192.168.0.2 24
[AR2]interface GigabitEthernet 0/0/1
[AR2-GigabitEthernet0/0/1]ip address 192.168.4.2 24
[AR2-GigabitEthernet0/0/1]quit
[AR2]interface GigabitEthernet 0/0/2
[AR2-GigabitEthernet0/0/2]ip address 192.168.3.2 24
[AR2-GigabitEthernet0/0/2]quit
[AR2]ospf 1
[AR2-ospf-1]area 0
[AR2-ospf-1-area-0.0.0.0]network 192.168.3.0 0.0.0.255
[AR2-ospf-1-area-0.0.0.0]quit
[AR2-ospf-1]area 1
[AR2-ospf-1-area-0.0.0.1]network 192.168.0.0 0.0.0.255
[AR2-ospf-1-area-0.0.0.1]network 192.168.4.0 0.0.0.255
[AR2-ospf-1-area-0.0.0.1]quit
[AR2-ospf-1]quit
[AR2]
```

（3）配置路由器 AR3，相关实例代码如下。

```
<Huawei>system-view
[Huawei]sysname  AR3
[AR3]router id 3.3.3.3
```

```
[AR3]interface GigabitEthernet 0/0/1
[AR3-GigabitEthernet0/0/1]ip address 192.168.1.2 24
[AR3-GigabitEthernet0/0/1]quit
[AR3]interface GigabitEthernet 0/0/2
[AR3-GigabitEthernet0/0/2]ip address 192.168.3.1 24
[AR3-GigabitEthernet0/0/2]quit
[AR3]ospf 1
[AR3-ospf-1]area 0
[AR3-ospf-1-area-0.0.0.0]network 192.168.1.0 0.0.0.255
[AR3-ospf-1-area-0.0.0.0]network 192.168.3.0 0.0.0.255
[AR3-ospf-1-area-0.0.0.0]quit
[AR3-ospf-1]quit
[AR3]
```

（4）配置路由器 AR4，相关实例代码如下。

```
<Huawei>system-view
[Huawei]sysname   AR4
[AR4]router id 4.4.4.4
[AR4]interface GigabitEthernet 0/0/1
[AR4-GigabitEthernet0/0/1]ip address 192.168.4.1 24
[AR4-GigabitEthernet0/0/1]quit
[AR4]interface GigabitEthernet 0/0/2
[AR4-GigabitEthernet0/0/2]ip address 192.168.2.2 24
[AR4-GigabitEthernet0/0/2]quit
[AR4]ospf 1
[AR4-ospf-1]area 1
[AR4-ospf-1-area-0.0.0.1]network 192.168.2.0 0.0.0.255
[AR4-ospf-1-area-0.0.0.1]network 192.168.4.0 0.0.0.255
[AR4-ospf-1-area-0.0.0.1]quit
[AR4-ospf-1]quit
[AR4]
```

（5）配置路由器 AR3，引入静态路由 10.0.0.0/8。

```
[AR3]ip route-static 10.0.0.0 8 NULL 0
[AR3]ospf 1
[AR3-ospf-1]import-route static
[AR3-ospf-1]quit
[AR3]
```

（6）配置路由器 AR4，引入静态路由 20.0.0.0/8。

```
[AR4]ip route-static 20.0.0.0 8 NULL 0
[AR4]ospf 1
[AR4-ospf-1]import-route static
[AR4-ospf-1]quit
[AR4]
```

（7）查看路由器 AR3 的 OSPF 协议路由表信息。

```
<AR3>display ospf routing
        OSPF Process 1 with Router ID 3.3.3.3
                Routing Tables
 Routing for Network
 Destination          Cost        Type              NextHop         AdvRouter       Area
```

```
 192.168.1.0/24      1      Transit       192.168.1.2    3.3.3.3        0.0.0.0
 192.168.3.0/24      1      Transit       192.168.3.1    3.3.3.3        0.0.0.0
 192.168.0.0/24      2      Inter-area    192.168.3.2    2.2.2.2        0.0.0.0
 192.168.0.0/24      2      Inter-area    192.168.1.1    1.1.1.1        0.0.0.0
 192.168.2.0/24      2      Inter-area    192.168.1.1    1.1.1.1        0.0.0.0
 192.168.4.0/24      2      Inter-area    192.168.3.2    2.2.2.2        0.0.0.0
 Routing for ASEs
 Destination         Cost   Type          Tag     NextHop        AdvRouter
 20.0.0.0/8          1      Type2         1       192.168.3.2    4.4.4.4
 20.0.0.0/8          1      Type2         1       192.168.1.1    4.4.4.4
 Total Nets: 8
 Intra Area: 2   Inter Area: 4   ASE: 2   NSSA: 0
<AR3>
```

从以上信息可以看出，配置 NSSA 前，路由器 AR3 的路由表中有路由器 AR4 引入的 AS 外部的静态路由 20.0.0.0/8。

（8）查看路由器 AR4 的 OSPF 协议路由表信息。

```
<AR4>display ospf routing
      OSPF Process 1 with Router ID 4.4.4.4
            Routing Tables
 Routing for Network
 Destination         Cost   Type          NextHop        AdvRouter      Area
 192.168.2.0/24      1      Transit       192.168.2.2    4.4.4.4        0.0.0.1
 192.168.4.0/24      1      Transit       192.168.4.1    4.4.4.4        0.0.0.1
 192.168.0.0/24      2      Transit       192.168.2.1    2.2.2.2        0.0.0.1
 192.168.0.0/24      2      Transit       192.168.4.2    2.2.2.2        0.0.0.1
 192.168.1.0/24      2      Inter-area    192.168.2.1    1.1.1.1        0.0.0.1
 192.168.3.0/24      2      Inter-area    192.168.4.2    2.2.2.2        0.0.0.1
 Routing for ASEs
 Destination         Cost   Type          Tag     NextHop        AdvRouter
 10.0.0.0/8          1      Type2         1       192.168.2.1    3.3.3.3
 10.0.0.0/8          1      Type2         1       192.168.4.2    3.3.3.3
 Total Nets: 8
 Intra Area: 4   Inter Area: 2   ASE: 2   NSSA: 0
<AR4>
```

从以上信息可以看出，配置 NSSA 前，路由器 AR4 的路由表中有路由器 AR3 引入的 AS 外部的静态路由 10.0.0.0/8。

（9）配置 Area 1 为 NSSA。

配置路由器 AR1。

```
[AR1]ospf 1
[AR1-ospf-1]area 1
[AR1-ospf-1-area-0.0.0.1] nssa
[AR1-ospf-1-area-0.0.0.1]quit
[AR1-ospf-1]quit
[AR1]
```

配置路由器 AR2。

```
[AR2]ospf 1
[AR2-ospf-1]area 1
```

```
[AR2-ospf-1-area-0.0.0.1] nssa
[AR2-ospf-1-area-0.0.0.1]quit
[AR2-ospf-1]quit
[AR2]
```

配置路由器 AR4。

```
[AR4]ospf 1
[AR4-ospf-1]area 1
[AR4-ospf-1-area-0.0.0.1] nssa
[AR4-ospf-1-area-0.0.0.1]quit
[AR4-ospf-1]quit
[AR4]
```

（10）配置完成后，再次查看路由器 AR3 的 OSPF 协议路由表信息。

```
<AR3>display ospf routing
       OSPF Process 1 with Router ID 3.3.3.3
              Routing Tables
 Routing for Network
 Destination       Cost     Type          NextHop        AdvRouter          Area
 192.168.1.0/24    1        Transit       192.168.1.2    3.3.3.3            0.0.0.0
 192.168.3.0/24    1        Transit       192.168.3.1    3.3.3.3            0.0.0.0
 192.168.0.0/24    2        Inter-area    192.168.3.2    2.2.2.2            0.0.0.0
 192.168.0.0/24    2        Inter-area    192.168.1.1    1.1.1.1            0.0.0.0
 192.168.2.0/24    2        Inter-area    192.168.1.1    1.1.1.1            0.0.0.0
 192.168.4.0/24    2        Inter-area    192.168.3.2    2.2.2.2            0.0.0.0
 Routing for ASEs
 Destination       Cost     Type          Tag     NextHop                   AdvRouter
 20.0.0.0/8        1        Type2         1       192.168.3.2               2.2.2.2
 Total Nets: 7
 Intra Area: 2   Inter Area: 4   ASE: 1   NSSA: 0
<AR3>
```

从以上信息可以看出，配置 NSSA 后，路由器 AR3 的路由表中仍然有路由器 AR4 引入的 AS 外部的静态路由 20.0.0.0/8，说明 NSSA 可以传播 ASBR 引入的 AS 外部的路由。

由 AdvRouter 字段可以看出，发布路由器的 RID 为 2.2.2.2，即路由器 AR2 为 NSSA 中的转换路由器，这是因为默认情况下 OSPF 协议会选举 RID 较大的 ABR 作为转换路由器。

（11）配置完成后，查看路由器 AR4 的 OSPF 协议路由表信息。

```
<AR4>display ospf routing
       OSPF Process 1 with Router ID 4.4.4.4
              Routing Tables
 Routing for Network
 Destination       Cost  Type         NextHop         AdvRouter      Area
 192.168.2.0/24    1     Transit      192.168.2.2     4.4.4.4        0.0.0.1
 192.168.4.0/24    1     Transit      192.168.4.1     4.4.4.4        0.0.0.1
 192.168.0.0/24    2     Transit      192.168.4.2     2.2.2.2        0.0.0.1
 192.168.0.0/24    2     Transit      192.168.2.1     2.2.2.2        0.0.0.1
 192.168.1.0/24    2     Inter-area   192.168.2.1     1.1.1.1        0.0.0.1
 192.168.3.0/24    2     Inter-area   192.168.4.2     2.2.2.2        0.0.0.1
 Routing for NSSAs
```

```
 Destination         Cost      Type          Tag           NextHop            AdvRouter
 0.0.0.0/0           1         Type2         1             192.168.4.2        2.2.2.2
 0.0.0.0/0           1         Type2         1             192.168.2.1        1.1.1.1
 Total Nets: 8
 Intra Area: 4   Inter Area: 2   ASE: 0   NSSA: 2
<AR4>
```

从以上信息可以看出，配置 NSSA 后，路由器 AR4 的路由表中没有路由器 AR3 引入的 AS 外部的静态路由 10.0.0.0/8，说明 NSSA 不传播其他区域的外部路由。

（12）配置 AR1 转换路由器。

```
[AR1]ospf 1
[AR1-ospf-1]area 1
[AR1-ospf-1-area-0.0.0.1]nssa default-route-advertise translator-always
[AR1-ospf-1-area-0.0.0.1]quit
[AR1-ospf-1]quit
[AR1]
```

（13）配置完成后，查看路由器 AR3 的 OSPF 协议路由表信息。

```
<AR3>display ospf routing
      OSPF Process 1 with Router ID 3.3.3.3
            Routing Tables
 Routing for Network
 Destination       Cost   Type          NextHop         AdvRouter      Area
 192.168.1.0/24    1      Transit       192.168.1.2     3.3.3.3        0.0.0.0
 192.168.3.0/24    1      Transit       192.168.3.1     3.3.3.3        0.0.0.0
 192.168.0.0/24    2      Inter-area    192.168.3.2     2.2.2.2        0.0.0.0
 192.168.0.0/24    2      Inter-area    192.168.1.1     1.1.1.1        0.0.0.0
 192.168.2.0/24    2      Inter-area    192.168.1.1     1.1.1.1        0.0.0.0
 192.168.4.0/24    2      Inter-area    192.168.3.2     2.2.2.2        0.0.0.0
 Routing for ASEs
 Destination       Cost      Type        Tag       NextHop          AdvRouter
 20.0.0.0/8        1         Type2       1         192.168.3.2      1.1.1.1
 Total Nets: 7
 Intra Area: 2   Inter Area: 4   ASE: 1   NSSA: 0
<AR3>
```

从 AdvRouter 字段可以看出，发布路由器的 RID 变为 1.1.1.1，即路由器 AR1 成为转换路由器。

（14）配置禁止向 NSSA 通告 LSA3，缩小路由表的规模。

```
[AR1]ospf 1
[AR1-ospf-1]area 1
[AR1-ospf-1-area-0.0.0.1]nssa default-route-advertise no-summary
[AR1-ospf-1-area-0.0.0.1]quit
[AR1-ospf-1]quit
[AR1]
```

注意

配置 no-summary 参数可能会导致路由振荡。

（15）验证配置结果，查看路由器 AR4 的 OSPF 协议路由表信息。

```
<AR4>display ospf routing
      OSPF Process 1 with Router ID 4.4.4.4
            Routing Tables
 Routing for Network
 Destination        Cost    Type          NextHop        AdvRouter     Area
 192.168.2.0/24     1       Transit       192.168.2.2    4.4.4.4       0.0.0.1
 192.168.4.0/24     1       Transit       192.168.4.1    4.4.4.4       0.0.0.1
 0.0.0.0/0          2       Inter-area    192.168.2.1    1.1.1.1       0.0.0.1
 192.168.0.0/24     2       Transit       192.168.4.2    2.2.2.2       0.0.0.1
 192.168.0.0/24     2       Transit       192.168.2.1    2.2.2.2       0.0.0.1
 192.168.1.0/24     3       Inter-area    192.168.4.2    2.2.2.2       0.0.0.1
 192.168.3.0/24     2       Inter-area    192.168.4.2    2.2.2.2       0.0.0.1
 Total Nets: 7
 Intra Area: 4   Inter Area: 3   ASE: 0   NSSA: 0
<AR4>
```

从以上信息可以看出，ABR 不再向 NSSA 内发送 LSA3，路由表规模减小。

（16）显示路由器 AR1 的配置信息，主要配置实例代码如下。

```
<AR1>display current-configuration
#
 sysname   AR1
#
 #
router id 1.1.1.1
#
interface GigabitEthernet0/0/0
 ip address 192.168.0.1 255.255.255.0
#
interface GigabitEthernet0/0/1
 ip address 192.168.1.1 255.255.255.0
#
interface GigabitEthernet0/0/2
 ip address 192.168.2.1 255.255.255.0
#
ospf 1
 area 0.0.0.0
  network 192.168.1.0 0.0.0.255
 area 0.0.0.1
  network 192.168.0.0 0.0.0.255
  network 192.168.2.0 0.0.0.255
  nssa default-route-advertise no-summary
#
 <AR1>
```

5.3.7 OSPF 协议与 BFD 联动配置

如果需要提高链路状态变化时 OSPF 协议的收敛速度，则可以在运行 OSPF 协议的链路上配置

BFD。当 BFD 检测到链路出现故障时，能够将故障通告给路由协议，触发路由协议的快速收敛；当邻居状态为 Down 时，OSPF 协议将动态删除 BFD 会话。

OSPF 协议通过周期性地向邻居发送 Hello 报文来实现邻居检测，检测到故障所需的时间比较长，超过 1s。随着科技的发展，语音、视频等业务应用广泛，这些业务对于丢包和时延非常敏感，较长的检测时间会导致大量数据丢失，无法满足网络高可靠性的需求。

为了解决上述问题，配置指定进程或指定端口的 BFD for OSPF 特性，可以快速检测链路的状态，故障检测时间可以达到毫秒级，提高链路状态变化时 OSPF 协议的收敛速度。

注意 **如果绑定的对端 IP 地址改变而导致路由切换到其他链路上，则只有当原链路转发不通时，才会重新建立 BFD 会话。**

1. 配置 OSPF 协议与 BFD 联动的基本流程

在配置 OSPF 协议与 BFD 联动前，需要先配置端口的网络层地址，使各相邻节点网络层可达，再配置 OSPF 协议的基本功能。配置 OSPF 协议与 BFD 联动的基本流程如图 5.9 所示。

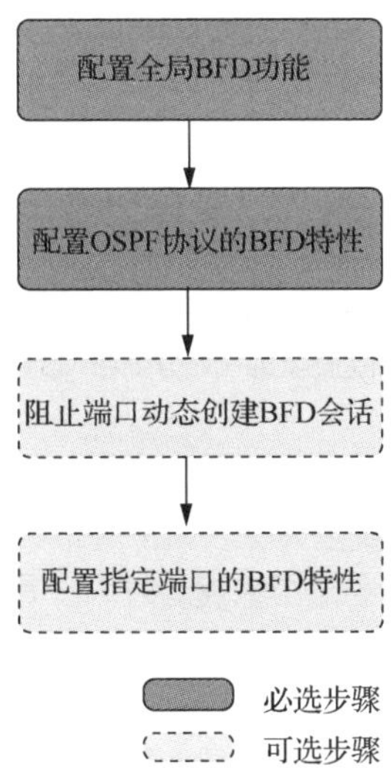

图 5.9 配置 OSPF 协议与 BFD 联动的基本流程

（1）配置全局 BFD 功能。

（2）配置 OSPF 协议的 BFD 特性。

（3）（可选）阻止端口动态创建 BFD 会话。

（4）（可选）配置指定端口的 BFD 特性。

2. 配置 OSPF 协议与 BFD 联动的步骤

（1）配置全局 BFD 功能。

① 使用 system-view 命令，进入系统视图。

② 使用 bfd 命令，配置全局 BFD 功能并进入全局 BFD 视图。

（2）配置 OSPF 协议的 BFD 特性。

① 使用 system-view 命令，进入系统视图。

② 使用 ospf [process-id]命令，进入 OSPF 协议进程视图。

③ 使用 bfd all-interfaces enable 命令，启用 OSPF 协议的 BFD 功能，建立 BFD 会话。

当配置了全局 BFD 特性且邻居状态为 Full 时，OSPF 协议会为该进程下所有具有邻接关系的邻居建立 BFD 会话。

如果需要配置 BFD 参数，则可使用 bfd all-interfaces { min-rx-interval receive-interval | min-tx-interval transmit-interval | detect-multiplier multiplier-value | frr-binding } *命令，指定需要建立 BFD 会话的各个参数值。

min-rx-interval receive-interval 表示期望从对端接收 BFD 报文的最小接收时间间隔。

min-tx-interval transmit-interval 表示向对端发送 BFD 报文的最小发送时间间隔。

detect-multiplier multiplier-value 表示本地检测倍数。

frr-binding 表示将 BFD 会话状态与 OSPF IP 快速重路由（Fast ReRoute，FRR）绑定。

注意 **如果只是通过 bfd all-interfaces { min-rx-interval receive-interval | min-tx-interval transmit-interval| detect-multiplier multiplier-value | frr-binding } *命令配置了 BFD 参数，而没有使用 bfd all-interfaces enable 命令，则不会启用 BFD 功能。**

BFD 报文的实际发送时间间隔和检测倍数一般推荐使用默认值，即不使用命令配置参数。

具体参数如何配置取决于网络状况以及对网络可靠性的要求，对于网络可靠性要求较高的链路，可以减小 BFD 报文实际发送时间间隔；对于网络可靠性要求较低的链路，可以增大 BFD 报文实际发送的时间间隔。

（3）（可选）阻止端口动态创建 BFD 会话。

在 OSPF 协议进程中使用 bfd all-interfaces enable 命令后，该进程下所有启用 BFD 协议且邻居状态为 Full 的邻居都将创建 BFD 会话。

① 使用 system-view 命令，进入系统视图。

② 使用 interface interface-type interface-number 命令，进入运行 OSPF 协议与 BFD 联动的端口视图。

③ 使用 ospf bfd block 命令，阻止端口动态创建 BFD 会话。

（4）（可选）配置指定端口的 BFD 特性。

在某些应用场景下，需要对某些指定的端口配置 BFD for OSPF 特性。当这些端口的链路发生故障时，路由器可以快速地感知到，并及时通知 OSPF 协议重新计算路由，从而提高 OSPF 协议的收敛速度，且当邻居状态为 Down 时，动态删除 BFD 会话。

OSPF 协议创建 BFD 会话时，需要先配置全局 BFD 功能。可在指定端口进行以下配置。

① 使用 system-view 命令，进入系统视图。

② 使用 interface interface-type interface-number 命令，进入运行 OSPF 协议与 BFD 联动的端口视图。

③ 使用 ospf bfd enable 命令，打开端口 BFD 特性的开关，建立 BFD 会话。

当配置了全局 BFD 特性且邻居状态为 Full 时，OSPF 协议就会为指定的端口建立使用默认参数值的 BFD 会话。

注意 **端口上配置的 BFD for OSPF 特性的优先级高于进程中配置的 BFD for OSPF 特性的优先级。如果需要单独配置 BFD 参数，则可使用 ospf bfd { min-rx-interval receive-interval | min-tx-interval transmit-interval | detect-multiplier multiplier-value } *命令指定 BFD 会话的参数值。**

3. 配置 OSPF 协议与 BFD 联动特性实例

如图 5.10 所示，路由器 AR1、路由器 AR2、路由器 AR3 和路由器 AR4 之间运行 OSPF 协议。启用路由器 AR1、路由器 AR2、路由器 AR3 和路由器 AR4 的 OSPF 协议进程的 BFD 功能；业务流量在主链路（路由器 AR1→路由器 AR2→路由器 AR4）上传送，路由器 AR1→路由器 AR3→路由器 AR2→路由器 AR4 作为备份链路；在路由器 AR1 和路由器 AR2 之间的链路上配置端口的 BFD 特性，当路由器 AR1 和路由器 AR2 之间的链路出现故障时，BFD 能够快速检测到故障并通告 OSPF 协议，使业务流量使用备份链路传送。配置相关端口与 IP 地址，进行网络拓扑连接。

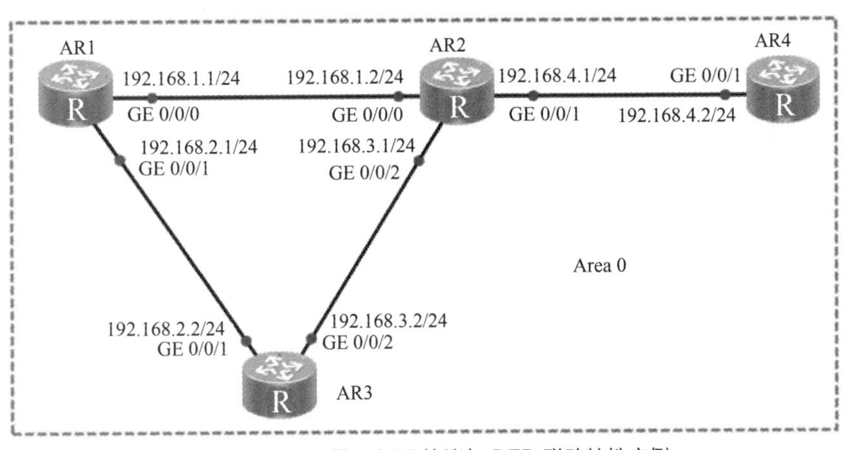

图 5.10　配置 OSPF 协议与 BFD 联动特性实例

V5-8　配置 OSPF 协议与 BFD 联动特性实例

V5-9　配置 OSPF 协议与 BFD 联动特性实例——测试结果

（1）对路由器 AR1 进行相关配置，相关实例代码如下。

```
<Huawei>system-view
[Huawei]sysname   AR1
[AR1]router id 1.1.1.1
[AR1]interface GigabitEthernet 0/0/0
[AR1-GigabitEthernet0/0/0]ip address 192.168.1.1 24
[AR1]interface GigabitEthernet 0/0/1
[AR1-GigabitEthernet0/0/1]ip address 192.168.2.1 24
[AR1-GigabitEthernet0/0/1]quit
[AR1]ospf 1
[AR1-ospf-1]area 0
[AR1-ospf-1-area-0.0.0.0]network 192.168.1.0 0.0.0.255
[AR1-ospf-1-area-0.0.0.0]network 192.168.2.0 0.0.0.255
[AR1-ospf-1-area-0.0.0.0]quit
[AR1-ospf-1]quit
[AR1]
```

（2）对路由器 AR2 进行相关配置，相关实例代码如下。

```
<Huawei>system-view
[Huawei]sysname   AR2
[AR2]router id 2.2.2.2
[AR2]interface GigabitEthernet 0/0/0
[AR2-GigabitEthernet0/0/0]ip address 192.168.1.2 24
[AR2]interface GigabitEthernet 0/0/1
[AR2-GigabitEthernet0/0/1]ip address 192.168.4.1 24
[AR2-GigabitEthernet0/0/1]quit
[AR2]interface GigabitEthernet 0/0/2
[AR2-GigabitEthernet0/0/2]ip address 192.168.3.1 24
[AR2-GigabitEthernet0/0/2]quit
```

```
[AR2]ospf 1
[AR2-ospf-1]area 0
[AR2-ospf-1-area-0.0.0.0]network 192.168.1.0 0.0.0.255
[AR2-ospf-1-area-0.0.0.0]network 192.168.3.0 0.0.0.255
[AR2-ospf-1-area-0.0.0.0]network 192.168.4.0 0.0.0.255
[AR2-ospf-1-area-0.0.0.1]quit
[AR2-ospf-1]quit
[AR2]
```

（3）对路由器 AR3 进行相关配置，相关实例代码如下。

```
<Huawei>system-view
[Huawei]sysname   AR3
[AR3]router id 3.3.3.3
[AR3]interface GigabitEthernet 0/0/1
[AR3-GigabitEthernet0/0/1]ip address 192.168.2.2 24
[AR3-GigabitEthernet0/0/1]quit
[AR3]interface GigabitEthernet 0/0/2
[AR3-GigabitEthernet0/0/2]ip address 192.168.3.2 24
[AR3-GigabitEthernet0/0/2]quit
[AR3]ospf 1
[AR3-ospf-1]area 0
[AR3-ospf-1-area-0.0.0.0]network 192.168.2.0 0.0.0.255
[AR3-ospf-1-area-0.0.0.0]network 192.168.3.0 0.0.0.255
[AR3-ospf-1-area-0.0.0.1]quit
[AR3-ospf-1]quit
[AR3]
```

（4）对路由器 AR4 进行相关配置，相关实例代码如下。

```
<Huawei>system-view
[Huawei]sysname   AR4
[AR4]router id 4.4.44
[AR4]interface GigabitEthernet 0/0/1
[AR4-GigabitEthernet0/0/1]ip address 192.168.4.2 24
[AR4-GigabitEthernet0/0/1]quit
[AR4]ospf 1
[AR4-ospf-1]area 0
[AR4-ospf-1-area-0.0.0.0]network 192.168.4.0 0.0.0.255
[AR4-ospf-1-area-0.0.0.1]quit
[AR4-ospf-1]quit
[AR4]
```

（5）配置完成后，使用 display ospf peer 命令，可以看到路由器 AR1、路由器 AR2、路由器 AR3 和路由器 AR4 之间互相建立了邻居关系，这里以路由器 AR1 为例。

```
<AR1>display ospf peer
        OSPF Process 1 with Router ID 1.1.1.1
                Neighbors
 Area 0.0.0.0 interface 192.168.1.1(GigabitEthernet0/0/0)'s neighbors
 Router ID: 2.2.2.2                Address: 192.168.1.2
   State: Full   Mode:Nbr is       Master   Priority: 1
   DR: 192.168.1.1   BDR: 192.168.1.2   MTU: 0
```

```
    Dead timer due in 33  sec
    Retrans timer interval: 5
    Neighbor is up for 00:07:13
    Authentication Sequence: [ 0 ]
           Neighbors
  Area 0.0.0.0 interface 192.168.2.1(GigabitEthernet0/0/1)'s neighbors
  Router ID: 3.3.3.3          Address: 192.168.2.2
    State: Full  Mode:Nbr is  Master  Priority: 1
    DR: 192.168.2.1  BDR: 192.168.2.2  MTU: 0
    Dead timer due in 31  sec
    Retrans timer interval: 5
    Neighbor is up for 00:03:35
    Authentication Sequence: [ 0 ]
<AR1>
```

查看路由器 AR1 的 OSPF 协议路由表的信息，应有去往路由器 AR2 和路由器 AR3 的路由表项。去往 192.168.4.0/24 的路由的下一跳地址为 192.168.1.2，流量在主链路（路由器 AR1→路由器 AR2→路由器 AR4）上传送。

（6）跟踪数据流量走向，这里以路由器 AR1 为例。

```
<AR1>tracert 192.168.4.2
 traceroute to  192.168.4.2(192.168.4.2), max hops: 30 ,packet length: 40,press
CTRL_C to break
 1 192.168.1.2 30 ms  30 ms  20 ms
 2 192.168.4.2 40 ms  30 ms  10 ms
<AR1>
```

（7）查看路由器 AR1 的路由表信息。

```
<AR1>display ospf routing
      OSPF Process 1 with Router ID 1.1.1.1
           Routing Tables
 Routing for Network
 Destination       Cost  Type      NextHop        AdvRouter     Area
 192.168.1.0/24    1     Transit   192.168.1.1    1.1.1.1       0.0.0.0
 192.168.2.0/24    1     Transit   192.168.2.1    1.1.1.1       0.0.0.0
 192.168.3.0/24    2     Transit   192.168.1.2    2.2.2.2       0.0.0.0
 192.168.3.0/24    2     Transit   192.168.2.2    2.2.2.2       0.0.0.0
 192.168.4.0/24    2     Transit   192.168.1.2    2.2.2.2       0.0.0.0
 Total Nets: 5
 Intra Area: 5  Inter Area: 0  ASE: 0  NSSA: 0
<AR1>
```

（8）配置 OSPF 协议与 BFD 联动。在路由器 AR1、路由器 AR2、路由器 AR3 和路由器 AR4 上启用全局 BFD 功能。这里以路由器 AR1 为例，其他路由器的设置与路由器 AR1 相同，这里不赘述。

```
[AR1]bfd
[AR1-bfd]quit
[AR1]ospf 1
[AR1-ospf-1]bfd all-interfaces enable
[AR1-ospf-1]quit
[AR1]
```

（9）配置完成后，在路由器 AR1 或路由器 AR2、路由器 AR3、路由器 AR4 上使用 display ospf bfd session all 命令，可以看到 BFDState 字段显示为 Up，这里以路由器 AR1 为例。

```
<AR1>display ospf bfd session all
        OSPF Process 1 with Router ID 1.1.1.1

  Area 0.0.0.0 interface 192.168.1.1(GigabitEthernet0/0/0)'s BFD Sessions
 NeighborId:2.2.2.2          AreaId:0.0.0.0          Interface:GigabitEthernet0/0/0
 BFDState:up                     rx      :1000               tx        :1000
 Multiplier:3                  BFD Local Dis:8192        LocalIpAdd:192.168.1.1
 RemoteIpAdd:192.168.1.2       Diagnostic Info:No diagnostic information

  Area 0.0.0.0 interface 192.168.2.1(GigabitEthernet0/0/1)'s BFD Sessions
 NeighborId:3.3.3.3          AreaId:0.0.0.0          Interface:GigabitEthernet0/0/1
 BFDState:up                     rx      :1000               tx        :1000
 Multiplier:3                  BFD Local Dis:8193        LocalIpAdd:192.168.2.1
RemoteIpAdd:192.168.2.2       Diagnostic Info:No diagnostic information
<AR1>
```

（10）在路由器 AR1 的 GE 0/0/0 端口上配置 BFD 特性，并指定最小发送和接收时间间隔为 300ms，本地检测时间倍数为 4。

```
[AR1]interface GigabitEthernet 0/0/0
[AR1-GigabitEthernet0/0/0]ospf bfd enable
[AR1-GigabitEthernet0/0/0]ospf bfd min-rx-interval 300 min-tx-interval 300 detect-multiplier 4
[AR1-GigabitEthernet0/0/0]quit
[AR1]
```

（11）在路由器 AR2 的 GE 0/0/0 端口上配置 BFD 特性，并指定最小发送和接收时间间隔为 300ms，本地检测时间倍数为 4。

```
[AR2]interface GigabitEthernet 0/0/0
[AR2-GigabitEthernet0/0/0]ospf bfd enable
[AR2-GigabitEthernet0/0/0]ospf bfd min-rx-interval 300 min-tx-interval 300 detect-multiplier 4
[AR2-GigabitEthernet0/0/0]quit
[AR2]
```

（12）配置完成后，在路由器 AR1 或路由器 AR2 上使用 display ospf bfd session all 命令，可以看到 BFDState 字段显示为 Up，这里以路由器 AR1 为例。

```
<AR1>display ospf bfd session all
        OSPF Process 1 with Router ID 1.1.1.1
  Area 0.0.0.0 interface 192.168.1.1(GigabitEthernet0/0/0)'s BFD Sessions
 NeighborId:2.2.2.2             AreaId:0.0.0.0           Interface:GigabitEthernet0/0/0
 BFDState:up                     rx      :300                    tx        :300
 Multiplier:4                      BFD Local Dis:8192        LocalIpAdd:192.168.1.1
 RemoteIpAdd:192.168.1.2         Diagnostic Info:No diagnostic information
  Area 0.0.0.0 interface 192.168.2.1(GigabitEthernet0/0/1)'s BFD Sessions
 NeighborId:3.3.3.3          AreaId:0.0.0.0          Interface:GigabitEthernet0/0/1
 BFDState:up                     rx      :1000               tx        :1000
 Multiplier:3                      BFD Local Dis:8193        LocalIpAdd:192.168.2.1
 RemoteIpAdd:192.168.2.2         Diagnostic Info:No diagnostic information
<AR1>
```

（13）验证配置结果，对路由器 AR2 的 GE 0/0/0 端口使用 shutdown 命令，模拟主链路出现故障。

```
[AR2]interface GigabitEthernet 0/0/0
[AR2-GigabitEthernet0/0/0]shutdown
[AR2-GigabitEthernet0/0/0]quit
[AR2]
```

（14）查看路由器 AR1 的 OSPF 协议路由表信息。可以看出，在主链路失效后，备份链路（路由器 AR1→路由器 AR3→路由器 AR2→路由器 AR4）生效，去往 192.168.4.0/24 路由的下一跳地址为 192.168.2.2。

```
<AR1>display ospf routing
      OSPF Process 1 with Router ID 1.1.1.1
            Routing Tables
 Routing for Network
 Destination        Cost  Type      NextHop        AdvRouter      Area
 192.168.2.0/24     1     Transit   192.168.2.1    1.1.1.1        0.0.0.0
 192.168.3.0/24     2     Transit   192.168.2.2    2.2.2.2        0.0.0.0
 192.168.4.0/24     3     Transit   192.168.2.2    2.2.2.2        0.0.0.0
 Total Nets: 3
 Intra Area: 3    Inter Area: 0   ASE: 0   NSSA: 0
<AR1>
```

（15）跟踪数据流量走向，这里以路由器 AR1 为例。

```
<AR1>tracert 192.168.4.2
 traceroute to   192.168.4.2(192.168.4.2), max hops: 30 ,packet length: 40,press
CTRL_C to break
 1 192.168.2.2 20 ms   20 ms   20 ms
 2 192.168.3.1 30 ms   30 ms   40 ms
 3 192.168.4.2 40 ms   40 ms   30 ms
<AR1>
```

5.3.8 OSPF 协议引入外部路由配置

当 OSPF 协议网络中的设备访问运行其他协议的网络中的设备时，需要将其他协议的路由引入 OSPF 协议网络中。

OSPF 协议是一种无环路的动态路由协议，但这是针对域内路由和域间路由而言的，其对引入的外部路由环路没有很好的防范机制，所以在配置 OSPF 协议引入外部路由时一定要慎重，防止手动配置引起路由环路。

1. 配置 OSPF 协议引入其他协议的路由

（1）使用 system-view 命令，进入系统视图。

（2）使用 ospf [process-id]命令，进入 OSPF 协议进程视图。

（3）使用 import-route { limit limit-number | { bgp [permit-ibgp] | direct | unr |rip [process-id-rip] | static | isis [process-id-isis] | ospf [process-id-ospf] }[cost cost | type type | tag tag | route-policy route-policy-name] * }命令，引入其他协议的路由信息。

2. 配置 OSPF 协议引入外部路由时的相关参数

（1）使用 system-view 命令，进入系统视图。

（2）使用 ospf [process-id]命令，进入 OSPF 协议进程视图。

（3）使用 default { cost { cost-value | inherit-metric } | limit limit | tag tag | type type } *命令，配置引入路由时的参数默认值（路由度量、标记、类型）。

当 OSPF 协议引入外部路由时，可以配置一些相关参数的默认值，如开销、路由度量、标记和类型。路由标记可以用来标识协议相关的信息，如 OSPF 协议接收 BGP 时用来区分 AS 的编号。

默认情况下，OSPF 协议引入外部路由的度量值为 1，标记值为 1，引入的外部路由类型为 LSA2。

注意 **可以通过以下 3 条命令设置引入路由的开销值，其优先级依次递减。**

（1）通过 apply cost 命令设置引入路由的开销值。

（2）通过 import-route 命令设置引入路由的开销值。

（3）通过 default 命令设置引入路由的默认开销值。

3. 配置 OSPF 协议将默认路由通告到 OSPF 协议路由区域

在实际组网中，OSPF 协议区域边界和 AS 边界通常由多台路由器组成的多出口冗余备份或者负载均衡设备配置。此时，为了减小路由表的容量，可以配置默认路由，保证网络的高可用性。

OSPF 协议默认路由通常应用于以下两种情况。

（1）由 ABR 发布 LSA3 时，用来指导区域内的路由器进行区域之间报文的转发。

（2）由 ASBR 发布 LSA5 或 LSA7 时，用来指导 OSPF 协议路由域内的路由器进行域外报文的转发。

当路由器无精确匹配的路由时，也可以通过默认路由进行报文转发。LSA3 默认路由的优先级高于 LSA5 和 LSA7 默认路由的优先级。OSPF 协议默认路由的发布方式取决于引入默认路由的区域类型，如表 5.3 所示。

表 5.3　OSPF 协议默认路由的发布方式

区域类型	产生条件	发布方式	产生 LSA 的类型	泛洪范围
普通区域	通过 default-route-advertise 命令配置	ASBR 发布	LSA5	普通区域
Stub Area	自动产生	ABR 发布	LSA3	Stub Area
NSSA	通过 nssa [default-route-advertise] 命令配置	ASBR 发布	LSA7	NSSA
Totally NSSA	自动产生	ASBR 发布	LSA3	NSSA

4. 配置 OSPF 协议将默认路由通告到 OSPF 协议路由区域的步骤

（1）使用 system-view 命令，进入系统视图。

（2）使用 ospf [process-id]命令，进入 OSPF 进程视图。

（3）根据实际情况进行以下配置。

如果要将默认路由通告到 OSPF 协议路由区域，则使用 default-route-advertise[[always | permit-calculate-other] | cost cost | type type | route-policy route-policy-name [match-any]] *命令。

① always 表示无论本机是否存在激活的非本 OSPF 协议进程的默认路由，都会产生并发布一个描述默认路由的 LSA。

② permit-calculate-other 表示在发布默认路由后，仍允许计算其他路由器发布的默认路由。

③ route-policy route-policy-name 表示当路由表中有匹配的非本 OSPF 协议进程产生的默认路由表项时，按路由策略所配置的参数发布默认路由的匹配规则。

如果要指定 LSA3 的默认开销值，则应使用 default-route-advertise summary cost cost 命令。在配置默认开销值时，必须先配置 VPN，否则无法使用该命令。

注意 本机必须存在激活的非本 OSPF 协议进程的默认路由，才会产生并发布一个默认路由的 ASE LSA。

OSPF 协议在通告默认路由前会比较默认路由的优先级，如果其中的某台 OSPF 协议路由器同时配置了静态默认路由，要使 OSPF 协议通告的默认路由加入当前的路由表中，就必须保证所配置的静态默认路由的优先级比 OSPF 协议通告的默认路由的优先级低。

5. 配置 OSPF 协议引入外部路由

如图 5.11 所示，配置 OSPF 协议引入外部路由，配置相关端口与 IP 地址，进行网络拓扑连接。

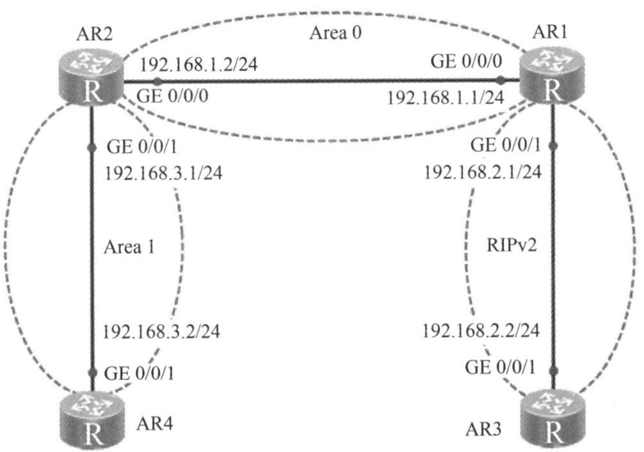

图 5.11　配置 OSPF 协议引入外部路由

V5-10　配置 OSPF 协议引入外部路由

（1）对路由器 AR1 进行相关配置，相关实例代码如下。

```
<Huawei>system-view
[Huawei]sysname   AR1
[AR1]router id 1.1.1.1
[AR1]interface GigabitEthernet 0/0/0
[AR1-GigabitEthernet0/0/0]ip address 192.168.1.1 24
[AR1]interface GigabitEthernet 0/0/1
[AR1-GigabitEthernet0/0/1]ip address 192.168.2.1 24
[AR1-GigabitEthernet0/0/1]quit
[AR1]ospf 1
[AR1-ospf-1]area 0
[AR1-ospf-1-area-0.0.0.0]network 192.168.1.0 0.0.0.255
[AR1-ospf-1-area-0.0.0.0]quit
[AR1-ospf-1]import-route rip 1 cost 50          //引入 RIP 路由
[AR1-ospf-1]quit
[AR1]rip 1
[AR1-rip-1]version 2
[AR1-rip-1]network 192.168.2.0
[AR1-rip-1]import-route ospf 1 cost 1           //引入 OSPF 协议路由
[AR1-rip-1]quit
[AR1]
```

（2）对路由器 AR2 进行相关配置，相关实例代码如下。

```
<Huawei>system-view
[Huawei]sysname   AR2
```

```
[AR2]router id 2.2.2.2
[AR2]interface GigabitEthernet 0/0/0
[AR2-GigabitEthernet0/0/0]ip address 192.168.1.2 24
[AR2]interface GigabitEthernet 0/0/1
[AR2-GigabitEthernet0/0/1]ip address 192.168.3.1 24
[AR2-GigabitEthernet0/0/1]quit
[AR2]ospf 1
[AR2-ospf-1]area 0
[AR2-ospf-1-area-0.0.0.0]network 192.168.1.0 0.0.0.255
[AR2-ospf-1-area-0.0.0.0]quit
[AR2-ospf-1]area 1
[AR2-ospf-1-area-0.0.0.1]network 192.168.3.0 0.0.0.255
[AR2-ospf-1]quit
[AR2]
```

（3）对路由器 AR3 进行相关配置，相关实例代码如下。

```
<Huawei>system-view
[Huawei]sysname   AR3
[AR3]router id 3.3.3.3
[AR3]interface GigabitEthernet 0/0/1
[AR3-GigabitEthernet0/0/1]ip address 192.168.2.2 24
[AR3-GigabitEthernet0/0/1]quit
[AR3]rip 1
[AR3-rip-1]version 2
[AR3-rip-1]network 192.168.2.0
[AR3-rip-1]quit
[AR3]
```

（4）对路由器 AR4 进行相关配置，相关实例代码如下。

```
<Huawei>system-view
[Huawei]sysname   AR4
[AR4]router id 4.4.4.4
[AR4]interface GigabitEthernet 0/0/1
[AR4-GigabitEthernet0/0/1]ip address 192.168.3.2 24
[AR4-GigabitEthernet0/0/1]quit
[AR4]ospf 1
[AR4-ospf-1]area 1
[AR4-ospf-1-area-0.0.0.1]network 192.168.3.0 0.0.0.255
[AR4-ospf-1-area-0.0.0.1]quit
[AR4-ospf-1]quit
[AR4]
```

（5）查看路由器 AR1 的配置信息。

```
<AR1>display current-configuration
#
 sysname   AR1
#
 router id 1.1.1.1
#
interface GigabitEthernet0/0/0
 ip address 192.168.1.1 255.255.255.0
```

```
#
interface GigabitEthernet0/0/1
 ip address 192.168.2.1 255.255.255.0
#
ospf 1
 import-route rip 1 cost 50
 area 0.0.0.0
  network 192.168.1.0 0.0.0.255
#
rip 1
 version 2
 network 192.168.2.0
 import-route ospf 1 cost 1
#
return
<AR1>
```

（6）查看路由器 AR4 的路由表信息。

```
<AR4>display ospf routing
      OSPF Process 1 with Router ID 192.168.3.2
            Routing Tables
 Routing for Network
 Destination        Cost     Type          NextHop           AdvRouter      Area
 192.168.3.0/24     1        Transit       192.168.3.2       192.168.3.2    0.0.0.1
 192.168.1.0/24     2        Inter-area    192.168.3.1       2.2.2.2        0.0.0.1
 Routing for ASEs
 Destination        Cost     Type          Tag          NextHop             AdvRouter
 192.168.2.0/24     50       Type2         1            192.168.3.1         1.1.1.1
 Total Nets: 3
 Intra Area: 1   Inter Area: 1   ASE: 1   NSSA: 0
<AR4>
```

（7）验证配置结果，在路由器 AR4 上访问路由器 AR3 的 GE 0/0/1 端口。

```
<AR4>ping 192.168.2.2
  PING 192.168.2.2: 56   data bytes, press CTRL_C to break
    Reply from 192.168.2.2: bytes=56 Sequence=1 ttl=253 time=50 ms
    Reply from 192.168.2.2: bytes=56 Sequence=2 ttl=253 time=40 ms
    Reply from 192.168.2.2: bytes=56 Sequence=3 ttl=253 time=40 ms
    Reply from 192.168.2.2: bytes=56 Sequence=4 ttl=253 time=50 ms
    Reply from 192.168.2.2: bytes=56 Sequence=5 ttl=253 time=30 ms
  --- 192.168.2.2 ping statistics ---
    5 packet(s) transmitted
    5 packet(s) received
    0.00% packet loss
    round-trip min/avg/max = 30/42/50 ms
<AR4>
```

5.3.9 OSPFv3 协议配置

OSPFv3 协议是运行在 IPv6 网络中的 OSPF 协议。运行 OSPFv3 的路由器以物理端口的链路本地单播地址为源地址来发送 OSPF 协议报文。相同链路上的路由器学习彼此的链路本地地址，并在报文转发的过程中将学习到的地址作为下一跳信息使用。OSPFv3 协议中使用多播地址 ff02::5 来表示 All Routers，而 OSPFv2 协议中使用的是多播地址 224.0.0.5。需要注意的是，OSPFv3 协议和 OSPFv2 协议互不兼容。

RID 在 OSPFv3 中同样用于标识路由器。与 OSPFv2 协议的 RID 不同，OSPFv3 协议的 RID 必须手动配置；如果没有手动配置 RID，则 OSPFv3 协议将无法正常运行。OSPFv3 协议在 BMA 和 NBMA 网络中选举 DR 和 BDR 的过程与 OSPFv2 协议相似，但 OSPFv3 协议中使用多播地址 FF02::6 表示 All Routers，而 OSPFv2 协议中使用的是多播地址 224.0.0.6。

OSPFv3 协议是基于链路而不是基于网段的。在配置 OSPFv3 协议时，不需要考虑路由器的端口是否配置在同一网段中，只要路由器的端口连接在同一链路上，就可以不配置 IPv6 全局地址而直接为路由器建立联系。这一变化影响了 OSPFv3 协议报文的接收、Hello 报文的内容及 LSA2 的内容。

OSPFv3 协议直接使用 IPv6 的扩展头部[认证头（Authentication Header，AH）和封装安全载荷（Encapsulating Security Payload，ESP）]来实现认证及进行安全处理，不再需要 OSPFv3 协议自身来完成认证。

（1）配置 OSPFv3 协议，配置相关端口与 IP 地址，进行网络拓扑连接，如图 5.12 所示。

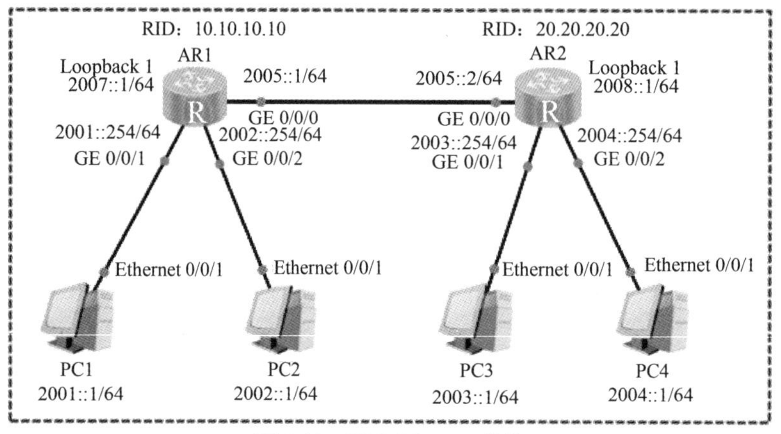

图 5.12　配置 OSPFv3 协议

V5-11　配置 OSPFv3 协议

（2）对路由器 AR1 进行相关配置，相关实例代码如下。

```
<Huawei>system-view
[Huawei]sysname   AR1
[AR1]ipv6
[AR1]ospfv3
[AR1-ospfv3-1]router-id 10.10.10.10
[AR1-ospfv3-1]quit
[AR1]interface GigabitEthernet 0/0/0
[AR1-GigabitEthernet0/0/0]ipv6 enable
[AR1-GigabitEthernet0/0/0]ipv6 address 2005::1 64
[AR1-GigabitEthernet0/0/0]ospfv3 1 area 0
[AR1-GigabitEthernet0/0/0]quit
[AR1]interface GigabitEthernet 0/0/1
[AR1-GigabitEthernet0/0/1]ipv6 enable
[AR1-GigabitEthernet0/0/1]ipv6 address 2001::254 64
[AR1-GigabitEthernet0/0/1]ospfv3 1 area 0
```

```
[AR1-GigabitEthernet0/0/1]quit
[AR1]interface GigabitEthernet 0/0/2
[AR1-GigabitEthernet0/0/2]ipv6 enable
[AR1-GigabitEthernet0/0/2]ipv6 address 2002::254 64
[AR1-GigabitEthernet0/0/2]ospfv3 1 area 0
[AR1]interface LoopBack 1
[AR1-LoopBack1]ipv6 enable
[AR1-LoopBack1]ipv6 address 2007::1 64
[AR1-LoopBack1]ospfv3 1 area 0
[AR1-LoopBack1]quit
[AR1]
```

（3）对路由器 AR2 进行相关配置，相关实例代码如下。

```
<Huawei>system-view
[Huawei]sysname   AR2
[AR2]ipv6
[AR2]ospfv3
[AR2-ospfv3-1]router-id 20.20.20.20
[AR2-ospfv3-1]quit
[AR2]interface GigabitEthernet 0/0/0
[AR2-GigabitEthernet0/0/0]ipv6 enable
[AR2-GigabitEthernet0/0/0]ipv6 address 2005::2 64
[AR2-GigabitEthernet0/0/0]ospfv3 1 area 0
[AR2-GigabitEthernet0/0/0]quit
[AR2]interface GigabitEthernet 0/0/1
[AR2-GigabitEthernet0/0/1]ipv6 enable
[AR2-GigabitEthernet0/0/1]ipv6 address 2003::254 64
[AR2-GigabitEthernet0/0/1]ospfv3 1 area 0
[AR2-GigabitEthernet0/0/1]quit
[AR2]interface GigabitEthernet 0/0/2
[AR2-GigabitEthernet0/0/2]ipv6 enable
[AR2-GigabitEthernet0/0/2]ipv6 address 2004::254 64
[AR2-GigabitEthernet0/0/2]ospfv3 1 area 0
[AR2]interface LoopBack 1
[AR2-LoopBack1]ipv6 enable
[AR2-LoopBack1]ipv6 address 2008::1 64
[AR2-LoopBack1]ospfv3 1 area 0
[AR2-LoopBack1]quit
[AR2]
```

（4）显示路由器 AR1、路由器 AR2 的配置信息，这里以路由器 AR1 为例，其主要配置实例代码如下。

```
<AR1>display current-configuration
#
 sysname   AR1
#
ipv6
ospfv3 1
 router-id 10.10.10.10
```

```
#
interface GigabitEthernet0/0/0
 ipv6 enable
 ipv6 address 2005::1/64
 ospfv3 1 area 0.0.0.0
#
interface GigabitEthernet0/0/1
 ipv6 enable
ipv6 address 2001::254/64
 ospfv3 1 area 0.0.0.0
#
interface GigabitEthernet0/0/2
 ipv6 enable
 ipv6 address 2002::254/64
 ospfv3 1 area 0.0.0.0
#
interface LoopBack1
 ipv6 enable
 ipv6 address 2007::1/64
 ospfv3 1 area 0.0.0.0
#
return
<AR1>
```

（5）显示路由器 AR1 的 OSPFv3 协议路由信息，如图 5.13 所示。

在邻居路由器上完成 OSPFv3 协议配置后，使用 display ospfv3 命令可以查看 OSPFv3 协议配置及其相关参数。从显示信息中可以看到，正在运行的 OSPFv3 协议进程为 1，RID 为 10.10.10.10，完全邻居数值为 1。

（6）在主机 PC1 上验证相关测试结果，如图 5.14 所示。

```
<AR1>display ospfv3
Routing Process "OSPFv3 (1)" with ID 10.10.10.10
 Route Tag: 0
 Multi-VPN-Instance is not enabled
 SPF Intelligent Timer[millisecs] Max: 10000, Start: 500, Hold: 2000
 LSA Intelligent Timer[millisecs] Max: 5000, Start: 500, Hold: 1000
 LSA Arrival interval 1000 millisecs
 Default ASE parameters: Metric: 1 Tag: 1 Type: 2
 Number of AS-External LSA 0. AS-External LSA's Checksum Sum 0x0000
 Number of AS-Scoped Unknown LSA 0. AS-Scoped Unknown LSA's Checksum Sum 0x0000
 Number of FULL neighbors 1
 Number of Exchange and Loading neighbors 0
 Number of LSA originated 6
 Number of LSA received 8
 SPF Count            : 0
 Non Refresh LSA      : 0
 Non Full Nbr Count   : 0
 Number of areas in this router is 1

<AR1>
```

图 5.13　显示路由器 AR1 的 OSPFv3 协议路由信息

图 5.14　在主机 PC1 上验证相关测试结果

课后习题

1. 选择题

（1）关于 OSPF 协议路由聚合的描述错误的是（　　）。

A. 路由聚合是指将相同前缀的路由信息聚合在一起，发布一条路由到其他区域

B. 通过路由聚合可以减少路由信息，从而缩小路由表的规模，提高路由器的性能

C. OSPF 协议有两种路由聚合方式，即 ABR 聚合和 ASBR 聚合

D. OSPF 协议中的任意一台路由器都可以进行路由聚合的操作

（2）关于路由协议的开销值，以下描述不正确的是（　　）。

A. 通常，RIP 的开销基于路数，取值范围很小

B. 通常，IS-IS 协议和 OSPF 协议的开销值基于带宽，取值范围很大

C. 不同的路由协议计算路由开销的依据不同，在引入路由时一般建议自动转换

D. 不同的路由协议计算路由开销的依据不同，在引入路由时一般建议手动转换

（3）目前使用最广泛的 IGP 是（　　）。

A. RIP　　B. BGP　　C. IS-IS 协议　　D. OSPF 协议

（4）OSPF 协议使用的多播地址为（　　）。

A. 224.0.0.6　　B. 224.0.0.7　　C. 224.0.0.8　　D. 224.0.0.9

（5）在 OSPF 协议中，Stub Area 与 Totally Stub Area 的区别在于对（　　）的处理不同。

A. LSA2　　B. LSA3　　C. LSA5　　D. LSA7

（6）在 OSPF 协议中，NSSA 与 Totally Stub Area 的区别在于对（　　）的处理不同。

A. LSA2　　B. LSA4　　C. LSA5　　D. LSA7

（7）关于配置 OSPF 协议中的 Stub Area，下列说法错误的是（　　）。

A. 骨干区域不能配置成 Stub Area，虚连接不能穿过 Stub Area

B. 区域内的所有路由器不是都必须配置该属性

C. Stub Area 中不能存在 ASBR

D. 一个区域配置成 Stub Area 后，其他区域的 LSA3 可以在该区域中传播

（8）（　　）不是 OSPF 协议的特点。

A. 支持非区域划分　　B. 支持身份验证

C. 无路由自环　　D. 路由自动聚合

（9）下列关于 OSPF 和 RIPv2 的描述正确的是（　　）。

A. 只能采取多播更新　　B. 只传递路由状态信息

C. 都支持 VLSM　　D. 都采用了水平分割的机制

（10）OSPF 协议的协议号是（　　）。

A. 53　　B. 69　　C. 89　　D. 520

（11）OSPF 协议计算开销时，依据的主要参数是（　　）。

A. MTU　　B. 带宽　　C. 跳数　　D. 时延

（12）下列不是 OSPF 协议中 Hello 报文主要作用的是（　　）。

A. 发现邻居　　B. 协商参数

C. 选举 DR、BDR　　D. 协商交换 DD 报文时的主从关系

（13）在 OSPF 协议中，当一个稳定的网络中加入一台优先级比原 DR 和 BDR 更高的路由器时，该路由器会（　　）。

A. 立刻成为 DR　　B. 立刻成为 BDR

C. 等 DR 失效后，立刻成为 DR　　D. 成为 DROther 路由器

（14）在 OSPF 协议中，关于各种网络类型中的 DR 和 BDR 的说法中，错误的是（　　）。

A．任何类型的网络都需要有 DR，但是不一定需要有 BDR

B．点对点类型的网络中没有 DR

C．NBMA 类型的网络中有 DR

D．点对多点网络中没有 DR

（15）【多选】OSPF 协议中的骨干区域内肯定不存在（　　）。

A．LSA3　　B．LSA4　　C．LSA5　　D．LSA7

2．简答题

（1）简述 OSPF 协议认证方式的配置方法。

（2）简述 OSPF 协议的特殊区域的配置方法。

（3）简述 OSPF 协议与 BFD 联动的配置方法。

（4）简述 OSPF 协议引入外部路由的配置方法。

项目6 IS-IS协议

【学习目标】

- 掌握IS-IS协议的基本概念。
- 掌握IS-IS协议的工作原理。
- 掌握IS-IS协议与BFD联动的配置方法。

【素质目标】

- 培养学生遵循网络工程师的职业规范，尊重知识产权，强化网络安全意识，以及在设计、实施和维护IS-IS网络时，严格遵守法律法规和行业规定。
- 引导学生理解IS-IS路由协议在国家信息化建设、网络强国战略中的重要地位。

6.1 项目描述

小李是公司的网络工程师。公司的业务不断发展，对网络的配置提出了新的需求。中间系统到中间系统（Intermediate System to Intermediate System，IS-IS）协议与 OSPF 协议都是链路状态路由协议，它们不仅适用于 LAN 环境，还适用于城域网环境。在 IP 城域网中，关键技术包括路由技术、端到端的服务质量（Quality of Service，QoS）管理、接入网技术和用户/业务管理技术，路由技术中最常用的就是 BGP、OSPF 协议和 IS-IS 协议。为了保证网络可靠性与稳定性，公司决定使用 IS-IS 协议来配置网络环境，那么小李应如何配置网络设备呢？

6.2 必备知识

6.2.1 IS-IS 协议概述

IS-IS 协议属于 IGP，用于 AS 内部。IS-IS 也是一种链路状态协议，使用最短路径优先（Shortest Path First，SPF）算法进行路由计算。

IS-IS 协议最初是国际标准化组织（International Organization for Standardization，ISO）为无连接网络协议（Connection Less Network Protocol，CLNP）设计的一种动态路由协议。为了提供对 IP 路由的支持，ISO 对 IS-IS 协议进行了扩充和修改，使 IS-IS 协议能够同时应用在 TCP/IP 和 OSI 环境中，形成了集成化 IS-IS（Integrated IS-IS 或 Dual IS-IS）协议。现在提到的 IS-IS 协议都是指集成化的 IS-IS 协议，主要用于城域网和承载网。

ISO 网络和 IP 网络的网络层地址的编址方式不同。IP 网络的三层地址是常见的 IPv4 地址或 IPv6 地址，IS-IS 协议将 ISO 网络层地址称为网络服务接入点（Network Service Access Point，NSAP），用来描述 ISO 模型的网络层地址结构。

运行 IS-IS 协议的网络包含了终端系统（End System，ES）、中间系统（Intermediate System，IS）、区域和路由域（Routing Domain）。终端系统为主机，中间系统为路由器，因此，主机和路由器之间运行的协议称为 ES-IS，路由器与路由器之间运行的协议称为 IS-IS。

1. IS-IS 协议的报文类型

在 IS-IS 协议中，报文类型总共有 9 种，所有的协议报文都可根据层次划分为 Level1（简称 L1）和 Level2（简称 L2）报文。

（1）Hello 报文，用于建立和维护邻居关系。

Hello 报文可以具体细分为 L1IIH、L2IIH 和 P-2-PIIH。

L1IIH 的多播地址为 0180-C200-0014。

L2IIH 的多播地址为 0180-C200-0015。

P-2-PIIH 采用单播地址进行通信。

Hello 报文的作用类似于 OSPF 协议中的 Hello 报文。

（2）链路状态包（Link-State Packet，LSP）报文，用于发布链路状态信息。

LSP 分为两种：L1LinkStatePDU 和 L2LinkStatePDU。L2LinkStatePDU 包含 IS-IS 路由区域中所有可到达前缀的信息，L1LinkStatePDU 只用于本地区域。

LSP 报文描述了本地路由器中所有的链路状态信息，其在功能上类似于 OSPF 协议中的 LSA。

（3）完整序列号协议数据单元（Complete Sequence Number Protocol Data Unit，CSNPDU）报文，用于发布完整链路状态数据库。

CSNP 分为两种：L1CSNP 和 L2CSNP。

CSNP 用于数据库同步，以范围为界限来描述 LSDB 中的所有 LSP，包含地址范围及各 LSP 的简要信息，如标识符、序列号、校验和、剩余时间等。在广播网络上，CSNP 报文由指定中间系统（Designated Intermediate System，DIS）定期发送（默认周期为 10s）；在点到点串行线路上，只在第一次邻接时发送 CSNP 报文。如果路由器的 LSDB 非常大，则将分为多个 CSNP 报文发出。其在功能上类似于 OSPF 协议中的 DD 报文。

（4）部分序列号协议数据单元（Partial Sequence Number Protocol Data Unit，PSNPDU）报文，用于确认和请求链路状态信息。

PSNP 分为两种：L1PSNP 和 L2PSNP。

PSNP 报文用于数据库同步，主要有以下功能：在点对点（Peer to Peer，P2P）链路上，其用来相互交换作为 Ack 应答以确认收到某个 LSP；在广播网络中，其用来请求发送最新的 LSP。当路由器收到邻居的 CSNP 报文时，若注意到某些本地数据库中没有 LSP（或自己的 LSP 比较旧），则会发送 PSNP 报文请求新的 LSP。PSNP 报文利用标识符、序列号、校验和、剩余时间来描述 LSP，仅仅包含 LSP 报文的头部信息。在点对点网络类型中，PSNP 报文在功能上类似于 OSPF 协议中的 LSAck 报文；在广播网络中，其在功能上类似于 OSPF 协议中的 LSRequest 报文。

2. IS-IS 协议的拓扑结构

为了支持大规模的路由网络，IS-IS 协议在 AS 内采用划分骨干区域与非骨干区域的结构。一般来说，将 L1 路由器部署在非骨干区域，将 L2 路由器和 L1/2 路由器部署在骨干区域。每一个非骨干区域都通过 L1/2 路由器与骨干区域相连。

图 6.1 所示为 IS-IS 协议的一种拓扑结构，它与 OSPF 协议的多区域拓扑结构非常相似，其骨干区域不仅包括 Area 1 中的所有路由器，还包括其他区域的 L1/2 路由器。

图 6.2 所示为 IS-IS 协议的另一种拓扑结构。在这种拓扑结构中，L2 路由器没有在同一个区域中，而是分别属于不同的区域。此时，所有物理连接的 L1/2 和 L2 路由器就构成了 IS-IS 协议的骨干区域。

以上两种拓扑结构可以体现 IS-IS 协议与 OSPF 协议的不同点。

（1）在 IS-IS 协议中，每台路由器都只属于一个区域；而在 OSPF 协议中，一台路由器的不同端口可以属于不同的区域。

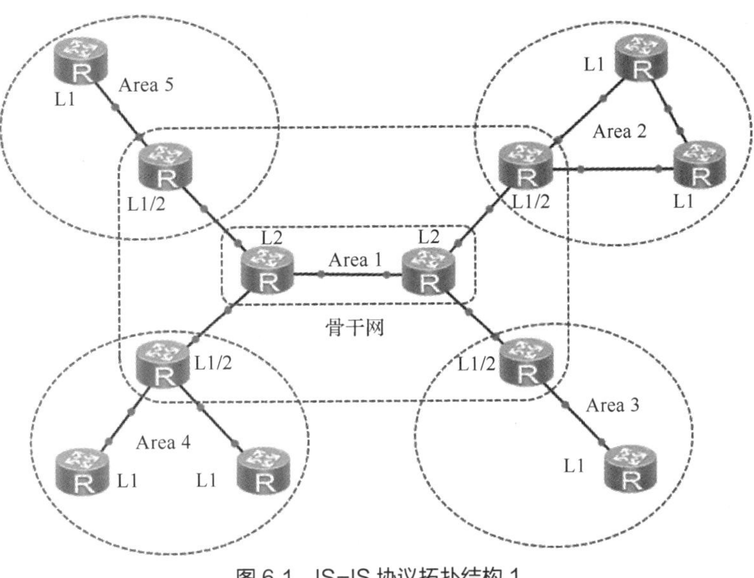

图 6.1　IS-IS 协议拓扑结构 1

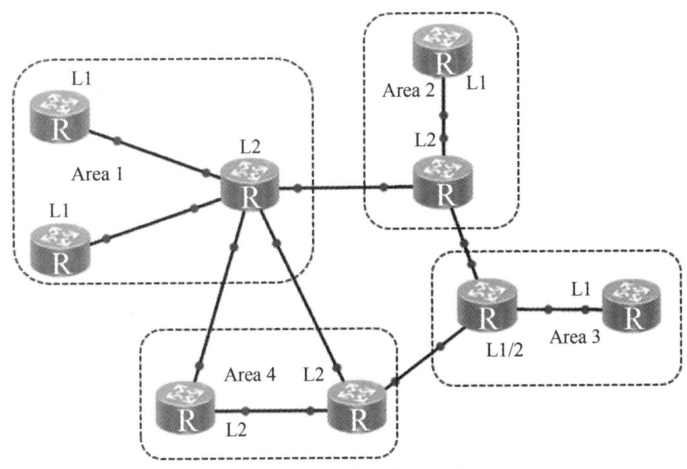

图 6.2　IS-IS 协议拓扑结构 2

（2）在 IS-IS 协议中，单个区域没有骨干区域与非骨干区域的概念；而在 OSPF 协议中，Area 0 被定义为骨干区域。

（3）在 IS-IS 协议中，L1 和 L2 级别的路由器都采用了 SPF 算法，分别生成最短路径树（Shortest Path Tree，SPT）；而在 OSPF 协议中，只对同一个区域内的路由器使用 SPF 算法，区域之间的路由器需要通过骨干区域来转发。

3. IS-IS 路由器的分类

（1）L1 路由器

L1 路由器负责区域内的路由，它只与属于同一区域的 L1 和 L1/2 路由器形成邻居关系，而不能与属于不同区域的 L1 路由器形成邻居关系。L1 路由器只负责维护 L1 路由器的 LSDB，该 LSDB 中包含本区域的路由信息，需要发送到本区域外的报文应转发给最近的 L1/2 路由器。

（2）L2 路由器

L2 路由器负责区域间的路由，它可以与相同或者不同区域的 L2 路由器以及其他区域的 L1/2 路由器形成邻居关系。L2 路由器负责维护 L2 路由器的 LSDB，该 LSDB 中包含区域间的路由信息。

所有 L2 级别（形成 L2 邻居关系）的路由器组成路由域的骨干网，负责在不同区域间通信。路由域中 L2 级别的路由器必须是物理连续的，以保证骨干网的连续性。只有 L2 级别的路由器才能直接与区域外的路由器交换数据或路由信息。

（3）L1/2 路由器

同时属于 L1 和 L2 的路由器称为 L1/2 路由器，它可以与同一区域的 L1 和 L1/2 路由器建立 L1 邻居关系，也可以与其他区域的 L2 和 L1/2 路由器建立 L2 邻居关系。L1 路由器必须通过 L1/2 路由器才能连接至其他区域。

L1/2 路由器维护两个 LSDB，L1 的 LSDB 用于区域内路由，L2 的 LSDB 用于区域间路由。

4. IS-IS 协议的网络类型

IS-IS 协议只支持两种类型的网络，根据物理链路不同可分为以下两种。

（1）广播网络：如 Ethernet（以太网）、Token-Ring（令牌环网）等。

（2）点对点网络：如点对点协议（Point to Point Protocol，PPP）链路等。

注意 **对于 NBMA 网络，如异步传输模式（Asynchronous Transfer Mode，ATM），需对其配置子端口，并注意子端口类型应配置为 P2P。**
IS-IS 协议不能在点对多点链路上运行。

5. DIS 和伪节点

在广播网络中，IS-IS 协议需要在所有的路由器中选举一台路由器作为 DIS。DIS 用来创建和更新伪节点，并生成伪节点的链路状态协议数据单元，从而描述这个网络中有哪些网络设备。

伪节点是用来模拟广播网络的一个虚拟节点，并非真实的路由器。在 IS-IS 协议中，伪节点用 DIS 的 System ID 和一个字节的 Circuit ID（非 0 值）标识。

使用伪节点可以简化网络拓扑，使路由器产生的 LSP 长度减短。另外，当网络发生变化时，需要产生的 LSP 数量也会变少，从而减少 SPF 算法的资源消耗。

L1 和 L2 的 DIS 是分别选举的，用户可以为不同级别的 DIS 选举设置不同的优先级，DIS 优先级数值最大的被选为 DIS。如果优先级数值最大的路由器有多台，则会选举其中 MAC 地址最大的路由器为 DIS。不同级别的 DIS 可以是同一台路由器，也可以是不同的路由器。

IS-IS 协议中的 DIS 与 OSPF 协议中的 DR 的区别如下。

（1）在 IS-IS 协议的广播网络中，优先级为 0 的路由器也参与 DIS 的选举；而在 OSPF 协议中，优先级为 0 的路由器不参与 DR 的选举。

（2）在 IS-IS 协议的广播网络中，当有新的路由器加入并符合成为 DIS 的条件时，这台路由器会被选举为新的 DIS，原有的伪节点被删除，此更改会引起一组新的 LSP 泛洪。而在 OSPF 协议中，当一台新路由器加入后，即使它的 DR 优先级值最大，也不会立即成为该网段中的 DR。

（3）在 IS-IS 协议的广播网络中，同一网段上同一级别的路由器之间都会建立邻接关系，所有的非 DIS 路由器之间也会建立邻接关系。而在 OSPF 协议中，路由器只与 DR 和 BDR 建立邻接关系。

注意 **IS-IS 协议的广播网络中，所有的路由器之间都会形成邻接关系，但 LSDB 的同步仍然依靠 DIS 来保证。**

6. IS-IS 协议的地址结构

NSAP 是 OSI 参考模型中用于定位资源的地址。NSAP 的地址结构如图 6.3 所示，它由初始域部分（Initial Domain Part，IDP）和域特定部分（Domain Specific Part，DSP）组成。IDP 和 DSP 的长度都是可变的，NSAP 总长最多为 20 字节，最少为 8 字节。

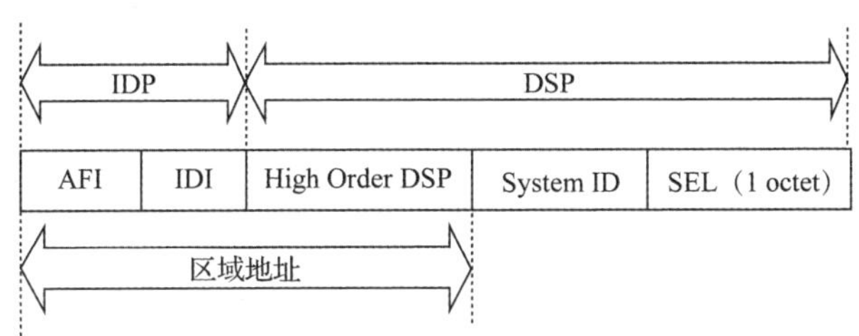

图 6.3 NSAP 的地址结构

（1）IDP 相当于 IP 地址中的主网络号。它是由 ISO 规定的，并由权限和格式标识符（Authority and Format Identifier，AFI）与初始域标识符（Initial Domain Identifier，IDI）两部分组成。AFI 用来标识地址分配机构和地址格式，IDI 用来标识域。

（2）DSP 相当于 IP 地址中的子网号和主机地址。它由高位的域特定部分（High Order DSP）、系统标识（System ID）和 NSAP 选择器（SEL）3 部分组成。High Order DSP 用来分割区域，System ID 用来区分主机，SEL 用来指示服务类型。

（3）IDP 和 DSP 中的 High Order DSP 一起，既能够标识路由域，又能够标识路由域中的区域，因此，它们被称为区域地址（Area Address），相当于 OSPF 协议中的区域编号。同一 L1 区域内的所有路由器必须具有相同的区域地址，L2 区域内的路由器可以具有不同的区域地址。

一般情况下，一台路由器只需要配置一个区域地址，且同一区域中所有节点的区域地址都要相同。为了支持区域的平滑合并、分割及转换，一个 IS-IS 协议进程下最多可配置 3 个区域地址。

（4）System ID 用来在区域内唯一标识主机或路由器。它的长度固定为 6 字节。

在实际应用中，一般使用 RID 与 System ID 进行对应。假设一台路由器使用端口 Loopback 0 的 IP 地址 192.16.10.1 作为 RID，则它在 IS-IS 协议中使用的 System ID 可通过如下方法转换得到。

首先，将 IP 地址 192.16.10.1 的每个十进制数都扩展为 3 位，不足 3 位的在前面补 0，得到 192.016.010.001。

其次，将扩展后的地址分为 3 部分，每部分由 4 位数字组成，得到 1920.1601.0001。重新组合的 1920.1601.0001 就是 System ID。

实际上，System ID 的指定可以有不同的方法，但是要保证能够唯一地标识主机或路由器。

（5）SEL 的作用类似于 IP 中的协议标识符，不同的传输协议对应不同的 SEL。IP 的 SEL 均为 00。

网络实体名称（Network Entity Title，NET）指的是设备本身的网络层信息，可以看作一类特殊的 NSAP（SEL = 00）。NET 的长度与 NSAP 的相同，最多为 20 字节，最少为 8 字节。在路由器上配置 IS-IS 协议时，只需要考虑 NET 即可，不用关注 NSAP。

例如，NSAP=50.0001.aaaa.bbbb.cccc.00 时，相关含义如下。

IS-IS 协议：Area = 50.0001，System ID = aaaa.bbbb.cccc，SEL = 00。

ISO-IGRP：Domain = 50，Area = 0001，System ID = aaaa.bbbb.cccc，SEL = 00。

6.2.2 IS-IS 协议工作原理

IS-IS 协议是一种链路状态路由协议，每一台路由器都会生成一个 LSP，它包含了该路由器所有启用 IS-IS 协议端口的链路状态信息。与相邻设备建立 IS-IS 协议邻接关系、互相更新本地设备的 LSDB，可以使得 LSDB 与整个 IS-IS 协议网络的其他设备的 LSDB 实现同步，并根据 LSDB 运用 SPF 算法计算出 IS-IS 协议路由。如果此 IS-IS 协议路由是到达目的地址的最优路由，则此路由会下发到 IP 路由表中，并指导报文的转发。

1. 邻居关系的建立

两台运行 IS-IS 协议的路由器在交互协议报文之前必须先建立邻居关系。在不同类型的网络中，

IS-IS 协议的邻居建立方式并不相同。

（1）广播网络邻居关系的建立

图 6.4 以 L2 路由器为例，描述了广播网络中邻居关系的建立过程，L1 路由器之间邻居关系的建立过程与此相同。

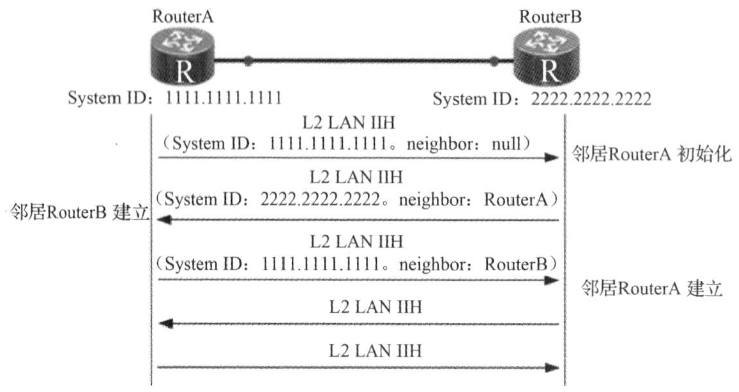

图 6.4　广播网络中邻居关系的建立过程

① RouterA 广播发送 L2 LAN IIH 报文，此报文中无邻居标记。

② RouterB 收到此报文后，将自己与 RouterA 的邻居状态标记为 Initial。RouterB 再向 RouterA 回应 L2 LAN IIH 报文，此报文中标记 RouterA 为 RouterB 的邻居。

③ RouterA 收到此报文后，将自己与 RouterB 的邻居状态标记为 Up。RouterA 再向 RouterB 发送一个标记 RouterB 为 RouterA 邻居的 L2 LAN IIH 报文。

④ RouterB 收到此报文后，将自己与 RouterA 的邻居状态标记为 Up。两台路由器成功建立邻居关系。

因为广播网络需要选举 DIS，所以在邻居关系建立后，路由器会等待两个 Hello 报文时间间隔，再进行 DIS 的选举。Hello 报文中包含 Priority 字段，优先级最高的路由器将被选举为该广播网络的 DIS。若优先级相同，则端口 MAC 地址较大的被选举为 DIS。

（2）P2P 网络邻居关系的建立

在 P2P 链路上，邻居关系的建立分为两次握手机制和三次握手机制。

① 两次握手机制：只要路由器收到对端发来的 Hello 报文，就单方面宣布邻居为 Up 状态，建立邻居关系。

② 三次握手机制：通过发送三次 P2P 的 IS-IS Hello PDU 来最终建立邻居关系，类似于广播邻居关系的建立。

两次握手机制存在明显的缺陷。当路由器间存在两条及以上的链路时，如果某条链路上到达对端的单向状态为 Down，而另一条链路同方向的状态为 Up，则路由器之间仍能建立邻居关系。SPF 在计算时会使用状态为 Up 的链路上的参数，导致没有检测到故障的路由器在转发报文时仍然试图通过状态为 Down 的链路。三次握手机制解决了上述问题，在此机制中，路由器只有在知道邻居路由器也接收到它的报文时，才宣布邻居路由器处于 Up 状态，从而建立邻居关系。

2. IS-IS 协议建立邻居关系的原则

（1）只有同一层次的相邻路由器才有可能成为邻居。

（2）对于 L1 路由器来说，区域号必须一致。

（3）链路两端 IS-IS 协议端口的网络类型必须一致。

（4）链路两端 IS-IS 协议端口的地址必须处于同一网段。

由于 IS-IS 协议是直接运行在数据链路层上的协议，并且最早是为 CLNP 设计的，因此 IS-IS 协议中邻居关系的形成与 IP 地址无关。但在实际应用中，因为只在 IP 上运行 IS-IS 协议，所以要检查对方的 IP 地址。如果端口配置了从 IP 地址，那么只要双方有某个 IP 地址（主 IP 地址或者从 IP 地址）在同一网段中，就能建立邻居关系，不一定需要主 IP 地址相同。

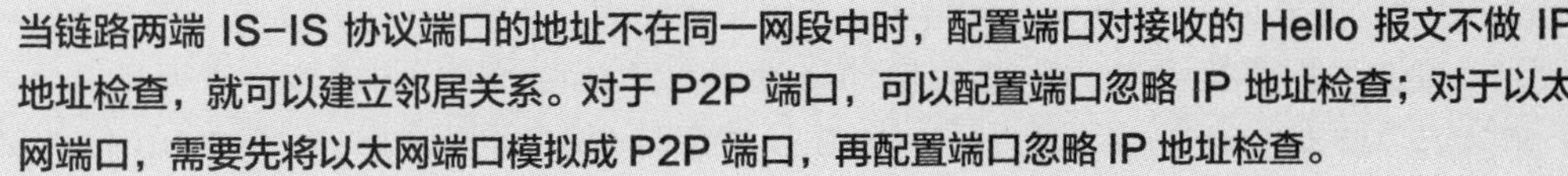

注意 **将以太网端口模拟成 P2P 端口，可以建立 P2P 链路邻居关系。**

当链路两端 IS-IS 协议端口的地址不在同一网段中时，配置端口对接收的 Hello 报文不做 IP 地址检查，就可以建立邻居关系。对于 P2P 端口，可以配置端口忽略 IP 地址检查；对于以太网端口，需要先将以太网端口模拟成 P2P 端口，再配置端口忽略 IP 地址检查。

3. IS-IS 协议的默认配置

IS-IS 协议的默认配置如表 6.1 所示。

表 6.1　IS-IS 协议的默认配置

参数	默认配置
IS-IS 协议	未启用
DIS 优先级	64
DIS 默认发送 Hello 报文的时间间隔	3.3s
设备级别	L1/2
发送 Hello 报文的时间间隔	10s
发送 LSP 的最小时间间隔	50ms
发送 LSP 的最大数目	10 条
LSP 刷新时间间隔	900s
LSP 最大有效时间	1200s
带宽参考值	100Mbit/s

6.3 项目实施

6.3.1 IS-IS 协议基础配置

1. 创建 IS-IS 协议进程

（1）使用 system-view 命令，进入系统视图。

（2）使用 isis [process-id] [vpn-instance vpn-instance-name]命令，创建 IS-IS 协议进程并进入 IS-IS 视图。

其中，参数 process-id 用来指定一个 IS-IS 协议进程。如果不指定参数 process-id，则系统默认进程为 1。IS-IS 协议进程可以与 VPN 实例相关联，此时需要指定 VPN 实例名。

（3）（可选）使用 description description 命令，为 IS-IS 协议进程设置描述信息。

（4）（可选）配置 IS-IS 协议在 Purge LSP 报文中添加清除发起人标识（Purge-Originator-Identification，POI）类型长度值（Type Length Value，TLV）。使用 purge-originator-identification enable [always]命令，根据配置的认证情况决定是否在 Purge LSP 报文中添加 POI TLV 以及是否启用主机名 TLV 的功能。

① 如果使用 purge-originator-identification enable 命令，同时配置任意认证，则生成 Purge LSP 时不携带 POI/Hostname TLV。

② 如果使用 purge-originator-identification enable 命令，且没有配置任何认证，则生成 Purge LSP 时携带 POI/Hostname TLV。

③ 如果使用 purge-originator-identification enable always 命令，则无论是否配置认证，生成 Purge LSP 时均携带 POI/Hostname TLV。

（5）（可选）配置禁用 IS-IS 协议自动修改冲突 System ID 的功能。使用 isis system-id auto-recover disable 命令，当检测到 System ID 冲突时，使自动修改 IS-IS System ID 的功能失效。

自动修改 IS-IS System ID 的功能默认启用。当需要禁用该功能时，可以执行此操作。

2. 配置网络实体名

网络实体名是 NSAP 的特殊形式，在进入 IS-IS 视图之后，必须完成 IS-IS 协议进程的 NET 配置，IS-IS 协议才能真正启用。

通常情况下，在一个 IS-IS 协议进程下配置一个 NET 即可。当区域需要重新划分，如将多个区域合并或者将一个区域划分为多个区域时，配置多个 NET 可以在重新配置时保证路由的正确性。因为在一个 IS-IS 协议进程中，区域地址最多可配置 3 个，所以 NET 最多只能配置 3 个。在配置多个 NET 时，必须保证它们的 System ID 相同。

（1）使用 system-view 命令，进入系统视图。

（2）使用 isis [process-id]命令，进入 IS-IS 视图。

（3）使用 network-entity net 命令，设置网络实体名称。

注意 **建议将 Loopback 端口的地址转换为 NET，以保证 NET 在网络中的唯一性。如果网络中的 NET 不唯一，则容易引发路由振荡，因此要做好前期网络规划。**

IS-IS 协议中的路由器在建立 L2 邻居关系时，不检查区域地址是否相同；而在建立 L1 邻居关系时，区域地址必须相同，否则无法建立。

3. 配置全局 Level

建议根据网络规划的需要配置路由器的 Level。

（1）当 Level 为 L1 时，设备只与属于同一区域的 L1 和 L1/2 设备形成邻居关系，并且只负责维护 L1 的链路状态数据库。

（2）当 Level 为 L2 时，设备可以与同一区域或者不同区域的 L2 设备或者其他区域的 L1/2 设备形成邻居关系，并且只维护一个 L2 的 LSDB。

（3）当 Level 为 L1/2 时，设备会为 L1 和 L2 区域分别建立邻居关系，分别维护 L1 和 L2 两个 LSDB。

注意 **在网络运行过程中，改变 IS-IS 协议设备的 Level 可能会导致 IS-IS 协议进程重启，造成 IS-IS 协议邻居断连，建议用户在配置 IS-IS 协议时先完成设备 Level 的配置。**

配置设备 Level 的步骤如下。

（1）使用 system-view 命令，进入系统视图。

（2）使用 isis [process-id]命令，进入 IS-IS 视图。

（3）使用 is-level { level-1 | level-1-2 | level-2 }命令，设置设备的 Level。

默认情况下，设备的 Level 为 L1/2。

4. 建立 IS-IS 协议邻居关系

由于 IS-IS 协议在广播网络和 P2P 网络中建立邻居关系的方式不同，因此，针对不同类型的端口，可以配置不同的 IS-IS 协议属性。

在广播网络中，IS-IS 协议需要选择 DIS，因此配置 IS-IS 协议端口的 DIS 优先级，可以使拥有最高端口优先级的设备被优选为 DIS。

在 P2P 网络中，IS-IS 协议不需要选择 DIS，因此无须配置端口的 DIS 优先级。为了保证 P2P 网络的可靠性，可以配置 IS-IS 协议在使用 P2P 端口建立邻居关系时采用 3-way 模式，以检测单向链路故障。

通常情况下，IS-IS 协议会对收到的 Hello 报文进行 IP 地址检查，只有当收到的 Hello 报文的源地址和本地接收报文的端口地址在同一网段中时，才会建立邻居关系。当两端端口的 IP 地址不在同一网段中时，如果均配置了 isis peer-ip-ignore 命令，则会忽略对对端 IP 地址的检查，此时，链路两端的 IS-IS 协议端口间可以建立正常的邻居关系。

（1）在广播网络中建立 IS-IS 协议邻居关系。

① 使用 system-view 命令，进入系统视图。

② 使用 interface interface-type interface-number 命令，进入端口视图。

③ 使用 isis enable [process-id]命令，启用 IS-IS 协议端口。

使用该命令后，IS-IS 协议将通过该端口建立邻居关系、扩散 LSP 报文。

注意 **由于 Loopback 端口不需要建立邻居关系，因此如果在 Loopback 端口下启用 IS-IS 协议，则该端口所在的网段路由会通过其他 IS-IS 协议端口发布出去。**

④ 使用 isis circuit-level [level-1 | level-1-2 | level-2]命令，设置端口的 Level。

默认情况下，端口的 Level 为 L1/2。

两台 L1/2 设备建立邻居关系时，会默认分别建立 L1 和 L2 邻居关系，如果希望只建立 L1 或者 L2 的邻居关系，则可以通过修改端口的 Level 来实现。

注意 **只有当 IS-IS 协议设备的 Level 为 L1/2 时，改变端口的 Level 才有意义，否则将由 IS-IS 协议设备的 Level 决定所能建立的邻接关系层次。**

（2）在 P2P 网络中建立 IS-IS 协议邻居关系。

① 使用 system-view 命令，进入系统视图。

② 使用 interface interface-type interface-number 命令，进入端口视图。

③ 使用 isis enable [process-id]命令，启用 IS-IS 协议端口。

④ 使用 isis circuit-level [level-1 | level-1-2 | level-2]命令，设置端口的 Level。默认情况下，端口的 Level 为 L1/2。

⑤ 使用 isis circuit-type p2p [strict-snpa-check]命令，设置端口的网络类型为 P2P。默认情况下，端口网络类型根据物理端口决定。

在启用 IS-IS 协议的端口上，当端口网络类型发生改变时，相关配置也会发生改变，具体如下。

使用 isis circuit-type p2p 命令将广播网络端口模拟成 P2P 端口时，端口发送 Hello 报文的时间间隔、宣告邻居失效前 IS-IS 协议没有收到的邻居 Hello 报文数目、P2P 链路上 LSP 报文的重传时间间隔及 IS-IS 协议各种认证均恢复为默认配置，而 DIS 优先级、DIS 名称、广播网络中发送 CSNP 报文的时间间隔等配置均失效。

使用 undo isis circuit-type 命令恢复端口的默认网络类型时，端口发送 Hello 报文的时间间隔、宣告邻居失效前 IS-IS 协议没有收到的邻居 Hello 报文数目、P2P 链路上 LSP 报文的重传时间间隔、IS-IS 协议各种认证、DIS 优先级和广播网络中发送 CSNP 报文的时间间隔均恢复为默认配置。

⑥ 使用 isis ppp-negotiation { 2-way | 3-way [only] }命令，指定端口使用的协商模式。默认情况下，端口使用 3-way 协商模式。

⑦ 使用 isis peer-ip-ignore 命令，配置不对接收的 Hello 报文做 IP 地址检查。默认情况下，IS-IS 协议会检查对端 Hello 报文的 IP 地址。

⑧ 使用 isis ppp-osicp-check 命令，指定对 PPP 链路端口进行开放系统互连控制协议（Open System Interconnect Control Protocol，OSICP）状态检查。默认情况下，PPP 的 OSICP 状态不影响 IS-IS 协议端口的状态。

5. 检查 IS-IS 协议基本功能的配置结果

（1）使用 display isis peer [verbose] [process-id | vpn-instance vpn-instance-name]命令，查看 IS-IS 协议的邻居信息。

（2）使用 display isis interface [verbose] [process-id | vpn-instance vpn-instance-name] 命令，查看启用 IS-IS 协议的端口信息。

（3）使用 display isis route [process-id | vpn-instance vpn-instance-name] [ipv4][verbose | [level-1 | level-2] | ip-address [mask | mask-length]] *命令，查看 IS-IS 协议的路由信息。

（4）使用 display isis purge packet process-id packet-number 命令，查看 IS-IS 协议收到携带 POI TLV 的 Purge LSP 报文的统计信息。

6.3.2 IS-IS 协议基本功能配置实例

如图 6.5 所示，网络中有 4 台路由器，用户希望在这 4 台路由器上实现网络互联。路由器 AR1 和路由器 AR2 的性能相对较低，可配置路由器 AR1 和路由器 AR2 为 L1 路由器，使这两台路由器处理相对较少的数据量，配置相关端口与 IP 地址，进行网络拓扑连接。

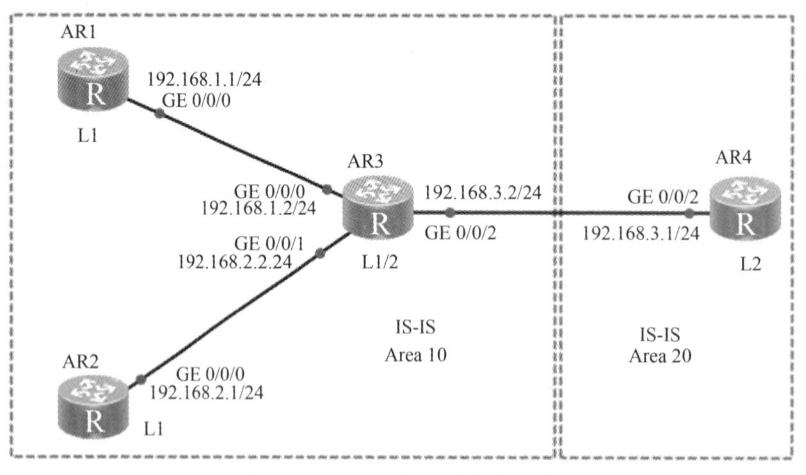

图 6.5 IS-IS 协议基本功能配置实例

（1）对路由器 AR1 进行相关配置，相关实例代码如下。

```
<Huawei>system-view
[Huawei]sysname  AR1
[AR1]isis 1
[AR1-isis-1]is-level level-1                              //配置级别
```

```
[AR1-isis-1]network-entity 10.0000.0000.0001.00          //网络实体名，相当于定义区域
[AR1]interface GigabitEthernet 0/0/0
[AR1-GigabitEthernet0/0/0]ip address 192.168.1.1 24
[AR1-GigabitEthernet0/0/0]isis enable                    //启用 IS-IS 协议
[AR1-GigabitEthernet0/0/0]quit
[AR1]
```

（2）对路由器 AR2 进行相关配置，相关实例代码如下。

```
<Huawei>system-view
[Huawei]sysname   AR2
[AR2]isis 1
[AR2-isis-1]is-level level-1
[AR2-isis-1]network-entity 10.0000.0000.0002.00
[AR2-isis-1]quit
[AR2]interface GigabitEthernet 0/0/0
[AR2-GigabitEthernet0/0/0]ip address 192.168.2.1 24
[AR2-GigabitEthernet0/0/0]isis enable
[AR2-GigabitEthernet0/0/0]quit
[AR2]
```

（3）对路由器 AR3 进行相关配置，相关实例代码如下。

```
<Huawei>system-view
[Huawei]sysname   AR3
[AR3]isis 1
[AR3-isis-1]is-level level-1-2
[AR3-isis-1]network-entity 10.0000.0000.0003.00
[AR3-isis-1]quit
[AR3]interface GigabitEthernet 0/0/0
[AR3-GigabitEthernet0/0/0]ip address 192.168.1.2 24
[AR3-GigabitEthernet0/0/0]isis enable
[AR3-GigabitEthernet0/0/0]quit
[AR3]interface GigabitEthernet 0/0/1
[AR3-GigabitEthernet0/0/1]ip address 192.168.2.2 24
[AR3-GigabitEthernet0/0/1]isis enable
[AR3-GigabitEthernet0/0/1]quit
[AR3]interface GigabitEthernet 0/0/2
[AR3-GigabitEthernet0/0/2]ip address 192.168.3.2 24
[AR3-GigabitEthernet0/0/2]isis enable
[AR3-GigabitEthernet0/0/2]quit
[AR3]
```

（4）对路由器 AR4 进行相关配置，相关实例代码如下。

```
<Huawei>system-view
[Huawei]sysname   AR4
[AR4]isis 1
[AR4-isis-1]is-level level-2
[AR4-isis-1]network-entity 20.0000.0000.0004.00
[AR4-isis-1]quit
[AR4]interface GigabitEthernet 0/0/2
[AR4-GigabitEthernet0/0/0]ip address 192.168.3.1 24
```

```
[AR4-GigabitEthernet0/0/0]isis enable
[AR4-GigabitEthernet0/0/0]quit
[AR4]
```

（5）显示路由器 AR3 的配置信息，主要配置实例代码如下。

```
<AR3>display current-configuration
#
 sysname   AR3
#
isis 1
 network-entity 10.0000.0000.0003.00
#
interface GigabitEthernet0/0/0
 ip address 192.168.1.2 255.255.255.0
 isis enable 1
#
interface GigabitEthernet0/0/1
 ip address 192.168.2.2 255.255.255.0
 isis enable 1
#
interface GigabitEthernet0/0/2
 ip address 192.168.3.2 255.255.255.0
 isis enable 1
#
<AR3>
```

（6）验证配置结果，显示各路由器的 IS-IS LSDB 信息，查看 LSDB 是否同步，这里以路由器 AR1 为例。

```
<AR1>display isis lsdb
                          Database information for ISIS(1)
                          --------------------------------
                           Level-1 Link   State Database
LSPID                      Seq Num        Checksum      Holdtime      Length    ATT/P/OL
-------------------------------------------------------------------------------------
0000.0000.0001.00-00* 0x0000000c     0x81fa        937           68        0/0/0
0000.0000.0001.01-00* 0x00000006     0xc7bf        937           55        0/0/0
0000.0000.0002.00-00  0x00000009     0xd4a6        1060          68        0/0/0
0000.0000.0002.01-00  0x00000006     0xd0b4        1060          55        0/0/0
0000.0000.0003.00-00  0x0000000d     0x8c5d        383           111       1/0/0
Total LSP(s): 5
    *(In TLV)-Leaking Route, *(By LSPID)-Self LSP, +-Self LSP(Extended),
           ATT-Attached, P-Partition, OL-Overload
<AR1>
```

（7）显示各路由器的 IS-IS 协议路由信息。L1 路由器的路由表中应该有一条默认路由，且路由下一跳为 L1/2 路由器中的路由，L2 路由器应该有所有 L1 和 L2 的路由，这里以路由器 AR1 为例。

```
<AR1>display isis route
                           Route information for ISIS(1)
                           -----------------------------
                          ISIS(1) Level-1 Forwarding Table
```

```
                    ------------------------------
IPV4 Destination    IntCost    ExtCost    ExitInterface    NextHop        Flags
-------------------------------------------------------------------------------
0.0.0.0/0           10         NULL       GE0/0/0          192.168.1.2    A/-/-/-
192.168.2.0/24      20         NULL       GE0/0/0          192.168.1.2    A/-/-/-
192.168.1.0/24      10         NULL       GE0/0/0          Direct         D/-/L/-
192.168.3.0/24      20         NULL       GE0/0/0          192.168.1.2    A/-/-/-
     Flags: D-Direct, A-Added to URT, L-Advertised in LSPs, S-IGP Shortcut,
                                  U-Up/Down Bit Set
<AR1>
```

6.3.3 IS-IS 协议与动态 BFD 联动功能配置实例

通常情况下，IS-IS 协议设定发送 Hello 报文的时间间隔为 10s，一般将邻居失效时间（即邻居的保持时间）配置为 Hello 报文时间间隔的 3 倍。若在邻居失效时间内没有收到邻居发来的 Hello 报文，则路由器会删除邻居。由此可见，路由器能感知到邻居故障的时间单位最小为秒级，在高速的网络环境中可能会出现大量报文丢失的问题。

BFD 能够提供轻负荷、快速（毫秒级）的通道故障检测，解决了 IS-IS 协议现有检测机制不足的问题。BFD 并不是用来代替 IS-IS 协议本身的 Hello 机制的，而是用于帮助 IS-IS 协议更快地发现邻接方面出现的故障，并及时通知 IS-IS 协议重新计算相关路由，以便正确指导报文的转发。

当主路径上的链路出现故障时，BFD 能够快速检测到故障并通告给 IS-IS 协议，IS-IS 协议会使故障链路的端口邻居下线并删除邻居对应的 IP 类型，从而触发拓扑计算并更新 LSP，使其他邻居及时收到更新的 LSP，实现网络拓扑的快速收敛。

如图 6.6 所示，路由器 AR1、路由器 AR2、路由器 AR3 和路由器 AR4 之间运行 IS-IS 协议。启用路由器 AR1、路由器 AR2、路由器 AR3 和路由器 AR4 的 IS-IS 协议进程的 BFD 特性，业务流量在主链路（路由器 AR1→路由器 AR2→路由器 AR4）上传送，路由器 AR1→路由器 AR3→路由器 AR2→路由器 AR4 作为备份链路。在路由器 AR1 和路由器 AR2 之间的链路上创建端口的 BFD 特性，当路由器 AR1 和路由器 AR2 之间的链路出现故障时，BFD 能够快速检测到故障并通告给 IS-IS 协议，使业务流量使用备份链路传送。配置相关端口与 IP 地址，进行网络拓扑连接。

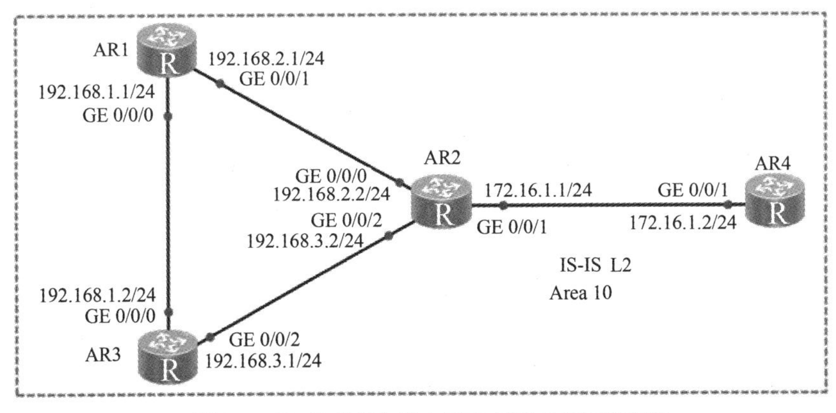

V6-2 IS-IS 协议与动态 BFD 联动功能配置实例

图 6.6 IS-IS 协议与动态 BFD 联动功能配置实例

（1）对路由器 AR1 进行相关配置，相关实例代码如下。

```
<Huawei>system-view
[Huawei]sysname   AR1
```

```
[AR1]isis 1
[AR1-isis-1]is-level level-1-2
[AR1-isis-1]network-entity 10.0000.0000.0001.00
[AR1-isis-1]quit
[AR1]interface GigabitEthernet 0/0/0
[AR1-GigabitEthernet0/0/0]ip address 192.168.1.1 24
[AR1-GigabitEthernet0/0/0]isis enable
[AR1-GigabitEthernet0/0/0]quit
[AR1]interface GigabitEthernet 0/0/1
[AR1-GigabitEthernet0/0/1]ip address 192.168.2.1 24
[AR1-GigabitEthernet0/0/1]isis enable
[AR1-GigabitEthernet0/0/1]quit
[AR1]
```

（2）对路由器 AR2 进行相关配置，相关实例代码如下。

```
<Huawei>system-view
[Huawei]sysname   AR2
[AR2]isis 1
[AR2-isis-1]is-level level-1-2
[AR2-isis-1]network-entity 10.0000.0000.0002.00
[AR2-isis-1]quit
[AR2]interface GigabitEthernet 0/0/0
[AR2-GigabitEthernet0/0/0]ip address 192.168.2.2 24
[AR2-GigabitEthernet0/0/0]isis enable
[AR2-GigabitEthernet0/0/0]quit
[AR2]interface GigabitEthernet 0/0/1
[AR2-GigabitEthernet0/0/1]ip address 172.16.1.1 24
[AR2-GigabitEthernet0/0/1]isis enable
[AR2-GigabitEthernet0/0/1]quit
[AR2]interface GigabitEthernet 0/0/2
[AR2-GigabitEthernet0/0/1]ip address 192.168.3.2 24
[AR2-GigabitEthernet0/0/1]isis enable
[AR2-GigabitEthernet0/0/1]quit
[AR2]
```

（3）对路由器 AR3 进行相关配置，相关实例代码如下。

```
<Huawei>system-view
[Huawei]sysname   AR3
[AR3]isis 1
[AR3-isis-1]is-level level-1-2
[AR3-isis-1]network-entity 10.0000.0000.0003.00
[AR3-isis-1]quit
[AR3]interface GigabitEthernet 0/0/0
[AR3-GigabitEthernet0/0/0]ip address 192.168.1.2 24
[AR3-GigabitEthernet0/0/0]isis enable
[AR3-GigabitEthernet0/0/0]quit
[AR3]interface GigabitEthernet 0/0/2
[AR3-GigabitEthernet0/0/1]ip address 192.168.3.1 24
[AR3-GigabitEthernet0/0/1]isis enable
[AR3-GigabitEthernet0/0/1]quit
[AR3]
```

（4）对路由器 AR4 进行相关配置，相关实例代码如下。

```
<Huawei>system-view
[Huawei]sysname AR4
[AR4]isis 1
[AR4-isis-1]is-level level-1-2
[AR4-isis-1]network-entity 10.0000.0000.0004.00
[AR4-isis-1]quit
[AR4]interface GigabitEthernet 0/0/1
[AR4-GigabitEthernet0/0/1]ip address 172.16.1.2 24
[AR4-GigabitEthernet0/0/1]isis enable
[AR4-GigabitEthernet0/0/1]quit
[AR4]
```

（5）配置完成后，使用 display isis peer 命令，可以看到路由器 AR1、路由器 AR2、路由器 AR3 和路由器 AR4 建立了邻居关系，这里以路由器 AR1 为例。

```
<AR1>display isis peer
                        Peer information for ISIS(1)
  System Id        Interface        Circuit Id          State  HoldTime  Type    PRI
-------------------------------------------------------------------------------------
0000.0000.0003   GE0/0/0         0000.0000.0001.01   Up     27s       L2      64
0000.0000.0002   GE0/0/1         0000.0000.0001.02   Up     26s       L2      64
Total Peer(s): 2
<AR1>
```

（6）跟踪数据流量走向，这里以路由器 AR1 为例。

```
<AR1>tracert 172.16.1.2
 traceroute to  172.16.1.2(172.16.1.2), max hops: 30 ,packet length: 40,press CT
RL_C to break
 1 192.168.2.2 40 ms  10 ms  20 ms
 2 172.16.1.2 20 ms  30 ms  20 ms
<AR1>
```

从以上信息可以看出，业务流量在主链路（路由器 AR1→路由器 AR2→路由器 AR4）上传送。

（7）路由器已经互相学习到路由信息，下面以查看路由器 AR1 的路由表为例。

```
<AR1>display isis route
                       Route information for ISIS(1)
                       -----------------------------
                     ISIS(1) Level-2 Forwarding Table
                     --------------------------------
IPV4 Destination     IntCost    ExtCost  ExitInterface    NextHop         Flags
-------------------------------------------------------------------------------------
192.168.2.0/24       10         NULL     GE0/0/1          Direct          D/-/L/-
192.168.1.0/24       10         NULL     GE0/0/0          Direct          D/-/L/-
172.16.1.0/24        20         NULL     GE0/0/1          192.168.2.2     A/-/-/-
192.168.3.0/24       20         NULL     GE0/0/0          192.168.1.2     A/-/-/-
                                         GE0/0/1          192.168.2.2
     Flags: D-Direct, A-Added to URT, L-Advertised in LSPs, S-IGP Shortcut,
                            U-Up/Down Bit Set
<AR1>
```

从以上信息可以看出，去往 172.16.1.0/24 的路由下一跳地址为 192.168.2.2，流量在主链路（路由器 AR1→路由器 AR2→路由器 AR4）上传送。

（8）配置 IS-IS 协议进程的 BFD 特性，在路由器 AR1 上启用 IS-IS 协议的 BFD 功能。

```
[AR1]bfd
[AR1-bfd]quit
[AR1]isis
[AR1-isis-1]bfd all-interfaces enable
[AR1-isis-1]quit
[AR1]
```

路由器 AR2、路由器 AR3 和路由器 AR4 的配置与路由器 AR1 相同，这里不赘述。

（9）配置完成后，在路由器 AR1、路由器 AR2、路由器 AR3 或路由器 AR4 上使用 display isis bfd session all 命令，可以看到 BFD 参数已生效，这里以路由器 AR1 的显示结果为例。

```
<AR1>display isis bfd session all
                          BFD session information for ISIS(1)
                          ----------------------------------------
Peer System ID : 0000.0000.0003          Interface : GE0/0/0
TX : 1000            BFD State : up        Peer IP Address : 192.168.1.2
RX : 1000            LocDis : 8192         Local IP Address: 192.168.1.1
Multiplier : 3       RemDis : 8192         Type : L2
Diag : No diagnostic information
Peer System ID : 0000.0000.0002          Interface : GE0/0/1
TX : 1000            BFD State : up        Peer IP Address : 192.168.2.2
RX : 1000            LocDis : 8193         Local IP Address: 192.168.2.1
Multiplier : 3       RemDis : 8192         Type : L2
Diag : No diagnostic information
Total BFD session(s): 2
<AR1>
```

（10）在路由器 AR1 的 GE 0/0/1 端口上配置 BFD 特性，并指定最小发送和接收报文时间间隔为 200ms，本地检测时间倍数为 4。

```
[AR1]interface GigabitEthernet 0/0/1
[AR1-GigabitEthernet0/0/1]isis bfd enable
[AR1-GigabitEthernet0/0/1]isis bfd min-rx-interval 200 min-tx-interval 200 detect-multiplier 4
[AR1-GigabitEthernet0/0/1]quit
[AR1]
```

（11）在路由器 AR2 的 GE 0/0/0 端口上配置 BFD 特性，并指定最小发送和接收报文时间间隔为 200ms，本地检测时间倍数为 4。

```
[AR2]interface GigabitEthernet 0/0/0
[AR2-GigabitEthernet0/0/0]isis bfd enable
[AR2-GigabitEthernet0/0/0]isis bfd min-rx-interval 200 min-tx-interval 200 detect-multiplier 4
[AR2-GigabitEthernet0/0/0]quit
[AR2]
```

（12）配置完成后，在路由器 AR1 或路由器 AR2 上使用 display isis bfd session all 命令，可以看到 BFD 参数已生效，这里以路由器 AR2 的显示结果为例。

```
<AR2>display isis bfd session all
                       BFD session information for ISIS(1)
                       ----------------------------------------
Peer System ID : 0000.0000.0001         Interface : GE0/0/0
TX : 200               BFD State : up       Peer IP Address : 192.168.2.1
```

```
RX : 200              LocDis : 8192           Local IP Address: 192.168.2.2
Multiplier : 4        RemDis : 8193           Type : L2
Diag : No diagnostic information
Peer System ID : 0000.0000.0004           Interface : GE0/0/1
TX : 1000             BFD State : up          Peer IP Address : 172.16.1.2
RX : 1000             LocDis : 8193           Local IP Address: 172.16.1.1
Multiplier : 3        RemDis : 8192           Type : L2
Diag : No diagnostic information
Peer System ID : 0000.0000.0003           Interface : GE0/0/2
TX : 1000             BFD State : up          Peer IP Address : 192.168.3.1
RX : 1000             LocDis : 8194           Local IP Address: 192.168.3.2
Multiplier : 3        RemDis : 8193           Type : L2
Diag : No diagnostic information
Total BFD session(s): 3
<AR2>
```

（13）验证配置结果，在路由器 AR2 的 GE 0/0/0 端口上使用 shutdown 命令，模拟主链路出现故障。

```
[AR2]interface GigabitEthernet 0/0/0
[AR2-GigabitEthernet0/0/0]shutdown
[AR2-GigabitEthernet0/0/0]quit
[AR2]
```

（14）在路由器 AR1 上查看路由表信息。

```
<AR1>display isis route
                         Route information for ISIS(1)
                         -----------------------------
                        ISIS(1) Level-2 Forwarding Table
                        --------------------------------
IPV4 Destination    IntCost    ExtCost  ExitInterface    NextHop       Flags
-------------------------------------------------------------------------------
192.168.1.0/24       10         NULL     GE0/0/0          Direct        D/-/L/-
172.16.1.0/24        30         NULL     GE0/0/0          192.168.1.2   A/-/-/-
192.168.3.0/24       20         NULL     GE0/0/0          192.168.1.2   A/-/-/-
     Flags: D-Direct, A-Added to URT, L-Advertised in LSPs, S-IGP Shortcut,
                              U-Up/Down Bit Set
<AR1>
```

从以上信息可以看出，在主链路失效后，备份链路（路由器 AR1→路由器 AR3→路由器 AR2→路由器 AR4）生效，去往 172.16.1.0/24 的路由下一跳地址为 192.168.1.2。

（15）跟踪数据流量走向，这里以路由器 AR1 的显示结果为例。

```
<AR1>tracert 172.16.1.2
 traceroute to  172.16.1.2(172.16.1.2), max hops: 30 ,packet length: 40,press CT
RL_C to break
 1 192.168.1.2 20 ms  20 ms  10 ms
 2 192.168.3.2 30 ms  30 ms  30 ms
 3 172.16.1.2 30 ms  40 ms  30 ms
<AR1>
```

从以上信息可以看出，业务流量在备份链路（路由器 AR1→路由器 AR3→路由器 AR2→路由器 AR4）上传送。

（16）在路由器 AR1 上使用 display isis bfd session all 命令，可以看到只有路由器 AR1 和路由器 AR3 之间的 BFD 参数生效。

```
<AR1>display isis bfd session all
                          BFD session information for ISIS(1)
                          ------------------------------------
Peer System ID : 0000.0000.0003          Interface : GE0/0/0
TX : 1000           BFD State : up          Peer IP Address : 192.168.1.2
RX : 1000           LocDis : 8192           Local IP Address: 192.168.1.1
Multiplier : 3      RemDis : 8192           Type : L2
Diag : No diagnostic information
Total BFD session(s): 1
<AR1>
```

课后习题

1. 选择题

（1）以下不是 IS-IS 协议报文类型的是（　　）。

A. Hello　　B. LSP　　C. LSP ACK　　D. CSNP

（2）以下不是 Hello 报文的是（　　）。

A. L1IIH　　B. L2IIH　　C. P-2-PIIH　　D. L3IIH

（3）在广播网络中，IS-IS 协议通过（　　）机制保证邻居关系建立的可靠性。

A. 校验和　　B. 三次握手　　C. 状态同步　　D. 老化计时器

（4）在广播网络中，DIS 默认发送 Hello 报文的时间间隔为（　　）。

A. 3.3s　　B. 5s　　C. 10s　　D. 20s

（5）在 IS-IS 协议的广播网络中，L2 路由器使用多播 MAC 地址（　　）作为发送 IIH 的目的地址。

A. 0180-C200-0014　　B. 0180-C200-0015

C. 0180-C200-0016　　D. 0180-C200-0017

（6）关于 IS-IS 协议所使用的 SNAP 地址，以下不是其组成部分的是（　　）。

A. Area ID　　B. DSCP　　C. System ID　　D. SEL

2. 简答题

（1）简述 IS-IS 协议的工作原理及其局限性。

（2）简述 IS-IS 协议与动态 BFD 联动的配置方法。

项目7 BGP

【学习目标】

- 掌握BGP的基本概念。
- 理解BGP的工作原理。
- 掌握BGP的基本配置方法。
- 掌握BGP与BFD联动的配置方法。

【素质目标】

- 以分组形式合作完成BGP网络规划、配置、故障排查与优化任务，培养学生的团队协作精神。
- 鼓励学生在学习和应用BGP技术时，积极探索新的路由策略、优化配置参数，以应对日益复杂的国际互联网环境和业务需求，培养创新意识与实践能力。

7.1 项目描述

小李是公司的网络工程师。公司的业务不断发展，对网络的配置又提出了新的需求，需要对边界网关设备进行配置。边界网关协议(Border Gateway Protocol，BGP）是为取代最初的外部网关协议（Exterior Gateway Protocol，EGP）而设计的。不同于最初的 EGP，BGP 能够进行路由优选、避免路由环路、更高效地传递路由和维护大量的路由信息。那么小李应如何配置网络设备呢?

7.2 必备知识

7.2.1 BGP 概述

BGP 是一种实现 AS 之间的路由可达并选择最佳路由的距离矢量路由协议。为方便管理规模不断扩大的网络，网络被分成了不同的 AS。1982 年，EGP 被用于在 AS 之间动态交换路由信息，但是 EGP 设计得比较简单，只发布网络可达的路由信息，而不对路由信息进行优选，同时没有考虑环路避免等问题，因此很快就无法满足网络管理的要求了。

1. AS

AS 是指在一个实体管辖下的拥有相同选路策略的 IP 网络。BGP 网络中的每个 AS 都被分配一个唯一的 AS 号，用于区分不同的 AS。AS 号分为 2 字节 AS 号和 4 字节 AS 号，其中，2 字节 AS 号的范围为 1～65535，4 字节 AS 号的范围为 1～4294967295。支持 4 字节 AS 号的设备能够与支持 2 字节 AS 号的设备兼容。

2. BGP 邻居类型

BGP 邻居类型按照运行方式分为外部边界网关协议（External Border Gateway Protocol，EBGP）和内部边界网关协议（Internal Border Gateway Protocol，IBGP），如图 7.1 所示。

（1）EBGP：运行于不同 AS 之间的 BGP 称为 EBGP。为了防止 AS 间产生环路，当 BGP 设备接收 EBGP 对等体发送的路由时，会将带有本地 AS 号的路由丢弃。

（2）IBGP：运行于同一 AS 内部的 BGP 称为 IBGP。为了防止 AS 内产生环路，BGP 设备不会把从 IBGP 对等体学习到的路由通告给其他 IBGP 对等体，并与所有 IBGP 对等体建立全连接。

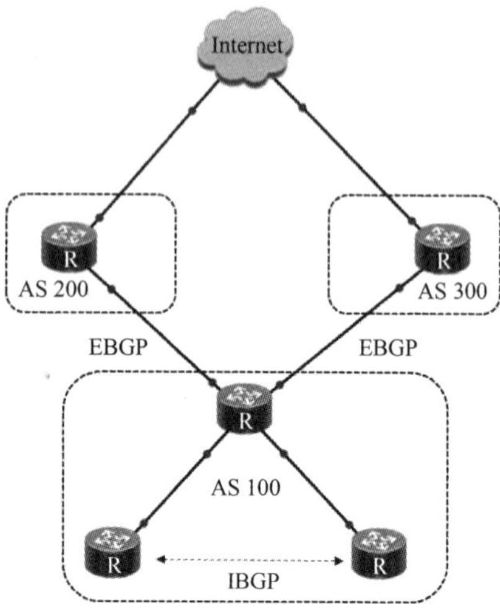

图 7.1 BGP 邻居类型

3. BGP 报文交互中的角色

BGP 报文交互中有发言者（Speaker）和对等体（Peer）两种角色。

（1）Speaker：发送 BGP 报文的设备称为 BGP Speaker，它接收或产生新的报文信息，并发布给其他 BGP Speaker。

（2）Peer：交换报文的 Speaker 互称对等体，若干相关的对等体可以构成对等体组（Peer Group）。

4. BGP 的 RID

BGP 的 RID 是一个用于标识 BGP 设备的 32 位值，通常是 IPv4 地址的形式，存在于 BGP 会话建立时发送的 Open 报文中。对等体之间建立 BGP 会话时，每台 BGP 设备都必须有唯一的 RID，否则不能建立 BGP 连接。

BGP 的 RID 在 BGP 网络中必须是唯一的，可以手动配置，也可以让设备自动选取。默认情况下，BGP 选择设备上的 Loopback 端口的 IPv4 地址作为 BGP 的 RID。如果设备上没有配置 Loopback 端口，则系统会选择端口中最大的 IPv4 地址作为 BGP 的 RID。一旦选出 RID，除非发生端口地址删除等事件，否则即使配置了更大的 IPv4 地址，也依然保持原来的 RID。

7.2.2 BGP 工作原理

1. BGP 的报文类型

BGP 对等体间通过以下 5 种报文进行交互，其中，Keepalive 报文为周期性发送，其余报文为触发式发送。

（1）Open 报文：用于建立 BGP 对等体连接。

（2）Update 报文：用于在对等体之间交换路由信息。

（3）Notification 报文：用于中断 BGP 连接。

（4）Keepalive 报文：用于保持 BGP 连接，默认发送时间间隔为 60s。

（5）Route-refresh 报文：在改变 Route-Policy 后，Route-refresh 报文用于请求对等体重新发送路由信息。只有支持路由刷新功能的 BGP 设备才会发送和响应此报文。

2. BGP 工作状态

BGP 对等体的交互过程中存在 6 种工作状态：空闲（Idle）、连接（Connect）、活跃（Active）、Open 报文已发送（OpenSent）、Open 报文已确认（OpenConfirm）和连接已建立（Established）。在 BGP 对等体建立的过程中，常见的 3 种状态是 Idle、Active 和 Established，BGP 对等体的交互过程如图 7.2 所示。

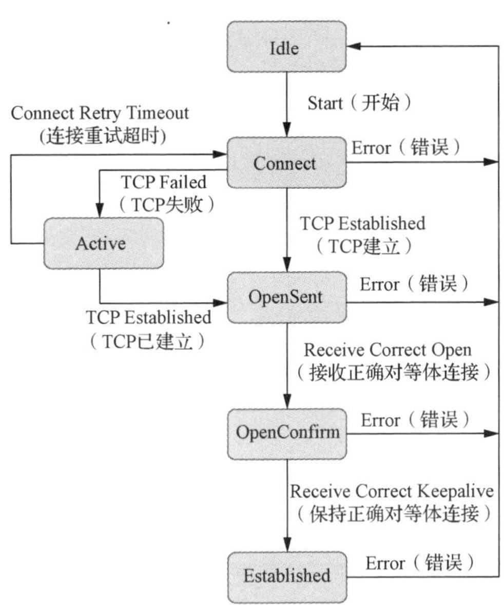

图 7.2　BGP 对等体的交互过程

3. BGP 对等体之间的交互原则

BGP 设备将最优路由加入 BGP 路由表，形成 BGP 路由。BGP 设备与对等体建立邻居关系后，采取以下交互原则。

（1）从 IBGP 对等体中获得的 BGP 路由，BGP 设备只发布给其 EBGP 对等体。

（2）从 EBGP 对等体中获得的 BGP 路由，BGP 设备发布给其所有 EBGP 和 IBGP 对等体。

（3）当存在多条到达同一目的地址的有效路由时，BGP 设备只将最优路由发布给对等体。

（4）路由更新时，BGP 设备只发送更新的 BGP 路由。

（5）对于所有对等体发送的路由，BGP 设备都会接收。

4. BGP 与 IGP 交互

BGP 与 IGP 在设备中使用不同的路由表，为了实现不同 AS 间的相互通信，BGP 需要与 IGP 进行交互，即 BGP 路由表和 IGP 路由表相互引入。

（1）BGP 引入 IGP 路由。

BGP 本身不发现路由，因此需要将其他路由引入 BGP 路由表中，实现 AS 间的路由互通。当一个 AS 需要将路由发布给其他 AS 时，AS 边缘路由器会在 BGP 路由表中引入 IGP 的路由。为了更好地规划网络，BGP 在引入 IGP 的路由时，可以使用 Route-Policy 进行路由过滤和路由属性设置，也可以设置 MED 值以指导 EBGP 对等体选择流量进入 AS 时的路由。

BGP 引入路由时支持 Import 和 Network 两种方式。

① Import 方式是按协议类型将 RIP、OSPF 协议、IS-IS 协议等协议的路由引入 BGP 路由表中。为了保证引入 IGP 路由的有效性，还可以使用此方法引入静态路由和直连路由。

② Network 方式是将 IP 路由表中已经存在的路由逐条引入 BGP 路由表中，比 Import 方式更精确。

（2）IGP 引入 BGP 路由。

当一个 AS 需要引入其他 AS 的路由时，AS 边缘路由器会在 IGP 路由表中引入 BGP 的路由。为了避免大量 BGP 路由对 AS 内的设备造成影响，当 IGP 引入 BGP 路由时，可以使用 Route-Policy 进行路由过滤和路由属性设置。

5. BGP 属性

在 BGP 路由表中，可能存在多条到达同一目的地的路由。此时，BGP 会选择其中一条路由作为最佳路由，并只把此路由发送给其对等体。BGP 为了选出最佳路由，会根据 BGP 的路由优选规则依次比较这些路由的 BGP 属性。

路由属性是对路由的特定描述，所有的 BGP 路由属性都可以分为以下 4 类。

（1）公认必须遵循：所有 BGP 设备都可以识别此类属性，且必须存在于 Update 报文中。如果缺少这类属性，则路由信息会出错。

（2）公认任意：所有 BGP 设备都可以识别此类属性，但不要求必须存在于 Update 报文中。即使缺少这类属性，路由信息也不会出错。

（3）可选过渡：BGP 设备可以不识别此类属性。即使 BGP 设备不识别此类属性，它仍然会接收这类属性并通告给其他对等体。

（4）可选非过渡：BGP 设备可以不识别此类属性。如果 BGP 设备不识别此类属性，则会忽略该属性且不会通告给其他对等体。

BGP 的常见属性名及其类型如表 7.1 所示。

表 7.1　BGP 的常见属性名及其类型

属性名	类型
Origin	公认必须遵循
AS_Path	公认必须遵循
Next_Hop	公认必须遵循
Local_Pref	公认任意
MED	可选非过渡
Originator_ID	可选非过渡
Cluster_List	可选非过渡
Community	可选过渡

下面介绍几种常用的 BGP 路由属性。

（1）Origin

Origin 属性用来定义路由信息的来源，即描述一条路由是怎样成为 BGP 路由的。它有以下 3 种类型。

① IGP：具有最高的优先级，通过 network 命令注入 BGP 路由表的路由信息，其 Origin 属性为 IGP。

② EGP：优先级低于 IGP，通过 EGP 得到的路由信息，其 Origin 属性为 EGP。

③ Incomplete：优先级最低，通过其他方式学习到的路由信息，其 Origin 属性为 Incomplete，如 BGP 通过 import-route 命令引入的路由。

（2）AS_Path

AS_Path 属性按顺序记录了某条路由从本地到目的地址所要经过的所有 AS 号。在接收路由时，如果设备发现 AS_Path 列表中有本地 AS 号，则不接收该路由，从而避免了 AS 间的路由环路。

当 BGP Speaker 传播自身引入的路由时，遵循下面的规则。

① 当 BGP Speaker 将这条路由通告给 EBGP 对等体时，会在 Update 报文中创建一个携带本地 AS 号的 AS_Path 列表。

② 当 BGP Speaker 将这条路由通告给 IBGP 对等体时，会在 Update 报文中创建一个空的 AS_Path 列表。

当 BGP Speaker 传播从其他 BGP Speaker 的 Update 报文中学习到的路由时，遵循下面的规则。

① 当 BGP Speaker 将这条路由通告给 EBGP 对等体时，会把本地 AS 号添加在 AS_Path 列表的最前面（最左侧），收到此路由的 BGP 设备根据 AS_Path 属性就可以知道到达目的地址所要经过的 AS。距本地 AS 最近的 AS 号排在本地 AS 号后面，其他 AS 号按顺序依次向后排列。

② 当 BGP Speaker 将这条路由通告给 IBGP 对等体时，不会改变这条路由相关的 AS_Path 属性。

（3）Next_Hop

Next_Hop 属性记录了路由的下一跳信息。BGP 的下一跳属性和 IGP 的有所不同，不一定就是邻居设备的 IP 地址。通常情况下，Next_Hop 属性遵循下面的规则。

① BGP Speaker 在向 EBGP 对等体发布某条路由时，会把该路由信息的 Next_Hop 属性设置为本地与对端建立 BGP 邻居关系的端口地址。

② BGP Speaker 将本地始发路由发布给 IBGP 对等体时，会把该路由信息的 Next_Hop 属性设置为本地与对端建立 BGP 邻居关系的端口地址。

③ BGP Speaker 在向 IBGP 对等体发布从 EBGP 对等体中学习到的路由时，并不改变该路由信息的 Next_Hop 属性。

（4）Local_Pref

Local_Pref 属性表明了路由器的 BGP 优先级，用于判断流量离开 AS 时的最佳路由。当 BGP 的设备通过不同的 IBGP 对等体得到目的地址相同但下一跳不同的多条路由时，将优先选择 Local_Pref 属性值较高的路由。Local_Pref 属性仅在 IBGP 对等体之间有效，不通告给其他 AS。Local_Pref 属性可以手动配置，如果路由没有配置 Local_Pref 属性，则 BGP 选路时，该路由的 Local_Pref 值按默认值 100 处理。

（5）MED

MED 属性用于判断流量进入 AS 时的最佳路由。当一台运行 BGP 的设备通过不同的 EBGP 对等体得到目的地址相同但下一跳不同的多条路由时，在其他条件相同的情况下，将优先选择 MED 值较小者作为最佳路由。MED 属性仅在相邻两个 AS 之间传递，收到此属性的 AS 不会再将其通告给其他 AS。MED 属性可以手动配置，如果路由没有配置 MED 属性，则 BGP 选路时，该路由的 MED 值按默认值 0 处理。

（6）Community

Community 属性用于标记具有相同特征的 BGP 路由，使 Route-Policy 的应用更加灵活，同时降低了维护管理的难度。Community 属性分为自定义 Community 属性和公认 Community 属性。

7.3 项目实施

7.3.1 BGP 基础配置

1. 启动 BGP 进程

（1）使用 system-view 命令，进入系统视图。

（2）使用 bgp { as-number-plain | as-number-dot }命令，启动 BGP，指定本地 AS 号，并进入 BGP 视图。

（3）使用 router-id ipv4-address 命令，配置 BGP 的 RID。

注意 **默认情况下，BGP 会自动选择系统视图下的 RID 作为 BGP 的 RID。如果选中的 RID 是物理端口的 IP 地址，则当 IP 地址发生变化时，会引起路由振荡。为了提高网络的稳定性，可以将 RID 手动配置为 Loopback 端口地址。**

2. 配置 BGP 对等体

配置 BGP 对等体时，如果指定对等体所属的 AS 号与本地 AS 号相同，则表示配置 IBGP 对等体。如果指定对等体所属的 AS 号与本地 AS 号不同，则表示配置 EBGP 对等体。

为了增强 BGP 连接的稳定性，推荐使用路由可达的 Loopback 端口地址建立 BGP 连接。此时建议对等体两端同时使用 peer connect-interface 命令，以保证两端 TCP 连接的端口和地址的正确性。如果仅有一端配置该命令，则可能导致 BGP 连接建立失败。

当使用 Loopback 端口的 IP 地址建立 EBGP 连接时，必须使用 peer ebgp-max-hop（其中，hop-count≥2）命令，否则 EBGP 连接将无法建立。

（1）使用 system-view 命令，进入系统视图。

（2）使用 bgp { as-number-plain | as-number-dot }命令，进入 BGP 视图。

（3）使用 peer { ipv4-address | ipv6-address } as-number { as-number-plain| as-number-dot}命令，创建 BGP 对等体。

默认情况下，不创建 BGP 对等体。

3. 配置 BGP 对等体组

在大型 BGP 网络中，对等体的数目众多，配置和维护极为不便。对于存在相同配置的 BGP 对等体，可以将它们加入一个 BGP 对等体组进行批量配置，以降低管理的难度，并提高路由发布效率。

（1）使用 system-view 命令，进入系统视图。

（2）使用 bgp { as-number-plain | as-number-dot }命令，进入 BGP 视图。

（3）使用 group group-name [external | internal]命令，创建对等体组。

（4）使用 peer group-name as-number { as-number-plain | as-number-dot }命令，配置 EBGP 对等体组的 AS 号。

（5）使用 peer { ipv4-address | ipv6-address } group group-name 命令，向对等体组中加入对等体。

4. 配置 BGP 引入路由

BGP 本身不发现路由，因此需要将其他路由（如 IGP 路由等）引入 BGP 路由表中，从而使这些路由在 AS 内和 AS 之间传播。BGP 支持通过以下两种方式引入路由。

（1）Import 方式引入路由的步骤如下。

① 使用 system-view 命令，进入系统视图。

② 使用 bgp { as-number-plain | as-number-dot }命令，进入 BGP 视图。

③ 根据网络类型，选择进入不同地址族视图，配置不同类型网络中的 BGP 设备。

使用 ipv4-family { unicast | multicast }命令，进入 IPv4 地址族视图。

使用 ipv6-family [unicast]命令，进入 IPv6 地址族视图。

④ 使用 import-route protocol [process-id] [med med | route-policy route-policy-name] * 命令，配置 BGP 引入其他协议的路由。

（2）Network 方式引入路由的步骤如下。

① 使用 system-view 命令，进入系统视图。

② 使用 bgp { as-number-plain | as-number-dot }命令，进入 BGP 视图。

③ 根据网络类型，选择进入不同地址族视图，配置不同类型网络中的 BGP 设备。

使用 ipv4-family { unicast | multicast }命令，进入 IPv4 地址族视图。

使用 ipv6-family [unicast]命令，进入 IPv6 地址族视图。

④ 使用 network ipv4-address [mask | mask-length] [route-policy route-policy-name]，或 network ipv6-address prefix-length [route-policy route-policy-name]命令，配置 BGP 逐条引入 IPv4 路由表或 IPv6 路由表中的路由。

5. 查看 BGP 的配置结果

（1）使用 display bgp peer [verbose]命令，查看所有 BGP 对等体的信息。

（2）使用 display bgp peer ipv4-address { log-info | verbose }命令，查看指定 BGP 对等体的信息。

（3）使用 display bgp routing-table [ipv4-address [{ mask | mask-length } [longer-prefixes]]]命令，查看 BGP 路由的信息。

（4）使用 display bgp group [group-name]命令，查看对等体组信息。

（5）使用 display bgp multicast peer [[peer-address] verbose]命令，查看指定多协议边界网关协议（Multiprotocol BGP，MBGP）对等体的信息。

（6）使用 display bgp multicast group [group-name]命令，查看 MBGP 对等体组信息。

（7）使用 display bgp multicast network 命令，查看 MBGP 发布的路由信息。

（8）使用 display bgp multicast routing-table [ip-address [mask-length [longer-prefixes] | mask [longer-prefixes]]]命令，查看 MBGP 路由表中指定网络的 MBGP 路由信息。

7.3.2 BGP 基本功能配置实例

如图 7.3 所示，需要在所有路由器之间运行 BGP，路由器 AR1 与路由器 AR3 之间建立 EBGP 连接；路由器 AR1、路由器 AR2 属于 AS 30001，彼此建立 IBGP 全连接；路由器 AR3、路由器 AR4、路由器 AR5 属于 AS 30002，彼此建立 IBGP 全连接。配置相关端口与 IP 地址，进行网络拓扑连接。

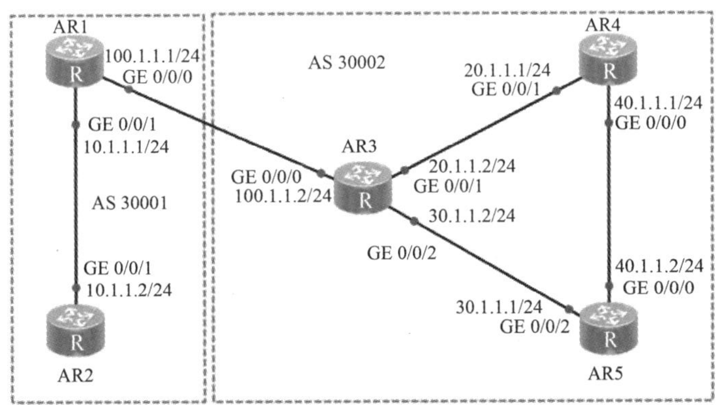

图 7.3 BGP 基本功能配置实例

（1）配置路由器各端口的 IP 地址。

配置路由器 AR1 端口的 IP 地址。

```
<Huawei>system-view
[Huawei]sysname  AR1
[AR1]interface GigabitEthernet 0/0/0
[AR1-GigabitEthernet0/0/0]ip address 100.1.1.1 24
[AR1-GigabitEthernet0/0/0]quit
[AR1]interface GigabitEthernet 0/0/1
[AR1-GigabitEthernet0/0/1]ip address 10.1.1.1 24
[AR1-GigabitEthernet0/0/1]quit
[AR1]
```

配置路由器 AR2 端口的 IP 地址。

```
<Huawei>system-view
[Huawei]sysname  AR2
[AR2]interface GigabitEthernet 0/0/1
[AR2-GigabitEthernet0/0/1]ip address 10.1.1.2 24
[AR2-GigabitEthernet0/0/1]quit
[AR2]
```

配置路由器 AR3 端口的 IP 地址。

```
<Huawei>system-view
[Huawei]sysname   AR3
[AR3]interface GigabitEthernet 0/0/0
[AR3-GigabitEthernet0/0/0]ip address 100.1.1.2 24
[AR3-GigabitEthernet0/0/0]quit
[AR3]interface GigabitEthernet 0/0/1
[AR3-GigabitEthernet0/0/1]ip address 20.1.1.2 24
[AR3-GigabitEthernet0/0/1]quit
[AR3]interface GigabitEthernet 0/0/2
[AR3-GigabitEthernet0/0/2]ip address 30.1.1.2 24
[AR3-GigabitEthernet0/0/2]quit
[AR3]
```

配置路由器 AR4 端口的 IP 地址。

```
<Huawei>system-view
[Huawei]sysname   AR4
[AR4]interface GigabitEthernet 0/0/0
[AR4-GigabitEthernet0/0/0]ip address 40.1.1.1 24
[AR4-GigabitEthernet0/0/0]quit
[AR4]interface GigabitEthernet 0/0/1
[AR4-GigabitEthernet0/0/1]ip address 20.1.1.1 24
[AR4-GigabitEthernet0/0/1]quit
[AR4]
```

配置路由器 AR5 端口的 IP 地址。

```
<Huawei>system-view
[Huawei]sysname   AR5
[AR5]interface GigabitEthernet 0/0/0
[AR5-GigabitEthernet0/0/0]ip address 40.1.1.2 24
[AR5-GigabitEthernet0/0/0]quit
[AR5]interface GigabitEthernet 0/0/2
[AR5-GigabitEthernet0/0/2]ip address 30.1.1.1 24
[AR5-GigabitEthernet0/0/2]quit
[AR5]
```

（2）配置 IBGP 连接。

配置路由器 AR1。

```
[AR1]bgp 30001
[AR1-bgp]peer 10.1.1.2 as-number 30001
[AR1-bgp]quit
[AR1]
```

配置路由器 AR2。

```
[AR2]bgp 30001
[AR2-bgp]peer 10.1.1.1 as-number 30001
[AR2-bgp]quit
[AR2]
```

配置路由器 AR3。

```
[AR3]bgp 30002
[AR3-bgp]peer 20.1.1.1 as-number 30002
[AR3-bgp]peer 30.1.1.1 as-number 30002
```

```
[AR3-bgp]quit
[AR3]
```

配置路由器 AR4。

```
[AR4]bgp 30002
[AR4-bgp]peer 20.1.1.2 as-number 30002
[AR4-bgp]peer 40.1.1.2 as-number 30002
[AR4-bgp]quit
[AR4]
```

配置路由器 AR5。

```
[AR5]bgp 30002
[AR5-bgp]peer 40.1.1.1 as-number 30002
[AR5-bgp]peer 30.1.1.2 as-number 30002
[AR5-bgp]quit
[AR5]
```

（3）配置 EBGP 连接。

配置路由器 AR1。

```
[AR1]bgp 30001
[AR1-bgp]peer 100.1.1.2 as-number 30002
[AR1-bgp]quit
[AR1]
```

配置路由器 AR3。

```
[AR3]bgp 30002
[AR3-bgp]peer 100.1.1.1 as-number 30001
[AR3-bgp]quit
[AR3]
```

（4）查看 BGP 对等体的连接状态，这里以路由器 AR3 为例。

```
<AR3>display bgp peer
 BGP local router ID : 3.3.3.3
 Local AS number : 30002
 Total number of peers : 3              Peers in established state : 3
  Peer        V    AS      MsgRcvd   MsgSent    OutQ    Up/Down   State        PrefRcv
  20.1.1.1    4    30002   16        17         0       00:14:47  Established  0
  30.1.1.1    4    30002   14        16         0       00:12:40  Established  0
  100.1.1.1   4    30001   7         7          0       00:05:19  Established  0
<AR3>
```

（5）配置路由器 AR1，发布路由 10.1.1.0/24。

```
[AR1]bgp 30001
[AR1-bgp]ipv4-family unicast                //配置单播发送方式
[AR1-bgp-af-ipv4]network 10.1.1.0 24        //发布路由信息
[AR1-bgp-af-ipv4]quit
[AR1-bgp]quit
[AR1]
```

（6）查看路由器 AR1 的路由表信息。

```
<AR1>display bgp routing-table
 BGP Local router ID is 100.1.1.1
 Status codes: * - valid, > - best, d - damped,
               h - history,  i - internal, s - suppressed, S - Stale
```

```
                Origin : i - IGP, e - EGP, ? - incomplete
 Total Number of Routes: 1
      Network            NextHop        MED          LocPrf       PrefVal    Path/Ogn
 *>   10.1.1.0/24        0.0.0.0        0                         0          i
<AR1>
```

（7）查看路由器 AR4 的路由表信息。

```
<AR4>display bgp routing-table
 BGP Local router ID is 4.4.4.4
 Status codes: * - valid, > - best, d - damped,
                h - history,  i - internal, s - suppressed, S - Stale
                Origin : i - IGP, e - EGP, ? - incomplete
 Total Number of Routes: 1
      Network          NextHop         MED          LocPrf     PrefVal        Path/Ogn
  i  10.1.1.0/24       100.1.1.1       0            100         0             30001i
<AR4>
```

从以上信息可以看出，路由器 AR4 虽然学习到了 AS 30001 中的 10.1.1.0/24 的路由，但因为下一跳 100.1.1.1 不可达，所以其不是有效路由。

（8）配置路由器 AR3，引入直连路由。

```
[AR3]bgp 30002
[AR3-bgp]ipv4-family unicast              //配置单播发送方式
[AR3-bgp-af-ipv4]import-route direct      //引入直连路由
[AR3-bgp-af-ipv4]quit
[AR3-bgp]quit
[AR3]
```

（9）查看路由器 AR3 的路由表信息。

```
<AR3>display bgp routing-table
 BGP Local router ID is 3.3.3.3
 Status codes: * - valid, > - best, d - damped,
                h - history,  i - internal, s - suppressed, S - Stale
                Origin : i - IGP, e - EGP, ? - incomplete
 Total Number of Routes: 9
      Network            NextHop        MED          LocPrf       PrefVal Path/Ogn
 *>   10.1.1.0/24        100.1.1.1      0                         0       30001i
 *>   20.1.1.0/24        0.0.0.0        0                         0       ?
 *>   20.1.1.2/32        0.0.0.0        0                         0       ?
 *>   30.1.1.0/24        0.0.0.0        0                         0       ?
 *>   30.1.1.2/32        0.0.0.0        0                         0       ?
 *>   100.1.1.0/24       0.0.0.0        0                         0       ?
 *>   100.1.1.2/32       0.0.0.0        0                         0       ?
 *>   127.0.0.0          0.0.0.0        0                         0       ?
 *>   127.0.0.1/32       0.0.0.0        0                         0       ?
<AR3>
```

（10）再次查看路由器 AR4 的路由表信息。

```
<AR4>display bgp routing-table
 BGP Local router ID is 4.4.4.4
 Status codes: * - valid, > - best, d - damped,
                h - history,  i - internal, s - suppressed, S - Stale
                Origin : i - IGP, e - EGP, ? - incomplete
```

```
 Total Number of Routes: 4
        Network           NextHop      MED      LocPrf      PrefVal  Path/Ogn
 *>i  10.1.1.0/24         100.1.1.1    0        100         0        30001i
    i  20.1.1.0/24        20.1.1.2     0        100         0        ?
 *>i   30.1.1.0/24        20.1.1.2     0        100         0        ?
 *>i   100.1.1.0/24       20.1.1.2     0        100         0        ?
<AR4>
```

从以上信息可以看出，到 10.1.1.0/24 的路由变为有效路由，下一跳为路由器 AR1 的 GE 0/0/0 端口的 IP 地址。

（11）验证配置结果，在路由器 AR4 上使用 ping 命令进行测试。

```
<AR4>ping 10.1.1.1
  PING 10.1.1.1: 56   data bytes, press CTRL_C to break
    Reply from 10.1.1.1: bytes=56 Sequence=1 ttl=254 time=20 ms
    Reply from 10.1.1.1: bytes=56 Sequence=2 ttl=254 time=30 ms
    Reply from 10.1.1.1: bytes=56 Sequence=3 ttl=254 time=20 ms
    Reply from 10.1.1.1: bytes=56 Sequence=4 ttl=254 time=30 ms
    Reply from 10.1.1.1: bytes=56 Sequence=5 ttl=254 time=30 ms
  --- 10.1.1.1 ping statistics ---
    5 packet(s) transmitted
    5 packet(s) received
    0.00% packet loss
    round-trip min/avg/max = 20/26/30 ms
<AR4>
```

7.3.3 BGP 与 BFD 联动功能配置实例

如图 7.4 所示，需要在所有路由器之间运行 BGP。路由器 AR1 属于 AS 30001；路由器 AR2、路由器 AR3、路由器 AR4 属于 AS 30002，在它们之间建立 IBGP 全连接；路由器 AR1 与路由器 AR2 之间建立 EBGP 连接，路由器 AR1 与路由器 AR3 之间建立 EBGP 连接。业务流量在主链路（路由器 AR1→路由器 AR3→路由器 AR4）上传送，路由器 AR1→路由器 AR2→路由器 AR3→路由器 AR4 为备份链路，配置相关端口与 IP 地址，进行网络拓扑连接。

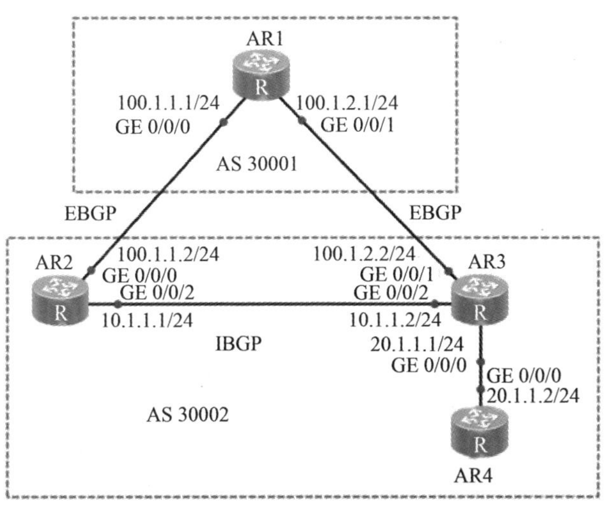

图 7.4　BGP 与 BFD 联动功能配置实例

V7-2　BGP 与 BFD 联动功能配置实例

V7-3　BGP 与 BFD 联动功能配置实例——测试结果

（1）配置路由器各端口的 IP 地址，这里以路由器 AR1 为例。

```
<Huawei>system-view
[Huawei]sysname   AR1
[AR1]interface GigabitEthernet 0/0/0
[AR1-GigabitEthernet0/0/0]ip address 100.1.1.1 24
[AR1-GigabitEthernet0/0/0]quit
[AR1]interface GigabitEthernet 0/0/1
[AR1-GigabitEthernet0/0/1]ip address 100.1.2.1 24
[AR1-GigabitEthernet0/0/1]quit
[AR1]
```

其他路由器各端口的 IP 地址与此配置一致，这里不赘述。

（2）配置 BGP 基本功能，在路由器 AR1 和路由器 AR2、路由器 AR1 和路由器 AR3 之间建立 EBGP 连接，在路由器 AR2 和路由器 AR3 之间建立 IBGP 全连接。

配置路由器 AR1。

```
[AR1]bgp 30001
[AR1-bgp]router id 1.1.1.1
[AR1-bgp]peer 100.1.1.2 as-number 30002
[AR1-bgp]peer 100.1.1.2 ebgp-max-hop
[AR1-bgp]peer 100.1.2.2 as-number 30002
[AR1-bgp]peer 100.1.2.2 ebgp-max-hop
[AR1-bgp]quit
[AR1]
```

配置路由器 AR2。

```
[AR2]bgp 30002
[AR2-bgp]router id 2.2.2.2
[AR2-bgp]peer 100.1.1.1 as-number 30001
[AR2-bgp]peer 100.1.1.1 ebgp-max-hop
[AR2-bgp]peer 10.1.1.2 as-number 30002
[AR2-bgp]import-route direct
[AR2-bgp]quit
[AR2]
```

配置路由器 AR3。

```
[AR3]bgp 30002
[AR3-bgp]router id 3.3.3.3
[AR3-bgp]peer 100.1.2.1 as-number 30001
[AR3-bgp]peer 100.1.2.1 ebgp-max-hop
[AR3-bgp]peer 10.1.1.1 as-number 30002
[AR3-bgp]peer 20.1.1.2 as-number 30002
[AR3-bgp]import-route direct
[AR3-bgp]quit
[AR3]
```

配置路由器 AR4。

```
[AR4]bgp 30002
[AR4-bgp]router id 4.4.4.4
[AR4-bgp]peer 20.1.1.1 as-number 30002
[AR4-bgp]import-route direct
[AR4-bgp]ipv4-family unicast                 //配置单播发送方式
```

```
[AR4-bgp-af-ipv4]network 20.1.1.0 24    //发布路由信息
[AR4-bgp-af-ipv4]quit
[AR4-bgp]quit
[AR4]
```

（3）在路由器 AR1 上查看 BGP 邻居关系。

```
<AR1>display bgp peer
 BGP local router ID : 1.1.1.1
 Local AS number : 30001
 Total number of peers : 2              Peers in established state : 2
  Peer          V    AS      MsgRcvd   MsgSent   OutQ   Up/Down    State        PrefRcv
  100.1.1.2     4    30002   21        24        0      00:13:22   Established  4
  100.1.2.2     4    30002   20        23        0      00:12:27   Established  4
<AR1>
```

（4）通过路由策略配置路由器 AR2 和路由器 AR3 发送给路由器 AR1 的 MED 值。

配置路由器 AR2。

```
[AR2]route-policy 10 permit node 10                   //配置路由策略
[AR2-route-policy]apply cost 150                      //修改路径开销值为 150
[AR2-route-policy]quit
[AR2]bgp 30002
[AR2-bgp]peer 100.1.1.1 route-policy 10 export        //在出口上应用路由策略
[AR2-bgp]quit
[AR2]
```

配置路由器 AR3。

```
[AR3]route-policy 10 permit node 10                   //配置路由策略
[AR3-route-policy]apply cost 120                      //修改路径开销值为 120
[AR3-route-policy]quit
[AR3]bgp 30002
[AR3-bgp]peer 100.1.2.1 route-policy 10 export        //在出口上应用路由策略
[AR3-bgp]quit
[AR3]
```

（5）查看路由器 AR1 的路由表信息。

```
<AR1>display bgp routing-table
 BGP Local router ID is 1.1.1.1
 Status codes: * - valid, > - best, d - damped,
               h - history,  i - internal, s - suppressed, S - Stale
               Origin : i - IGP, e - EGP, ? - incomplete
 Total Number of Routes: 8
      Network            NextHop        MED       LocPrf     PrefVal  Path/Ogn
 *>   10.1.1.0/24        100.1.2.2      120                  0        30002?
 *                       100.1.1.2      150                  0        30002?
 *>   20.1.1.0/24        100.1.2.2      120                  0        30002?
 *                       100.1.1.2      150                  0        30002?
 *>   100.1.1.0/24       100.1.2.2      120                  0        30002?
                         100.1.1.2      150                  0        30002?
 *>   100.1.2.0/24       100.1.1.2      150                  0        30002?
                         100.1.2.2      120                  0        30002?
<AR1>
```

从以上信息可以看出，去往 20.1.1.0/24 的路由下一跳地址为 100.1.2.2，流量在主链路（路由器 AR1→路由器 AR3→路由器 AR4）上传送。

（6）跟踪数据流量走向，这里以路由器 AR1 为例。

```
<AR1>tracert 20.1.1.1
 traceroute to  20.1.1.1(20.1.1.1), max hops: 30 ,packet length: 40,press CTRL_C
 to break
 1 100.1.2.2 30 ms  20 ms  20 ms
<AR1>
```

（7）在路由器 AR1 上启用 BFD 功能，并指定最小发送和接收报文时间间隔为 200ms，本地检测时间倍数为 4。

```
[AR1]bfd
[AR1-bfd]quit
[AR1]bgp 30001
[AR1-bgp]peer 100.1.2.2 bfd enable
[AR1-bgp]peer 100.1.2.2 bfd min-rx-interval 200 min-tx-interval 200 detect-multiplier 4
[AR1-bgp]quit
[AR1]
```

（8）在路由器 AR3 上启用 BFD 功能，并指定最小发送和接收报文时间间隔为 200ms，本地检测时间倍数为 4。

```
[AR3]bfd
[AR3-bfd]quit
[AR3]bgp 30002
[AR3-bgp]peer 100.1.2.1 bfd min-rx-interval 200 min-tx-interval 200 detect-multiplier 4
[AR3-bgp]quit
[AR3]
```

（9）在路由器 AR1 上显示 BGP 建立的所有 BFD 会话。

```
[AR1]display bgp bfd session all
  Local_Address          Peer_Address        LD/RD          Interface
  100.1.2.1              100.1.2.2           8192/8192      GigabitEthernet0/0/1
  Tx-interval(ms)        Rx-interval(ms)     Multiplier     Session-State
  200                    200                 4              Up
  Wtr-interval(m)
  0
[AR1]
```

（10）验证配置结果。在路由器 AR3 的 GE 0/0/1 端口上使用 shutdown 命令，模拟主链路出现故障。

```
[AR3]interface GigabitEthernet 0/0/1
[AR3-GigabitEthernet0/0/1]shutdown
[AR3-GigabitEthernet0/0/1]quit
[AR3]
```

（11）查看路由器 AR1 的路由表信息。

```
[AR1]display bgp routing-table
 BGP Local router ID is 1.1.1.1
 Status codes: * - valid, > - best, d - damped,
               h - history,  i - internal, s - suppressed, S - Stale
               Origin : i - IGP, e - EGP, ? - incomplete
 Total Number of Routes: 3
```

```
        Network          NextHop        MED        LocPrf    PrefVal   Path/Ogn
 *>     10.1.1.0/24      100.1.1.2      150                  0         30002?
 *>     20.1.1.0/24      100.1.1.2      150                  0         30002?
        100.1.1.0/24     100.1.1.2      150                  0         30002?
[AR1]
```

从以上信息可以看出，在主链路失效后，备份链路（路由器 AR1→路由器 AR2→路由器 AR3→路由器 AR4）生效，去往 20.1.1.0/24 的路由下一跳地址为 100.1.1.2。

（12）再次跟踪数据流量走向，这里以路由器 AR1 的显示结果为例。

```
[AR1]tracert 20.1.1.1
 traceroute to  20.1.1.1(20.1.1.1), max hops: 30 ,packet length: 40,press CTRL_C
 to break
 1 100.1.1.2 30 ms  1 ms  10 ms
 2 10.1.1.2 < AS=30002 > 30 ms  30 ms  20 ms
[AR1]
```

（13）显示路由器 AR1 的配置信息，主要配置实例代码如下。

```
<AR1>display current-configuration
#
 sysname  AR1
#
router id 1.1.1.1
#
bfd
#
interface GigabitEthernet0/0/0
 ip address 100.1.1.1 255.255.255.0
#
interface GigabitEthernet0/0/1
 ip address 100.1.2.1 255.255.255.0
#
bgp 30001
 peer 100.1.1.2 as-number 30002
 peer 100.1.1.2 ebgp-max-hop 255
 peer 100.1.2.2 as-number 30002
 peer 100.1.2.2 ebgp-max-hop 255
 peer 100.1.2.2 bfd min-tx-interval 200 min-rx-interval 200 detect-multiplier 4
 peer 100.1.2.2 bfd enable
 #
 ipv4-family unicast
  undo synchronization
  peer 100.1.1.2 enable
  peer 100.1.2.2 enable
#
<AR1>
```

（14）显示路由器 AR3 的配置信息，主要配置实例代码如下。

```
<AR3>display current-configuration
#
 sysname  AR3
#
```

```
router id 3.3.3.3
#
bfd
#
interface GigabitEthernet0/0/0
 ip address 20.1.1.1 255.255.255.0
#
interface GigabitEthernet0/0/1
 shutdown
 ip address 100.1.2.2 255.255.255.0
#
interface GigabitEthernet0/0/2
 ip address 10.1.1.2 255.255.255.0
#
bgp 30002
 peer 10.1.1.1 as-number 30002
 peer 20.1.1.2 as-number 30002
 peer 100.1.2.1 as-number 30001
 peer 100.1.2.1 ebgp-max-hop 255
 peer 100.1.2.1 bfd min-tx-interval 200 min-rx-interval 200 detect-multiplier 4
 peer 100.1.2.1 bfd enable
 #
 ipv4-family unicast
  undo synchronization
  import-route direct
  peer 10.1.1.1 enable
  peer 20.1.1.2 enable
  peer 100.1.2.1 enable
  peer 100.1.2.1 route-policy 10 export
#
route-policy 10 permit node 10
 apply cost 120
#
<AR3>
```

课后习题

1. 选择题

（1）BGP 邻居间未建立连接且未尝试建立连接的状态是（　　）。

A. Established　　B. Idle　　C. Active　　D. Openconfirm

（2）下列关于 BGP 的说法中不正确的是（　　）。

A. BGP 是一种距离矢量协议　　B. BGP 通过 UDP 发布路由信息

C. BGP 支持路由聚合功能　　D. BGP 能够检测路由环路问题

（3）不属于 BGP 公认必须遵循的属性是（　　）。

A. Origin 属性　　B. AS_Path 属性

C. Next_Hop 属性　　D. MED 属性

（4）BGP 的作用是（　　）。

A．用于 AS 之间的路由器间交换路由信息

B．用于 AS 内部的路由器间交换路由信息

C．用于主干网中的路由器之间交换路由信息

D．用于园区网中的路由器之间交换路由信息

（5）BGP 路由的更新发送是基于 TCP 连接的，这种说法（　　）。

A．正确　　　　B．错误

2. 简答题

（1）简述 BGP 的工作原理及其常见属性。

（2）简述 BGP 引入路由的方法。

（3）简述配置 BGP 与动态 BFD 联动的方法。

项目8
路由策略

【学习目标】

- 掌握路由策略的基本原理。
- 掌握路由策略的配置方法。

【素质目标】

- 以小组形式进行路由策略设计、实施与优化的实战，要求学生分工合作，锻炼学生的团队协作与项目管理技能。
- 引导学生在路由策略学习中积极思考，勇于探索创新解决方案，培养学生面对复杂网络环境时的独立分析与解决问题的能力。

8.1 项目描述

小李是公司的网络工程师。公司的业务不断发展，为了保证网络安全性，需要提升网络性能。小李决定配置路由策略（Route-Policy）。Route-Policy 具有路由过滤和路由属性设置等功能，它通过改变路由属性（包括可达性）来改变网络流量所经过的路径。Route-Policy 可以通过控制路由器的路由表规模，节约系统资源；通过控制路由的接收、发布和引入，提高网络安全性；通过修改路由属性，对网络数据流量进行合理规划，提升网络性能。那么小李应如何配置网络设备呢？

8.2 必备知识

8.2.1 Route-Policy 概述

路由协议在发布、接收和引入路由信息时需要根据实际组网需求实施 Route-Policy，以便对路由信息进行过滤和改变路由信息的属性。Route-Policy 的主要作用如下。

（1）控制路由的接收和发布：只发布和接收必要、合法的路由信息，以控制路由表的容量，提高网络的安全性。

（2）控制路由的引入：在引入其他路由协议发现的路由信息以丰富自己的路由信息时，只引入一部分满足条件的路由信息。

（3）设置特定路由的属性：可修改 Route-Policy 需过滤的路由属性来满足自身需要。

8.2.2 Route-Policy 基本原理

Route-Policy 使用不同的匹配条件和匹配模式选择路由，实现路由过滤，其基本原理如图 8.1 所示。

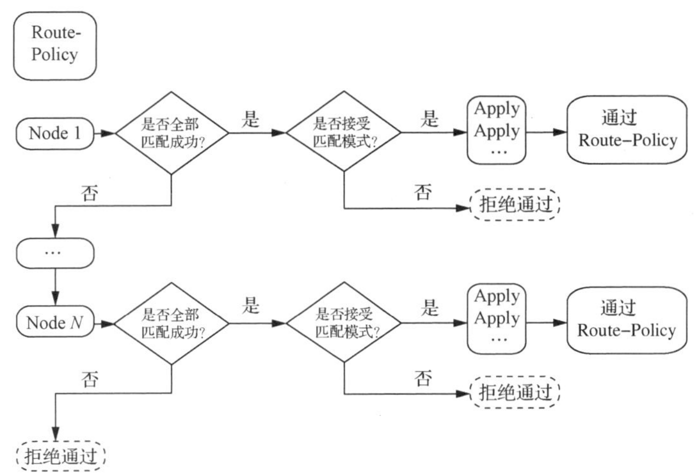

图 8.1　Route-Policy 基本原理

一个 Route-Policy 中包含 N（N≥1）个节点（Node）。路由信息进入 Route-Policy 后，按节点序号从小到大依次检查各个节点是否匹配。匹配条件由 if-match 子句定义，涉及路由信息的属性和 Route-Policy 的 6 种过滤器。

在 Route-Policy 的 if-match 子句中，用于匹配的 6 种过滤器包括访问控制列表过滤器、地址前缀列表过滤器、AS 路径过滤器、团体属性过滤器、扩展团体属性过滤器和路由标识（Route-Distinguisher，RD）属性过滤器。这 6 种过滤器具有各自的匹配条件和匹配模式，因此，这 6 种过滤器在特定情况下可以单独使用。

当路由与该节点的所有 if-match 子句都匹配成功后，会进入匹配模式选择，不再匹配其他节点。匹配模式有 permit 和 deny 两种。

（1）permit：路由将被允许通过，并执行该节点的 Apply 子句指定的动作，对路由信息的一些属性进行设置。

（2）deny：路由将被拒绝通过。当路由与该节点的任意一个 if-match 子句匹配失败后，进入下一节点。如果其和所有节点都匹配失败，则路由信息将被拒绝通过。

8.2.3　配置 Route-Policy

Route-Policy 中可以包含多个匹配条件和动作。Route-Policy 中至少需要配置一个节点的匹配模式是 permit，否则所有路由都会被过滤。

1. 创建 Route-Policy

（1）使用 system-view 命令，进入系统视图。

（2）使用 route-policy route-policy-name { permit | deny } node node 命令，创建 Route-Policy，并进入 Route-Policy 视图。

当使用 Route-Policy 时，node 值小的节点先进行匹配。一个节点匹配成功后，路由将不再匹配其他节点；所有节点都匹配失败后，路由将被过滤。

（3）（可选）使用 description text 命令，配置 Route-Policy 的描述信息。

2.（可选）配置 if-match 子句

if-match 子句用来定义 Route-Policy 的匹配条件，匹配对象是 Route-Policy 过滤器和路由信息的一些属性。

在一个 Route-Policy 节点中，如果不配置 if-match 子句，则路由信息在该节点上直接匹配成功；如果配置了一条或多条 if-match 子句，则各 if-match 子句之间是“与”的关系，即路由信息必须同时满足所有 if-match 子句，该路由匹配才算成功。

注意 **当路由匹配未配置 if-match 子句的过滤器节点时，默认该路由匹配成功。**
对于同一个 Route-Policy 节点，if-match acl 命令和 if-match ip-prefix 命令不能同时配置，后配置的命令会覆盖先配置的命令。

配置 if-match 子句的步骤如下。

（1）使用 system-view 命令，进入系统视图。

（2）使用 route-policy route-policy-name { permit | deny } node node 命令，进入 Route-Policy 视图。

（3）根据实际情况配置 Route-Policy 中的 if-match 子句。

3.（可选）配置 Apply 子句

Apply 子句用来为 Route-Policy 指定动作，用来设置匹配成功的路由的属性。在一个节点中，如果没有配置 Apply 子句，则该节点仅起到过滤路由的作用；如果配置了一条或多条 Apply 子句，则通过节点匹配的路由将执行所有 Apply 子句指定的动作。

（1）使用 system-view 命令，进入系统视图。

（2）使用 route-policy route-policy-name { permit | deny } node node 命令，进入 Route-Policy 视图。

（3）根据实际情况配置 Route-Policy 中的 Apply 子句。

4. 检查 Route-Policy 的配置结果

使用 display route-policy [route-policy-name]命令，查看 Route-Policy 的详细配置信息。

8.3 项目实施

8.3.1 Route-Policy 过滤配置实例

如图 8.2 所示，主干网络中运行 OSPF 协议，路由器 AR1 从 Internet 接收路由信息，并为 OSPF 协议网络提供 Internet 路由。要求 OSPF 协议网络只能访问 172.16.1.0/24、172.16.2.0/24 和 172.16.3.0/24 这 3 个网段的网络，其中，路由器 AR3 连接的网络只能访问 172.16.1.0/24 网段的网络。

V8-1 Route-Policy过滤配置实例

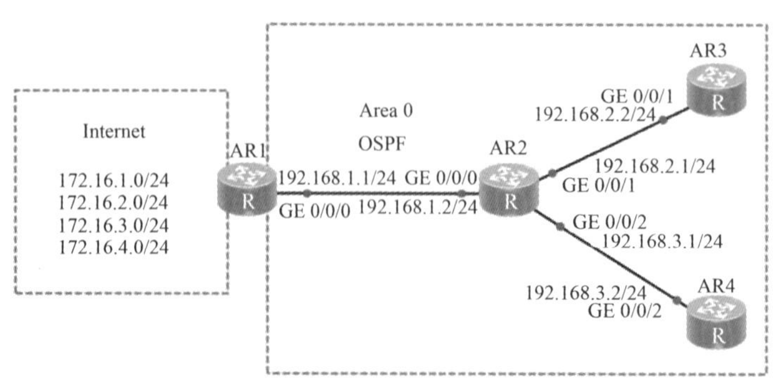

图 8.2 Route-Policy 过滤配置实例

V8-2 Route-Policy过滤配置实例——测试结果

在路由器 AR1 上配置 Route-Policy，在路由发布时应用 Route-Policy，使路由器 AR1 仅提供路由 172.16.1.0/24、172.16.2.0/24、172.16.3.0/24 给路由器 AR2，使 OSPF 协议网络只能访问 172.16.1.0/24、172.16.2.0/24 和 172.16.3.0/24 这 3 个网段的网络。

在路由器 AR3 上配置 Route-Policy，在路由引入时应用 Route-Policy，使路由器 AR3 仅接收路由 172.16.1.0/24，即路由器 AR3 连接的网络只能访问 172.16.1.0/24 网段的网络。配置相关端口与 IP 地址，进行网络拓扑连接。

（1）配置路由器 AR1、路由器 AR2、路由器 AR3、路由器 AR4 各端口的 IP 地址，这里以路由器 AR2 为例，其他路由器各端口的 IP 地址与此配置一致，不赘述。

```
<Huawei>system-view
[Huawei]sysname  AR2
[AR2]interface GigabitEthernet 0/0/0
[AR2-GigabitEthernet0/0/0]ip address 192.168.1.2 24
[AR2-GigabitEthernet0/0/0]quit
[AR2]interface GigabitEthernet 0/0/1
[AR2-GigabitEthernet0/0/1]ip address 192.168.2.1 24
[AR2-GigabitEthernet0/0/1]quit
[AR2]interface GigabitEthernet 0/0/2
[AR2-GigabitEthernet0/0/2]ip address 192.168.3.1 24
[AR2-GigabitEthernet0/0/2]quit
[AR2]
```

（2）配置 OSPF 协议的基本功能。

配置路由器 AR1。

```
[AR1]ospf
[AR1-ospf-1]area 0
[AR1-ospf-1-area-0.0.0.0]network 192.168.1.0 0.0.0.255
[AR1-ospf-1-area-0.0.0.0]quit
[AR1-ospf-1]quit
[AR1]
```

配置路由器 AR2。

```
[AR2]ospf
[AR2-ospf-1-area-0.0.0.0]network 192.168.1.0 0.0.0.255
[AR2-ospf-1-area-0.0.0.0]network 192.168.2.0 0.0.0.255
[AR2-ospf-1-area-0.0.0.0]network 192.168.3.0 0.0.0.255
[AR2-ospf-1-area-0.0.0.0]quit
[AR2-ospf-1]quit
[AR2]
```

配置路由器 AR3。

```
[AR3]ospf
[AR3-ospf-1]area 0
[AR3-ospf-1-area-0.0.0.0]network 192.168.2.0 0.0.0.255
[AR3-ospf-1-area-0.0.0.0]quit
[AR3-ospf-1]quit
[AR3]
```

配置路由器 AR4。

```
[AR4]ospf
[AR4-ospf-1]area 0
[AR4-ospf-1-area-0.0.0.0]network 192.168.3.0 0.0.0.255
[AR4-ospf-1-area-0.0.0.0]quit
```

```
[AR4-ospf-1]quit
[AR4]
```

（3）在路由器 AR1 上配置 4 条静态路由，并将这些静态路由引入 OSPF 协议中。

```
[AR1]ip route-static 172.16.1.0 24 NULL 0
[AR1]ip route-static 172.16.2.0 24 NULL 0
[AR1]ip route-static 172.16.3.0 24 NULL 0
[AR1]ip route-static 172.16.4.0 24 NULL 0
[AR1]ospf
[AR1-ospf-1]import-route static
[AR1-ospf-1]quit
[AR1]
```

（4）在路由器 AR2 上查看 IP 路由表信息，可以看到 OSPF 协议引入的 4 条静态路由。

```
<AR2>display ip routing-table
Route Flags: R - relay, D - download to fib
------------------------------------------------------------------------------
Routing Tables: Public
         Destinations : 17        Routes : 17
  Destination/Mask  Proto   Pre  Cost      Flags  NextHop        Interface
        127.0.0.0/8  Direct  0    0         D      127.0.0.1      InLoopBack0
       127.0.0.1/32  Direct  0    0         D      127.0.0.1      InLoopBack0
 127.255.255.255/32  Direct  0    0         D      127.0.0.1      InLoopBack0
      172.16.1.0/24  O_ASE   150  1         D      192.168.1.1    GigabitEthernet 0/0/0
      172.16.2.0/24  O_ASE   150  1         D      192.168.1.1    GigabitEthernet 0/0/0
      172.16.3.0/24  O_ASE   150  1         D      192.168.1.1    GigabitEthernet 0/0/0
      172.16.4.0/24  O_ASE   150  1         D      192.168.1.1    GigabitEthernet 0/0/0
     192.168.1.0/24  Direct  0    0         D      192.168.1.2    GigabitEthernet 0/0/0
     192.168.1.2/32  Direct  0    0         D      127.0.0.1      GigabitEthernet 0/0/0
   192.168.1.255/32  Direct  0    0         D      127.0.0.1      GigabitEthernet 0/0/0
     192.168.2.0/24  Direct  0    0         D      192.168.2.1    GigabitEthernet 0/0/1
     192.168.2.1/32  Direct  0    0         D      127.0.0.1      GigabitEthernet 0/0/1
   192.168.2.255/32  Direct  0    0         D      127.0.0.1      GigabitEthernet 0/0/1
     192.168.3.0/24  Direct  0    0         D      192.168.3.1    GigabitEthernet 0/0/2
     192.168.3.1/32  Direct  0    0         D      127.0.0.1      GigabitEthernet 0/0/2
   192.168.3.255/32  Direct  0    0         D      127.0.0.1      GigabitEthernet 0/0/2
 255.255.255.255/32  Direct  0    0         D      127.0.0.1      InLoopBack0
<AR2>
```

（5）在路由器 AR1 上配置地址前缀列表 AR1-AR2。

```
[AR1]ip ip-prefix AR1-AR2 index 10 permit 172.16.1.0 24
[AR1]ip ip-prefix AR1-AR2 index 20 permit 172.16.2.0 24
[AR1]ip ip-prefix AR1-AR2 index 30 permit 172.16.3.0 24
[AR1]
```

（6）在路由器 AR1 上配置并发布策略，引用地址前缀列表 AR1-AR2 进行过滤。

```
[AR1]ospf
[AR1-ospf-1]filter-policy ip-prefix AR1-AR2 export static
[AR1-ospf-1]quit
[AR1]
```

（7）在路由器 AR2 上查看 IP 路由表信息，可以看到路由器 AR2 仅接收了列表 AR1-AR2 中定义的 3 条路由。

```
<AR2>display ip routing-table
Route Flags: R - relay, D - download to fib
------------------------------------------------------------------------------
Routing Tables: Public
         Destinations : 16        Routes : 16
  Destination/Mask    Proto   Pre  Cost   Flags   NextHop         Interface
        127.0.0.0/8   Direct  0    0      D       127.0.0.1       InLoopBack0
       127.0.0.1/32   Direct  0    0      D       127.0.0.1       InLoopBack0
 127.255.255.255/32   Direct  0    0      D       127.0.0.1       InLoopBack0
      172.16.1.0/24   O_ASE   150  1      D       192.168.1.1     GigabitEthernet 0/0/0
      172.16.2.0/24   O_ASE   150  1      D       192.168.1.1     GigabitEthernet 0/0/0
      172.16.3.0/24   O_ASE   150  1      D       192.168.1.1     GigabitEthernet 0/0/0
     192.168.1.0/24   Direct  0    0      D       192.168.1.2     GigabitEthernet 0/0/0
     192.168.1.2/32   Direct  0    0      D       127.0.0.1       GigabitEthernet 0/0/0
   192.168.1.255/32   Direct  0    0      D       127.0.0.1       GigabitEthernet 0/0/0
     192.168.2.0/24   Direct  0    0      D       192.168.2.1     GigabitEthernet 0/0/1
     192.168.2.1/32   Direct  0    0      D       127.0.0.1       GigabitEthernet 0/0/1
   192.168.2.255/32   Direct  0    0      D       127.0.0.1       GigabitEthernet 0/0/1
     192.168.3.0/24   Direct  0    0      D       192.168.3.1     GigabitEthernet 0/0/2
     192.168.3.1/32   Direct  0    0      D       127.0.0.1       GigabitEthernet 0/0/2
   192.168.3.255/32   Direct  0    0      D       127.0.0.1       GigabitEthernet 0/0/2
 255.255.255.255/32   Direct  0    0      D       127.0.0.1       InLoopBack0
<AR2>
```

（8）配置路由接收策略，在路由器 AR3 上配置地址前缀列表 AR3-in。

```
[AR3]ip ip-prefix AR3-in index 10 permit 172.16.1.0 24
```

（9）在路由器 AR3 上配置接收策略，引用地址前缀列表 AR3-in 进行过滤。

```
[AR3]ospf
[AR3-ospf-1]filter-policy ip-prefix AR3-in import
[AR3-ospf-1]quit
[AR3]
```

（10）查看路由器 AR3 的 IP 路由表信息，可以看到路由器 AR3 的路由表中仅接收了列表 AR3-in 中定义的 1 条路由。

```
<AR3>display ip routing-table
Route Flags: R - relay, D - download to fib
------------------------------------------------------------------------------
Routing Tables: Public
         Destinations : 8        Routes : 8
  Destination/Mask    Proto   Pre  Cost   Flags   NextHop         Interface
        127.0.0.0/8   Direct  0    0      D       127.0.0.1       InLoopBack0
       127.0.0.1/32   Direct  0    0      D       127.0.0.1       InLoopBack0
 127.255.255.255/32   Direct  0    0      D       127.0.0.1       InLoopBack0
      172.16.1.0/24   O_ASE   150  1      D       192.168.2.1     GigabitEthernet 0/0/1
     192.168.2.0/24   Direct  0    0      D       192.168.2.2     GigabitEthernet 0/0/1
     192.168.2.2/32   Direct  0    0      D       127.0.0.1       GigabitEthernet 0/0/1
   192.168.2.255/32   Direct  0    0      D       127.0.0.1       GigabitEthernet 0/0/1
 255.255.255.255/32   Direct  0    0      D       127.0.0.1       InLoopBack0
<AR3>
```

（11）查看路由器 AR4 的 IP 路由表信息，可以看到路由器 AR4 接收了路由器 AR2 发送的所有路由信息。

```
<AR4>display ip routing-table
Route Flags: R - relay, D - download to fib
------------------------------------------------------------------------------
Routing Tables: Public
         Destinations : 12        Routes : 12
   Destination/Mask    Proto   Pre   Cost    Flags   NextHop       Interface
        127.0.0.0/8    Direct  0     0       D       127.0.0.1     InLoopBack0
        127.0.0.1/32   Direct  0     0       D       127.0.0.1     InLoopBack0
127.255.255.255/32     Direct  0     0       D       127.0.0.1     InLoopBack0
      172.16.1.0/24    O_ASE   150   1       D       192.168.3.1   GigabitEthernet 0/0/2
      172.16.2.0/24    O_ASE   150   1       D       192.168.3.1   GigabitEthernet 0/0/2
      172.16.3.0/24    O_ASE   150   1       D       192.168.3.1   GigabitEthernet 0/0/2
     192.168.1.0/24    OSPF    10    2       D       192.168.3.1   GigabitEthernet 0/0/2
     192.168.2.0/24    OSPF    10    2       D       192.168.3.1   GigabitEthernet 0/0/2
     192.168.3.0/24    Direct  0     0       D       192.168.3.2   GigabitEthernet 0/0/2
     192.168.3.2/32    Direct  0     0       D       127.0.0.1     GigabitEthernet 0/0/2
   192.168.3.255/32    Direct  0     0       D       127.0.0.1     GigabitEthernet 0/0/2
255.255.255.255/32     Direct  0     0       D       127.0.0.1     InLoopBack0
<AR4>
```

（12）查看路由器 AR3 的 OSPF 协议路由表，可以看到 OSPF 协议路由表中存在 3 条列表 AR1-AR2 中定义的路由。

```
<AR3>display ospf routing
     OSPF Process 1 with Router ID 192.168.2.2
           Routing Tables
 Routing for Network
 Destination       Cost     Type         NextHop        AdvRouter      Area
 192.168.2.0/24    1        Transit      192.168.2.2    192.168.2.2    0.0.0.0
 192.168.1.0/24    2        Transit      192.168.2.1    192.168.1.1    0.0.0.0
 192.168.3.0/24    2        Transit      192.168.2.1    192.168.1.2    0.0.0.0

 Routing for ASEs
 Destination       Cost     Type         Tag            NextHop        AdvRouter
 172.16.1.0/24     1        Type2        1              192.168.2.1    192.168.1.1
 172.16.2.0/24     1        Type2        1              192.168.2.1    192.168.1.1
 172.16.3.0/24     1        Type2        1              192.168.2.1    192.168.1.1
 Total Nets: 6
 Intra Area: 3   Inter Area: 0   ASE: 3   NSSA: 0
<AR3>
```

（13）查看路由器 AR1 的配置信息。

```
<AR1>display current-configuration
#
 sysname   AR1
#
interface GigabitEthernet0/0/0
 ip address 192.168.1.1 255.255.255.0
#
ospf 1
```

```
 filter-policy ip-prefix AR1-AR2 export static
 import-route static
 area 0.0.0.0
  network 192.168.1.0 0.0.0.255
#
ip ip-prefix AR1-AR2 index 10 permit 172.16.1.0 24
ip ip-prefix AR1-AR2 index 20 permit 172.16.2.0 24
ip ip-prefix AR1-AR2 index 30 permit 172.16.3.0 24
#
ip route-static 172.16.1.0 255.255.255.0 NULL0
ip route-static 172.16.2.0 255.255.255.0 NULL0
ip route-static 172.16.3.0 255.255.255.0 NULL0
ip route-static 172.16.4.0 255.255.255.0 NULL0
#
<AR1>
```

8.3.2 路由引入时应用 Route-Policy 配置实例

如图 8.3 所示，路由器 AR1 与路由器 AR2 之间通过 OSPF 协议交换路由信息，路由器 AR3、路由器 AR4 与路由器 AR5 之间通过 IS-IS 协议交换路由信息。要求在路由器 AR1 上将 IS-IS 协议网络中的路由引入 OSPF 协议网络中，并在路由器 AR1 上配置 Route-Policy，将路由 172.16.1.0/24 的开销设置为 100。在 OSPF 协议网络中引入 IS-IS 协议路由时应用 Route-Policy，使 OSPF 协议网络中路由 172.16.1.0/24 的选路优先级较低；在路由器 AR1 上配置 Route-Policy，将 172.16.2.0/24 的路由的 Tag 属性设置为 30，并在 OSPF 协议网络中引入 IS-IS 协议路由时应用 Route-Policy，使路由 172.16.2.0/24 的优先级较高。配置相关端口与 IP 地址，进行网络拓扑连接。

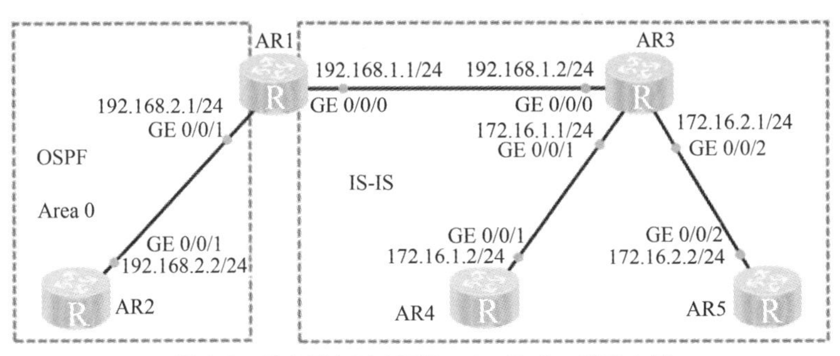

图 8.3 路由引入时应用 Route-Policy 配置实例

V8-3 路由引入时应用 Route-Policy 配置实例

（1）配置路由器各端口的 IP 地址，这里以路由器 AR1 为例，其他路由器各端口的 IP 地址与此配置一致，不再赘述。

```
<Huawei>system-view
[Huawei]sysname   AR1
[AR1]interface GigabitEthernet 0/0/0
[AR1-GigabitEthernet0/0/0]ip address 192.168.1.1 24
[AR1-GigabitEthernet0/0/0]quit
[AR1]interface GigabitEthernet 0/0/1
[AR1-GigabitEthernet0/0/1]ip address 192.168.2.1 24
[AR1-GigabitEthernet0/0/1]quit
[AR1]
```

V8-4 路由引入时应用 Route-Policy 配置实例——测试结果

（2）配置 OSPF 协议及引入路由。

配置路由器 AR1，启用 OSPF 协议，并引入 IS-IS 协议路由。

```
[AR1]router id 1.1.1.1
[AR1]ospf
[AR1-ospf-1]area 0
[AR1-ospf-1-area-0.0.0.0]network 192.168.2.0 0.0.0.255
[AR1-ospf-1-area-0.0.0.0]quit
[AR1-ospf-1]import-route isis 1
[AR1-ospf-1]quit
[AR1]
```

配置路由器 AR2，启用 OSPF 协议。

```
[AR2]router id 2.2.2.2
[AR2]ospf
[AR2-ospf-1]area 0
[AR2-ospf-1-area-0.0.0.0]network 192.168.2.0 0.0.0.255
[AR2-ospf-1-area-0.0.0.0]quit
[AR2-ospf-1]quit
[AR2]
```

（3）配置 IS-IS 协议。

配置路由器 AR1。

```
[AR1]isis
[AR1-isis-1]is-level level-2
[AR1-isis-1]network-entity 10.0000.0000.0001.00
[AR1-isis-1]quit
[AR1]interface GigabitEthernet 0/0/0
[AR1-GigabitEthernet0/0/0]isis enable
[AR1-GigabitEthernet0/0/0]ip address 192.168.1.1 24
[AR1-GigabitEthernet0/0/0]quit
[AR1]
```

配置路由器 AR3。

```
[AR3]router id 3.3.3.3
[AR3]isis
[AR3-isis-1]is-level level-2
[AR3-isis-1]network-entity 10.0000.0000.0003.00
[AR3-isis-1]quit
[AR3]interface GigabitEthernet 0/0/0
[AR3-GigabitEthernet0/0/0]isis enable
[AR3-GigabitEthernet0/0/0]ip address 192.168.1.2 24
[AR3-GigabitEthernet0/0/0]quit
[AR3]interface GigabitEthernet 0/0/1
[AR3-GigabitEthernet0/0/1]isis enable
[AR3-GigabitEthernet0/0/1]ip address 172.16.1.1 24
[AR3-GigabitEthernet0/0/1]quit
[AR3]interface GigabitEthernet 0/0/2
[AR3-GigabitEthernet0/0/2]isis enable
[AR3-GigabitEthernet0/0/2]ip address 172.16.2.1 24
[AR3-GigabitEthernet0/0/2]quit
[AR3]
```

配置路由器 AR4。

```
[AR4]router id 4.4.4.4
[AR4]isis
[AR4-isis-1]network-entity 10.0000.0000.0004.00
[AR4-isis-1]is-level level-2
[AR4-isis-1]quit
[AR4]interface GigabitEthernet 0/0/1
[AR4-GigabitEthernet0/0/1]isis enable
[AR4-GigabitEthernet0/0/1]ip address 172.16.1.2 24
[AR4-GigabitEthernet0/0/1]quit
[AR4]
```

配置路由器 AR5。

```
[AR5]router id 5.5.5.5
[AR5]isis
[AR5-isis-1]network-entity 10.0000.0000.0005.00
[AR5-isis-1]is-level level-2
[AR5-isis-1]quit
[AR5]interface GigabitEthernet 0/0/2
[AR5-GigabitEthernet0/0/2]isis enable
[AR5-GigabitEthernet0/0/2]ip address 172.16.2.2 24
[AR5-GigabitEthernet0/0/2]quit
[AR5]
```

（4）查看路由器 AR2 的 OSPF 协议路由表，可以看到引入的路由。

```
<AR2>display ospf routing
      OSPF Process 1 with Router ID 192.168.2.2
            Routing Tables
 Routing for Network
 Destination      Cost    Type      NextHop        AdvRouter      Area
 192.168.2.0/24   1       Transit   192.168.2.2    192.168.2.2    0.0.0.0
 Routing for ASEs
 Destination      Cost    Type      Tag            NextHop        AdvRouter
 172.16.1.0/24    1       Type2     1              192.168.2.1    192.168.1.1
 172.16.2.0/24    1       Type2     1              192.168.2.1    192.168.1.1
 192.168.1.0/24   1       Type2     1              192.168.2.1    192.168.1.1
 Total Nets: 4
 Intra Area: 1   Inter Area: 0   ASE: 3   NSSA: 0
<AR2>
```

（5）配置编号为 2000 的 ACL，允许 172.16.2.0/24 网段的数据通过。

```
[AR1]acl number 2000
[AR1-acl-basic-2000]rule permit source 172.16.2.0 0.0.0.255
[AR1-acl-basic-2000]quit
```

（6）配置名为 prefix-net 的地址前缀列表，允许 172.16.1.0/24 网段的数据通过。

```
[AR1]ip ip-prefix prefix-net index 10 permit 172.16.1.0 24
[AR1]
```

（7）配置 Route-Policy。

```
[AR1]route-policy isis-ospf-policy permit node 10
[AR1-route-policy]if-match ip-prefix prefix-net
[AR1-route-policy]apply cost 100
```

```
[AR1-route-policy]quit
[AR1]route-policy isis-ospf-policy permit node 20
[AR1-route-policy]if-match acl 2000
[AR1-route-policy]apply tag 30
[AR1-route-policy]quit
[AR1]route-policy isis-ospf-policy permit node 30
[AR1-route-policy]quit
[AR1]
```

（8）在路由引入时应用 Route-Policy，配置路由器 AR1。

```
[AR1]ospf
[AR1-ospf-1]import-route isis 1 route-policy isis-ospf-policy
[AR1-ospf-1]quit
[AR1]
```

（9）查看路由器 AR2 的 OSPF 协议路由表，可以看到目的地址为 172.16.1.0/24 的路由的开销为 100，目的地址为 172.16.2.0/24 的路由的 Tag 为 30，而其他路由的属性未发生变化。

```
<AR2>display ospf routing
    OSPF Process 1 with Router ID 192.168.2.2
          Routing Tables
 Routing for Network
 Destination        Cost     Type      NextHop         AdvRouter        Area
 192.168.2.0/24     1        Transit   192.168.2.2     192.168.2.2      0.0.0.0
 Routing for ASEs
 Destination        Cost     Type      Tag             NextHop          AdvRouter
 172.16.1.0/24      100      Type2     1               192.168.2.1      192.168.1.1
 172.16.2.0/24      1        Type2     30              192.168.2.1      192.168.1.1
 192.168.1.0/24     1        Type2     1               192.168.2.1      192.168.1.1
 Total Nets: 4
 Intra Area: 1   Inter Area: 0   ASE: 3   NSSA: 0
<AR2>
```

（10）在路由器 AR1 上进行配置，使 IS-IS 协议引入 OSPF 协议路由。

```
[AR1]isis
[AR1-isis-1]import-route ospf
[AR1-isis-1]quit
```

（11）验证配置结果，使用 ping 命令进行测试，在路由器 AR2 上访问路由器 AR5 的 GE 0/0/2 端口的 IP 地址。

```
<AR2>ping 172.16.2.2
  PING 172.16.2.2: 56   data bytes, press CTRL_C to break
    Reply from 172.16.2.2: bytes=56 Sequence=1 ttl=253 time=40 ms
    Reply from 172.16.2.2: bytes=56 Sequence=2 ttl=253 time=50 ms
    Reply from 172.16.2.2: bytes=56 Sequence=3 ttl=253 time=30 ms
    Reply from 172.16.2.2: bytes=56 Sequence=4 ttl=253 time=30 ms
    Reply from 172.16.2.2: bytes=56 Sequence=5 ttl=253 time=30 ms
  --- 172.16.2.2 ping statistics ---
    5 packet(s) transmitted
    5 packet(s) received
  <AR2>
```

（12）查看路由器 AR1 的配置信息。

```
<AR1>display current-configuration
```

```
#
 sysname   AR1
#
router id 1.1.1.1
#
acl number 2000
 rule 10 permit source 172.16.2.0 0.0.0.255
#
isis 1
 is-level level-2
 network-entity 10.0000.0000.0001.00
 import-route ospf 1
#
interface GigabitEthernet0/0/0
 ip address 192.168.1.1 255.255.255.0
 isis enable 1
#
interface GigabitEthernet0/0/1
 ip address 192.168.2.1 255.255.255.0
#
ospf 1
 import-route isis 1 route-policy isis-ospf-policy
 area 0.0.0.0
  network 192.168.2.0 0.0.0.255
#
route-policy isis-ospf-policy permit node 10
 if-match ip-prefix prefix-net
 apply cost 100
#
route-policy isis-ospf-policy permit node 20
 if-match acl 2000
 apply tag 30
#
route-policy isis-ospf-policy permit node 30
#
ip ip-prefix prefix-net index 10 permit 172.16.1.0 24
#
<AR1>
```

课后习题

1. 选择题

（1）下列选项中，（　　）路由前缀无法满足以下 IP-Prefix 条件。

```
ip ip-prefix   prefix-test index 10 permit 10.1.1.0 16 greater-equal 24 less-equal 28
```

A. 10.1.1.0/23　　B. 10.1.1.0/24　　C. 10.1.1.0/25　　D. 10.1.1.0/26

（2）用于过滤路由信息以及为通过过滤的路由信息设置路由属性的是（　　）。

A. AS-Path-Filter　　B. IP-Prefix

C. Route-Policy　　D. Policy-Based-Route

（3）下列关于路由过滤规则的说法中错误的是（　　）。

A．可以使用 filter-policy 命令进行过滤，也可以使用 ip-prefix 命令进行过滤

B．路由过滤可以过滤从其他路由协议引入的路由信息，但只能在出方向进行过滤

C．路由过滤可以在入方向过滤路由，对于链路状态路由协议，仅仅是不把路由信息加入路由表中

D．路由过滤可以在出方向过滤路由，且路由信息和链路状态信息均可被过滤

（4）若定义 route-policy set-cost 如下，则下列描述正确的是（　　）。

```
ip ip-prefix prefix-net permit 10.1.1.0 16
route-policy set-cost permit node 10
if-match ip-prefix prefix-net
apply cost 100
route-policy set-cost permit node 20
apply cost 200
```

A．路由 10.1.1.0 /16 能够通过 node 10，其开销值被设置为 100

B．路由 10.1.1.0 /16 通过 node 10 后继续匹配 node 20，最终开销值被设置为 200

C．所有路由的开销值都会被设置为 200

D．所有不通过 node 10 的路由都会被拒绝

2．简答题

（1）简述 Route-Policy 的基本原理。

（2）简述配置 Route-Policy 的方法。

项目9
策略路由

【学习目标】

- 掌握策略路由的基本原理。
- 掌握策略路由的配置方法。

【素质目标】

- 鼓励学生提出改进现有策略路由的建议，或设计适用于特定场景的新策略。
- 提升学生的团队协作精神，使学生学会有效沟通、协调资源，具备项目规划、执行与评估能力。

9.1 项目描述

小李是公司的网络工程师。公司的业务不断发展，对网络的配置提出了新的需求。小李决定配置策略路由（Policy-Based Routing，PBR）。PBR 是一种依据用户制定的策略进行路由选择的机制，分为本地 PBR、端口 PBR 和智能 PBR（Smart Policy Routing，SPR）。传统的路由转发原理是先根据报文的目的地址查找路由表，再进行报文转发，但是目前越来越多的用户都希望能够在传统路由转发的基础上，根据自己定义的策略进行报文转发和选路。PBR 使网络管理员不仅能够根据报文的目的地址来制定 PBR，还能够根据报文的源地址、报文大小和链路质量等属性来制定 PBR，从而改变数据包转发路径，满足用户需求。那么小李应如何配置网络设备呢？

9.2 必备知识

9.2.1 PBR 概述

PBR 与 Route-Policy 存在以下不同。

（1）PBR 的操作对象是数据包，在路由表已经产生的情况下，不按照路由表转发数据包，而是根据需要，依照某种策略改变数据包转发路径。Route-Policy 的操作对象是路由信息。Route-Policy 主要实现了路由过滤和路由属性设置等功能，它通过改变路由属性（包括可达性）来改变数据流量所经过的路径。

（2）PBR 的查找优先级比 Route-Policy 高。当路由器接收到数据包并进行转发时，会优先根据 PBR 的规则进行匹配。如果能匹配上，则根据 PBR 进行转发，否则按照路由表中的路由条目来进行转发。PBR 不改变路由表中的任何内容，它可以通过预先设置的规则来影响数据报文的转发。

1. 本地 PBR

本地 PBR 仅对本机下发的报文进行处理，对转发的报文不起作用。一条本地 PBR 可以配置多个节点，且这些节点具有不同的优先级，本机下发报文优先匹配优先级高的节点。本机下发报文时，根据本地 PBR 节点的优先级，依次匹配各节点。本地 PBR 支持基于 ACL 或报文长度的匹配规则。

如果没有找到匹配的本地 PBR 节点，则按照发送 IP 报文的一般流程，根据目的地址查找路由。

2. 端口 PBR

端口 PBR 只对转发的报文起作用，对本地下发的报文（如本地的 ping 报文）不起作用。端口 PBR 通过在数据流行为中配置重定向，只对端口入方向的报文生效。默认情况下，设备按照路由表的下一跳进行报文转发，如果配置了端口 PBR，则设备按照端口 PBR 指定的下一跳进行转发。

在按照端口 PBR 指定的下一跳进行报文转发时，如果设备上没有其下一跳地址对应的 ARP 表项，则设备会触发 ARP 学习，如果一直学习不到下一跳地址对应的 ARP 表项，则报文按照路由表指定的下一跳地址进行转发；如果设备上有或者学习到了此 ARP 表项，则按照端口 PBR 指定的下一跳地址进行报文转发。

3. SPR

SPR 基于业务需求的 PBR，通过匹配网络业务对链路质量的需求实现智能选路。

随着网络业务需求的多样化以及业务数据的集中放置，链路质量对网络业务来说越来越重要。越来越多的用户把关注点从网络的联通性转移到业务的可用性上，如业务的可获得性、响应速度和质量等。这些复杂的业务需求对传统的基于逐跳的路由协议提出了挑战。它们无法感知链路的质量和业务的需求，所以无法保障用户的业务体验，虽然路由可达，但链路质量可能已经很差甚至无法正常转发报文了。SPR 就是在这一背景下产生的一种 PBR，它可以主动探测链路质量并匹配业务的需求，从而选择一条最优链路转发业务数据，有效地避免网络黑洞、网络振荡等问题。

9.2.2 配置本地 PBR

1. 配置本地 PBR 的匹配规则

通过以下配置可以定义对何种报文进行本地 PBR。在设置 IP 报文的 ACL 匹配条件前可以先配置 ACL。

（1）使用 system-view 命令，进入系统视图。

（2）使用 policy-based-route policy-name { deny | permit } node node-id 命令，创建 PBR 和节点，若节点已创建，则进入本地 PBR 视图。

默认情况下，本地 PBR 中未创建 PBR 或节点。

> **注意** permit 表示对满足匹配条件的报文进行 PBR，deny 表示不对满足匹配条件的报文进行 PBR。重复使用该命令可以在一条本地 PBR 下创建多个节点，节点由顺序号 node-id 来指定，顺序号的值越小表示优先级越高，相应策略会优先执行。

（3）使用如下命令（可以只使用一条命令，也可以两条命令都使用）设置 IP 报文匹配条件。

① 使用 if-match acl acl-number 命令，设置 IP 报文的 ACL 匹配条件。默认情况下，本地 PBR 中未配置 IP 地址的 ACL 匹配条件。

② 使用 if-match packet-length min-length max-length 命令，设置 IP 报文的长度匹配条件。默认情况下，本地 PBR 中未配置 IP 报文长度匹配条件。

2. 配置本地 PBR 的动作

（1）使用 system-view 命令，进入系统视图。

（2）使用 policy-based-route policy-name { deny | permit } node node-id 命令，创建策略和节点。若节点已创建，则进入本地 PBR 视图。

默认情况下，本地 PBR 中未创建 PBR 或节点。

（3）使用如下命令配置 PBR 的动作。一个节点中至少包含一条 Apply 子句，也可以将多条 Apply

子句组合使用。

① 使用 apply output-interface interface-type interface-number 命令，指定本地 PBR 中报文的出端口。

② 使用 apply ip-address next-hop ip-address1 [ip-address2]命令，设置本地 PBR 中报文的下一跳地址。

③ 使用 apply ip-address next-hop { ip-address1 track ip-route ip-address2 { mask |mask-length } } <1-2>命令，配置本地 PBR 的下一跳联动路由功能。

④ 使用 apply ip-address backup-nexthop ip-address 命令，配置本地 PBR 中报文转发的备份下一跳地址。

⑤ 使用 apply default output-interface interface-type interface-number 命令，配置本地 PBR 中报文的默认出端口。

在创建策略和节点、配置本地 PBR 的动作时要注意以下几种情况。

① 如果策略中设置了两个下一跳地址，那么报文转发在两个下一跳地址之间负载均衡。

② 如果策略中设置了两个出端口，那么报文转发在两个出端口之间负载均衡。

③ 如果策略中同时设置了两个下一跳地址和两个出端口，那么报文转发仅在两个出端口之间负载均衡。

3. 应用本地 PBR

通过以下配置启用一条本地 PBR。

（1）使用 system-view 命令，进入系统视图。

（2）使用 ip local policy-based-route policy-name 命令，启用本地 PBR。默认情况下，本地 PBR 处于未启用状态。

4. 查看本地 PBR 的配置结果

（1）使用 display ip policy-based-route 命令，查看本地已启用的 PBR 的策略。

（2）使用 display ip policy-based-route setup local [verbose]命令，查看本地 PBR 的配置情况。

（3）使用 display ip policy-based-route statistic local 命令，查看本地 PBR 报文的统计信息。

（4）使用 display policy-based-route [policy-name [verbose]]命令，查看已创建的策略内容。

9.2.3 配置端口 PBR

配置端口 PBR 可以将到达端口的三层报文重定向到指定的下一跳地址。

通过配置重定向，设备可将符合流分类规则的报文重定向到指定的下一跳地址或指定端口上。当重定向不生效时，用户可以选择将报文按原路径转发或丢弃。包含重定向动作的流策略只能在端口的入方向上应用。

1. 配置流分类

（1）使用 system-view 命令，进入系统视图。

（2）使用 traffic classifier classifier-name [operator { and | or }]命令，创建一个流分类，进入流分类视图。

（3）根据实际情况配置流分类中的匹配规则。

（4）使用 quit 命令，退出流分类视图。

2. 配置流行为

（1）使用 traffic behavior behavior-name 命令，创建一个流行为并进入流行为视图，或进入已存在的流行为视图。

（2）根据实际需要进行如下配置。

① （可选）使用 statistic enable 命令，启用流量统计功能。

② 使用 quit 命令，退出流行为视图。

（3）使用 quit 命令，退出系统视图。

3. 配置流策略

（1）使用 system-view 命令，进入系统视图。

（2）使用 traffic policy policy-name 命令，创建一个流策略并进入流策略视图，或进入已存在的流策略视图。默认情况下，系统未创建任何流策略。

（3）使用 classifier classifier-name behavior behavior-name [precedence precedence-value] 命令，在流策略中为指定的流分类配置所需流行为，即绑定流分类和流行为。默认情况下，流策略中没有绑定流分类和流行为。

（4）使用 quit 命令，退出流策略视图。

（5）使用 quit 命令，退出系统视图。

4. 应用流策略

（1）使用 system-view 命令，进入系统视图。

（2）使用 interface interface-type interface-number [subinterface-number]命令，进入端口视图或子端口视图。

（3）使用 traffic-policy policy-name inbound 命令，在端口或子端口的入方向应用流策略。目前，端口 PBR 仅支持在端口的入方向上应用。

5. 查看配置结果

（1）使用 display traffic classifier { system-defined | user-defined } [classifier-name]命令，查看已配置的流分类信息。

（2）使用 display traffic behavior { system-defined | user-defined } [behavior-name]命令，查看已配置的流行为信息。

（3）使用 display traffic policy user-defined [policy-name [classifier classifier-name]]命令，查看已配置的流策略信息。

（4）使用 display traffic-policy applied-record [policy-name]命令，查看流策略的应用记录。

9.3 项目实施

根据业务对链路质量的需求情况配置 SPR，便于随链路质量变化情况动态切换业务数据的传输链路。

在配置 SPR 之前，需完成以下任务。

（1）配置端口的链路层协议参数及 IP 地址，使端口的链路层协议状态为 Up 且探测链路路由可达。

（2）配置区分业务流的 ACL。

（3）配置用于检测链路的网络质量分析（Network Quality Analysis，NQA）测试例。

1. 配置 SPR

（1）使用 system-view 命令，进入系统视图。

（2）使用 smart-policy-route 命令，创建 SPR 并进入 SPR 视图。

（3）配置 SPR 的切换周期、振荡抑制周期、从备份链路切回主链路的时间、链路未被选中时可以自动关闭的端口、端口自动关闭的延迟时间、逃生链路、探测链路及链路组、启用重定向链路的重定向增强功能等。

2. 配置 SPR 与业务关联

配置 SPR 的业务参数，包括指定需要 PBR 的业务流、配置业务的链路质量需求、绑定业务的探测链路等内容，绑定业务流 ACL 前需要先配置区分业务流的 ACL。

（1）使用 system-view 命令，进入系统视图。

（2）使用 smart-policy-route 命令，创建 SPR 并进入 SPR 视图。

（3）使用 service-map name 命令，创建 SPR 的业务模板并进入业务模板视图。默认情况下，SPR 中未配置业务模板。

（4）配置 SPR 业务模板绑定 ACL。

① 绑定 IPv4 ACL。使用 match acl acl-number &<1-10>命令，配置 SPR 业务模板绑定 IPv4 ACL。

② 绑定 IPv6 ACL。使用 match acl ipv6 acl6-number &<1-10>命令，配置 SPR 业务模板绑定 IPv6 ACL。

3. 查看 SPR 的配置结果

（1）使用 display smart-policy-route 命令，查看 SPR 的路由配置信息。

（2）使用 display smart-policy-route service-map [name]命令，查看业务模板的配置信息。

（3）使用 display smart-policy-route link-state [interface-type interface-number]命令，查看探测链路的链路状态信息。

（4）使用 display smart-policy-route nqa-server link-state 命令，查看 NQA 服务器的链路状态信息。

4. 配置本地 PBR 实例

如图 9.1 所示，全网使用 OSPF 协议交换路由信息，要求在路由器 AR1 上使本机下发的不同长度的报文通过不同的下一跳地址进行转发。其中，设置长度为 64～1400 字节的报文的下一跳地址为 192.168.4.2；长度为 1401～1500 字节的报文的下一跳地址为 192.168.5.2；所有其他长度的报文都按基于目的地址的方法进行路由选路。同时，源地址为 192.168.1.0/24 网段的 IP 地址访问 Internet 时，192.168.4.2 作为下一跳地址；源地址为 192.168.2.0/24 网段的 IP 地址访问 Internet 时，192.168.5.2 作为下一跳地址。配置相关端口与 IP 地址，进行网络拓扑连接。

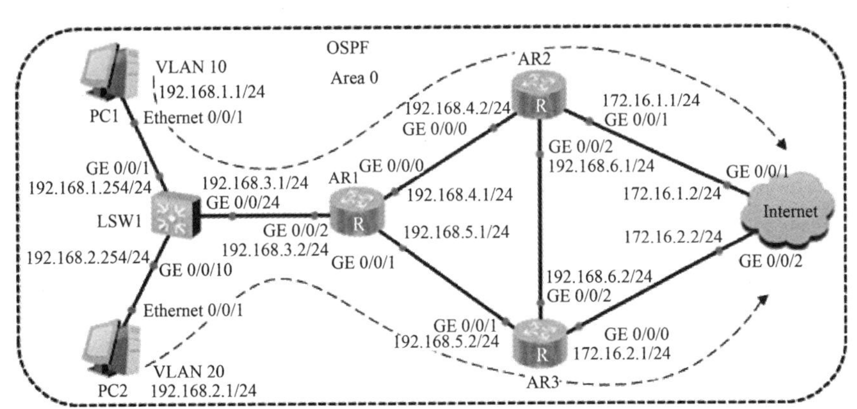

图 9.1　配置本地 PBR 实例

V9-1　配置本地 PBR 实例

（1）配置交换机 LSW1，相关实例代码如下。

V9-2　配置本地 PBR 实例——测试结果

```
<Huawei>system-view
[Huawei]sysname LSW1
[LSW1]vlan batch 10 20
[LSW1]interface GigabitEthernet 0/0/1
[LSW1-GigabitEthernet0/0/1]port link-type access
[LSW1-GigabitEthernet0/0/1]port default vlan 10
[LSW1-GigabitEthernet0/0/1]quit
```

```
[LSW1]interface GigabitEthernet 0/0/10
[LSW1-GigabitEthernet0/0/10]port link-type access
[LSW1-GigabitEthernet0/0/10]port default vlan 20
[LSW1-GigabitEthernet0/0/10]quit
[LSW1]interface GigabitEthernet 0/0/24
[LSW1-GigabitEthernet0/0/24]port link-type access
[LSW1-GigabitEthernet0/0/24]quit
[LSW1]interface Vlanif 1
[LSW1-Vlanif1]ip address 192.168.3.1 24
[LSW1-Vlanif1]quit
[LSW1]interface Vlanif 10
[LSW1-Vlanif10]ip address 192.168.1.254 24
[LSW1-Vlanif10]quit
[LSW1]interface Vlanif 20
[LSW1-Vlanif20]ip address 192.168.2.254 24
[LSW1-Vlanif20]quit
[LSW1]ospf
[LSW1-ospf-1]area 0
[LSW1-ospf-1-area-0.0.0.0]network 192.168.1.0 0.0.0.255
[LSW1-ospf-1-area-0.0.0.0]network 192.168.2.0 0.0.0.255
[LSW1-ospf-1-area-0.0.0.0]network 192.168.3.0 0.0.0.255
[LSW1-ospf-1-area-0.0.0.0]quit
[LSW1-ospf-1]quit
[LSW1]
```

（2）配置路由器AR1，相关实例代码如下。

```
<Huawei>system-view
[Huawei]sysname  AR1
[AR1]interface GigabitEthernet 0/0/0
[AR1-GigabitEthernet0/0/0]ip address 192.168.4.1 24
[AR1-GigabitEthernet0/0/0]quit
[AR1]interface GigabitEthernet 0/0/1
[AR1-GigabitEthernet0/0/1]ip address 192.168.5.1 24
[AR1-GigabitEthernet0/0/1]quit
[AR1]interface GigabitEthernet 0/0/2
[AR1-GigabitEthernet0/0/2]ip address 192.168.3.2 24
[AR1-GigabitEthernet0/0/2]quit
[AR1]ospf
[AR1-ospf-1]area 0
[AR1-ospf-1-area-0.0.0.0]network 192.168.3.0 0.0.0.255
[AR1-ospf-1-area-0.0.0.0]network 192.168.4.0 0.0.0.255
[AR1-ospf-1-area-0.0.0.0]network 192.168.5.0 0.0.0.255
[AR1-ospf-1-area-0.0.0.0]quit
[AR1-ospf-1]quit
[AR1]
```

（3）配置路由器AR2，相关实例代码如下。

```
<Huawei>system-view
[Huawei]sysname  AR2
[AR2]interface GigabitEthernet 0/0/0
[AR2-GigabitEthernet0/0/0]ip address 192.168.4.2 24
```

```
[AR2-GigabitEthernet0/0/0]quit
[AR2]interface GigabitEthernet 0/0/1
[AR2-GigabitEthernet0/0/1]ip address 172.16.1.1 24
[AR2-GigabitEthernet0/0/1]quit
[AR2]interface GigabitEthernet 0/0/2
[AR2-GigabitEthernet0/0/2]ip address 192.168.6.1 24
[AR2-GigabitEthernet0/0/2]quit
[AR2]ospf
[AR2-ospf-1]area 0
[AR2-ospf-1-area-0.0.0.0]network 192.168.4.0 0.0.0.255
[AR2-ospf-1-area-0.0.0.0]network 192.168.6.0 0.0.0.255
[AR2-ospf-1-area-0.0.0.0]network 172.16.1.0   0.0.0.255
[AR2-ospf-1-area-0.0.0.0]quit
[AR2-ospf-1]quit
[AR2]
```

（4）配置路由器 AR3，相关实例代码如下。

```
<Huawei>system-view
[Huawei]sysname   AR3
[AR3]interface GigabitEthernet 0/0/0
[AR3-GigabitEthernet0/0/0]ip address 172.16.2.1 24
[AR3-GigabitEthernet0/0/0]quit
[AR3]interface GigabitEthernet 0/0/1
[AR3-GigabitEthernet0/0/1]ip address 192.168.5.2 24
[AR3-GigabitEthernet0/0/1]quit
[AR3]interface GigabitEthernet 0/0/2
[AR3-GigabitEthernet0/0/2]ip address 192.168.6.2 24
[AR3-GigabitEthernet0/0/2]quit
[AR3]ospf
[AR3-ospf-1]area 0
[AR3-ospf-1-area -0.0.0.0]network 192.168.5.0 0.0.0.255
[AR3-ospf-1-area -0.0.0.0]network 192.168.6.0 0.0.0.255
[AR3-ospf-1-area -0.0.0.0]network 172.16.2.0   0.0.0.255
[AR3-ospf-1-area -0.0.0.0]quit
[AR3-ospf-1]quit
[AR3]
```

（5）配置路由器 AR1，配置名称为 packet-lab1 的 PBR。

```
[AR1]policy-based-route packet-lab1 permit node 10
[AR1-policy-based-route-packet-lab1-10]if-match packet-length 64 1400
[AR1-policy-based-route-packet-lab1-10]apply ip-address next-hop 192.168.4.2
[AR1-policy-based-route-packet-lab1-10]quit
[AR1]policy-based-route packet-lab1 permit node 20
[AR1-policy-based-route-packet-lab1-20]if-match packet-length 1401 1500
[AR1-policy-based-route-packet-lab1-20]apply ip-address next-hop 192.168.5.2
[AR1-policy-based-route-packet-lab1-20]quit
[AR1]ip local policy-based-route packet-lab1     //启用本地 PBR
[AR1]
```

（6）验证配置结果，清空路由器 AR2 的端口统计信息。

```
<AR2>reset counter interface GigabitEthernet 0/0/0
```

```
Info: Reset successfully.
<AR2>
```

（7）在交换机 LSW1 上使用 ping 命令进行测试，访问路由器 AR2 的 GE 0/0/1 端口的 IP 地址，并将报文长度设为 100 字节。

```
<LSW1>ping -s 100 172.16.1.1
  PING 172.16.1.1: 100  data bytes, press CTRL_C to break
    Reply from 172.16.1.1: bytes=100 Sequence=1 ttl=254 time=10 ms
    Reply from 172.16.1.1: bytes=100 Sequence=2 ttl=254 time=30 ms
    Reply from 172.16.1.1: bytes=100 Sequence=3 ttl=254 time=50 ms
    Reply from 172.16.1.1: bytes=100 Sequence=4 ttl=254 time=40 ms
    Reply from 172.16.1.1: bytes=100 Sequence=5 ttl=254 time=10 ms
  --- 172.16.1.1 ping statistics ---
    5 packet(s) transmitted
    5 packet(s) received
    0.00% packet loss
    round-trip min/avg/max = 10/28/50 ms
<LSW1>
```

（8）查看路由器 AR2 的端口统计信息。

```
<AR2>display interface GigabitEthernet 0/0/0
GigabitEthernet0/0/0 current state : UP
Line protocol current state : UP
Last line protocol up time : 2020-01-20 14:37:45 UTC-08:00
Description:HUAWEI, AR Series, GigabitEthernet0/0/0 Interface
Route Port,The Maximum Transmit Unit is 1500
Internet Address is 192.168.4.2/24
IP Sending Frames' Format is PKTFMT_ETHNT_2, Hardware address is 00e0-fc06-6aca
Last physical up time    : 2020-01-20 13:51:24 UTC-08:00
Last physical down time : 2020-01-20 13:51:18 UTC-08:00
Current system time: 2020-01-20 17:47:42-08:00
Port Mode: FORCE COPPER
Speed : 1000,   Loopback: NONE
Duplex: FULL,   Negotiation: ENABLE
Mdi     : AUTO
Last 300 seconds input rate 24 bits/sec, 0 packets/sec
Last 300 seconds output rate 24 bits/sec, 0 packets/sec
Input peak rate 1880 bits/sec,Record time: 2020-01-20 14:37:55
Output peak rate 1536 bits/sec,Record time: 2020-01-20 14:37:55
Input:   9 packets, 1038 bytes
  Unicast:                 5,  Multicast:                 4
  Broadcast:               0,  Jumbo:                     0
  Discard:                 0,  Total Error:               0
  CRC:                     0,  Giants:                    0
  Jabbers:                 0,  Throttles:                 0
  Runts:                   0,  Symbols:                   0
  Ignoreds:                0,  Frames:                    0
Output:   9 packets, 1038 bytes
  Unicast:                 5,  Multicast:                 4
  Broadcast:               0,  Jumbo:                     0
```

```
  Discard:                    0,   Total Error:               0
  Collisions:                 0,   ExcessiveCollisions:       0
  Late Collisions:            0,   Deferreds:                 0
    Input bandwidth utilization threshold : 100.00%
    Output bandwidth utilization threshold: 100.00%
    Input bandwidth utilization  :     0%
    Output bandwidth utilization :     0%
<AR2>
```

（9）验证配置结果，清空路由器 AR2 的端口统计信息。

```
<AR3>reset counters interface GigabitEthernet 0/0/1
Info: Reset successfully.
<AR3>
```

（10）在交换机 LSW1 上使用 ping 命令进行测试，访问路由器 AR3 的 GE 0/0/0 端口的 IP 地址，并将报文长度设为 1410 字节。

```
<LSW1>ping -s 1410 172.16.2.1
  PING 172.16.2.1: 1410   data bytes, press CTRL_C to break
    Reply from 172.16.2.1: bytes=1410 Sequence=1 ttl=254 time=20 ms
    Reply from 172.16.2.1: bytes=1410 Sequence=2 ttl=254 time=50 ms
    Reply from 172.16.2.1: bytes=1410 Sequence=3 ttl=254 time=50 ms
    Reply from 172.16.2.1: bytes=1410 Sequence=4 ttl=254 time=50 ms
    Reply from 172.16.2.1: bytes=1410 Sequence=5 ttl=254 time=40 ms
  --- 172.16.2.1 ping statistics ---
    5 packet(s) transmitted
    5 packet(s) received
    0.00% packet loss
    round-trip min/avg/max = 20/42/50 ms
<LSW1>
```

（11）查看路由器 AR3 的端口统计信息。

```
<AR3>display interface GigabitEthernet 0/0/1
GigabitEthernet0/0/1 current state : UP
Line protocol current state : UP
Last line protocol up time : 2020-01-20 14:39:06 UTC-08:00
Description:HUAWEI, AR Series, GigabitEthernet0/0/1 Interface
Route Port,The Maximum Transmit Unit is 1500
Internet Address is 192.168.5.2/24
IP Sending Frames' Format is PKTFMT_ETHNT_2, Hardware address is 00e0-fc65-2a69
Last physical up time    : 2020-01-20 13:51:28 UTC-08:00
Last physical down time : 2020-01-20 13:51:21 UTC-08:00
Current system time: 2020-01-20 17:51:39-08:00
Port Mode: COMMON COPPER
Speed : 1000,   Loopback: NONE
Duplex: FULL,   Negotiation: ENABLE
Mdi     : AUTO
Input peak rate 11744 bits/sec,Record time: 2020-01-20 17:51:23
Output peak rate 11616 bits/sec,Record time: 2020-01-20 17:51:23
Input:   10 packets, 7670 bytes
  Unicast:                    5,   Multicast:                 5
  Broadcast:                  0,   Jumbo:                     0
```

```
    Discard:                        0,    Total Error:                0
    CRC:                            0,    Giants:                     0
  Output:  9 packets, 7588 bytes
    Unicast:                        5,    Multicast:                  4
    Broadcast:                      0,    Jumbo:                      0
    Discard:                        0,    Total Error:                0
      Input bandwidth utilization threshold : 100.00%
      Output bandwidth utilization threshold: 100.00%
      Input bandwidth utilization   :      0%
      Output bandwidth utilization :       0%
<AR3>
```

（12）定义 ACL。

```
[AR1]acl 2000
[AR1-acl-basic-2000]rule permit source 192.168.1.0 0.0.0.255
[AR1-acl-basic-2000]quit
[AR1]acl 2001
[AR1-acl-basic-2001]rule permit source 192.168.2.0 0.0.0.255
[AR1-acl-basic-2001]quit
```

（13）应用 PBR。

```
[AR1]policy-based-route rule-acl-1 permit node 10
[AR1-policy-based-route-rule-acl-1-10]if-match acl 2000
[AR1-policy-based-route-rule-acl-1-10]apply ip-address next-hop 192.168.4.2
[AR1-policy-based-route-rule-acl-1-10]quit
[AR1]policy-based-route rule-acl-1 permit node 20
[AR1-policy-based-route-rule-acl-1-20]if-match acl 2001
[AR1-policy-based-route-rule-acl-1-20]apply ip-address next-hop 192.168.5.2
[AR1-policy-based-route-rule-acl-1-20]quit
 [AR1]ip local policy-based-route rule-acl
```

（14）配置主机 PC1 与主机 PC2 的 IP 地址，如图 9.2 所示。

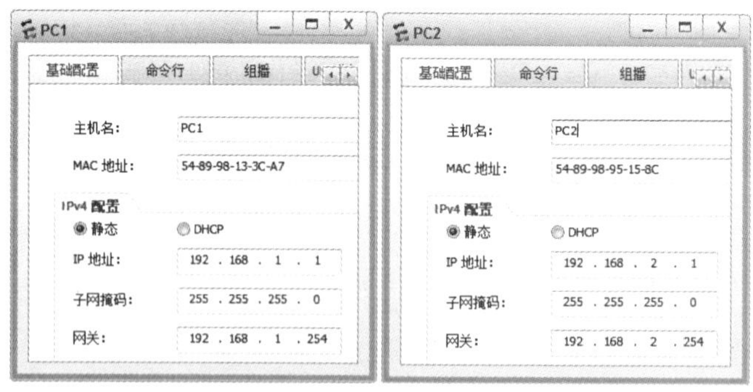

图 9.2　配置主机 PC1 与主机 PC2 的 IP 地址

（15）验证配置结果，主机 PC1 访问路由器 AR2 GE 0/0/1 端口的 IP 地址，如图 9.3 所示。

（16）验证配置结果，主机 PC2 访问路由器 AR3 GE 0/0/0 端口的 IP 地址，如图 9.4 所示。

（17）显示交换机 LSW1 的配置信息，主要配置实例代码如下。

```
<LSW1>display current-configuration
#
sysname LSW1
#
```

```
vlan batch 10 20
#
interface Vlanif1
 ip address 192.168.3.1 255.255.255.0
#
interface Vlanif10
 ip address 192.168.1.254 255.255.255.0
#
interface Vlanif20
 ip address 192.168.2.254 255.255.255.0
#
interface GigabitEthernet0/0/1
 port link-type access
 port default vlan 10
#
interface GigabitEthernet0/0/10
 port link-type access
 port default vlan 20
#
ospf 1
 area 0.0.0.0
  network 192.168.1.0 0.0.0.255
  network 192.168.2.0 0.0.0.255
  network 192.168.3.0 0.0.0.255
#
<LSW1>
```

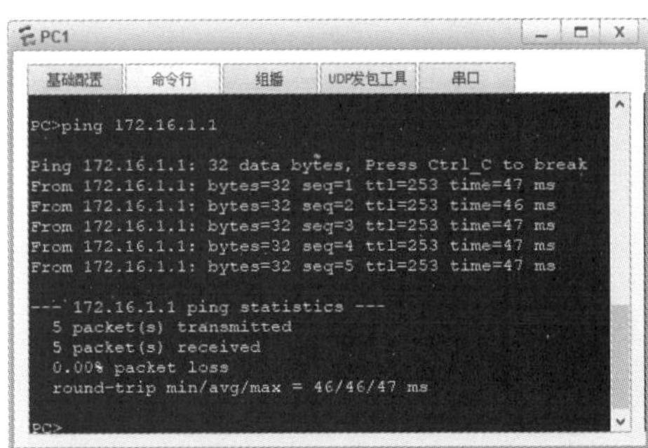

图 9.3 主机 PC1 访问路由器 AR2 GE 0/0/1 端口的 IP 地址

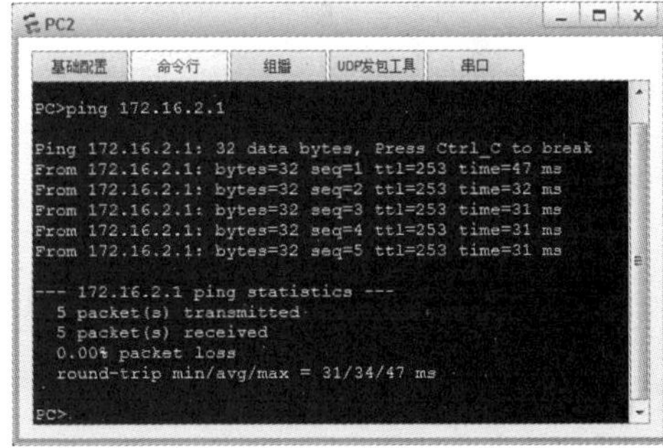

图 9.4 主机 PC2 访问路由器 AR3 GE 0/0/0 端口的 IP 地址

（18）显示路由器 AR1 的配置信息，主要配置实例代码如下。

```
<AR1>display current-configuration
#
 sysname   AR1
#
ip local policy-based-route rule-acl
#
acl number 2000
 rule 5 permit source 192.168.1.0 0.0.0.255
acl number 2001
```

```
 rule 5 permit source 192.168.2.0 0.0.0.255
#
interface GigabitEthernet0/0/0
 ip address 192.168.4.1 255.255.255.0
#
interface GigabitEthernet0/0/1
 ip address 192.168.5.1 255.255.255.0
#
interface GigabitEthernet0/0/2
 ip address 192.168.3.2 255.255.255.0
#
ospf 1
 area 0.0.0.0
  network 192.168.3.0 0.0.0.255
  network 192.168.4.0 0.0.0.255
  network 192.168.5.0 0.0.0.255
#
policy-based-route packet-lab1 permit node 10
 if-match packet-length 64 1400
 apply ip-address next-hop 192.168.4.2
policy-based-route packet-lab1 permit node 20
 if-match packet-length 1401 1500
 apply ip-address next-hop 192.168.5.2
policy-based-route rule-acl-1 permit node 10
 if-match acl 2000
 apply ip-address next-hop 192.168.4.2
policy-based-route rule-acl-1 permit node 20
 if-match acl 2001
 apply ip-address next-hop 192.168.5.2
#
<AR1>
```

课后习题

1. 选择题

（1）【多选】在应用 PBR 时，以下描述正确的是（　　）。

A. 在端口视图下应用 PBR 时，PBR 只对本端口接收和发送的报文起作用

B. 在端口视图下应用 PBR 时，PBR 只对本端口接收的报文起作用

C. 在系统视图下应用 PBR 时，PBR 对通过本地路由器收到的所有报文起作用

D. 在系统视图下应用 PBR 时，PBR 只对本地产生的报文起作用

（2）前缀列表可以用于路由信息过滤，这种说法是（　　）的。

A. 正确　　　　　　B. 错误

2. 简答题

（1）简述 PBR 的工作原理。

（2）简述 PBR 的配置方法。

项目10 GRE协议

【学习目标】

- 掌握GRE协议的基本原理。
- 掌握GRE协议的配置方法。

【素质目标】

- 使学生深入理解GRE协议在国家网络基础设施建设等方面的重要价值,认识到掌握该技术对提升国家网络联通能力、保障信息流通安全的重要性。
- 激发学生在GRE协议学习中积极思考，勇于探索创新解决方案，培养其面对复杂网络环境时的独立分析与解决问题的能力。

10.1 项目描述

小李是公司的网络工程师。由于公司的规模扩大，建立了分公司，现需要通过公共网络将总公司与分公司的网络连接起来。公司决定建立通用路由封装（Generic Routing Encapsulation，GRE）协议隧道（Tunnel）实现网络路由信息交换。那么小李应如何配置网络设备呢?

10.2 必备知识

10.2.1 GRE 协议概述

GRE 协议可以对某些网络层协议（如 IPX、ATM、IPv6、AppleTalk 等）的数据报文进行封装，使这些被封装的数据报文能够在另一种网络层协议（如 IPv4 协议）中传输。

GRE 协议提供了将一种协议的报文封装在另一种协议报文中的机制，是一种三层隧道封装技术，使报文可以通过 GRE 协议隧道进行透明的传输，解决了异构网络的传输问题。

1. GRE 协议的特点

（1）GRE 协议实现机制简单，对隧道两端的设备来说负担小。

（2）GRE 协议隧道可以通过 IPv4 网络联通多种网络协议的本地网络，有效利用了原有的网络架构，降低了成本。

（3）GRE 协议隧道扩展了跳数受限的网络协议的工作范围，支持企业灵活设计网络拓扑。

（4）GRE 协议隧道可以封装多播数据，和 IPSec 结合使用时可以保证语音、视频等多播业务的安全。

（5）GRE 协议隧道可启用 MPLS LDP，启用 GRE 协议隧道承载 MPLS LDP 报文，建立 LDP

LSP，实现 MPLS 骨干网的互通。

（6）GRE 协议隧道可将不连续的子网连接起来，用于组建 VPN，实现企业总部和分部间的安全连接。

2. GRE 协议封装后的报文格式

GRE 协议封装后的报文格式如图 10.1 所示。

（1）乘客协议（Passenger Protocol）：封装前的报文称为净荷（Payload），净荷的协议类型为乘客协议。

（2）封装协议（Encapsulation Protocol）：GRE Header 是由封装协议封装的，封装协议也称为运载协议（Carrier Protocol）。

（3）传输协议（Delivery Protocol）：负责对封装后的报文进行转发的协议。

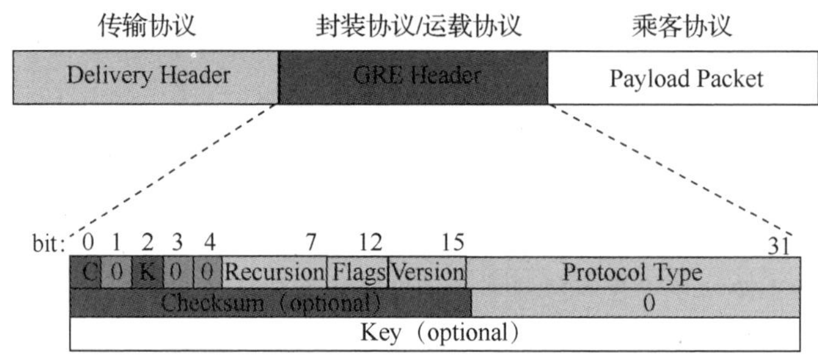

图 10.1　GRE 协议封装后的报文格式

10.2.2　GRE 协议基本原理

报文在 GRE 协议隧道中传输时要经过封装和解封装两个步骤。如图 10.2 所示，如果 X 协议报文从路由器 AR1 向路由器 AR2 传输，则封装在路由器 AR1 上完成，而解封装在路由器 AR2 上进行，封装后的数据报文在网络中传输的路径称为 GRE 协议隧道。

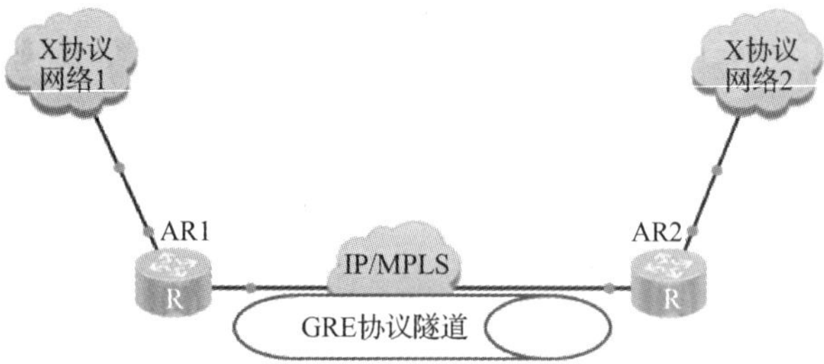

图 10.2　GRE 协议隧道实现 X 协议互通组网

（1）封装

① 路由器 AR1 从连接 X 协议网络 1 的端口接收到 X 协议报文后，先交由 X 协议处理。

② X 协议根据报文头中的目的地址在路由表或转发表中查找出端口，确定转发此报文的方法。如果发现出端口是 GRE 协议 Tunnel 端口，则对报文进行 GRE 协议封装，即添加 GRE 协议头。

③ 因为骨干网传输协议为 IP，所以要为报文加上 IP 头。IP 头的源地址就是隧道源地址，目的地址就是隧道目的地址。

④ 根据该 IP 头的目的地址，在骨干网路由表中查找相应的出端口并发送报文，封装后的报文将在该骨干网中传输。

（2）解封装

解封装过程与封装过程相反。

① 路由器 AR2 从 GRE 协议 Tunnel 端口收到该报文，分析 IP 头后，发现报文的目的地址为本地设备，则路由器 AR2 剥掉 IP 头后交由 GRE 协议处理。

② GRE 协议剥掉 GRE 协议头，获取 X 协议报文，再交由 X 协议对此数据报文进行后续处理。

10.2.3 配置 GRE 协议隧道

（1）配置 Tunnel 端口

GRE 协议隧道是通过隧道两端的 Tunnel 端口建立的，所以需要在隧道两端的设备上分别配置 Tunnel 端口。对于 GRE 协议的 Tunnel 端口，需要指定其协议类型为 GRE 协议，以及配置源地址或源端口、目的地址和 IP 地址。

Tunnel 端口的源地址：配置报文传输协议中的源地址。当配置地址类型时，直接将 Tunnel 的源地址作为源地址使用。当配置类型为源端口时，以该端口的 IP 地址作为源地址使用。

Tunnel 端口的目的地址：配置报文传输协议中的目的地址。

Tunnel 端口的 IP 地址：为了在 Tunnel 端口上启用动态路由协议，或使用静态路由协议发布 Tunnel 端口，需要为 Tunnel 端口分配 IP 地址。Tunnel 端口的 IP 地址可以不是公网地址，甚至可以借用其他端口的 IP 地址以节约 IP 地址，但是当 Tunnel 端口借用 IP 地址后，该地址不能直接与 Tunnel 端口互通，因此，在借用 IP 地址的情况下，必须配置静态路由或路由协议，先实现借用地址的互通性，才能实现 Tunnel 端口与借用 IP 地址的互通。

① 使用 system-view 命令，进入系统视图。

② 使用 interface tunnel interface-number 命令，创建 Tunnel 端口，并进入 Tunnel 端口视图。

③ 使用 tunnel-protocol gre 命令，配置 Tunnel 端口的协议类型为 GRE 协议。

④ 使用 source { source-ip-address | interface-type interface-number }命令，配置 Tunnel 的源地址或源端口。

⑤ 使用 destination [vpn-instance vpn-instance-name] dest-ip-address 命令，配置 Tunnel 的目的地址。

⑥ 使用 ip address ip-address { mask | mask-length } [sub]命令，配置 Tunnel 端口的 IP 地址。

（2）配置 Tunnel 端口的路由

在保证本端设备和远端设备在骨干网中路由互通的基础上，本端设备和远端设备上还必须存在经过 Tunnel 端口转发的路由，这样才能正确转发需要进行 GRE 协议封装的报文。经过 Tunnel 端口转发的路由可以是静态路由，也可以是动态路由。

① 使用 system-view 命令，进入系统视图。

② 配置经过 Tunnel 端口的路由，可选方法如下。

方法 1：使用 ip route-static ip-address { mask | mask-length } { nexthop-address | tunnel-interface-number [nexthop-address] } [description text]命令，配置静态路由。

方法 2：配置动态路由。可以使用 IGP 或 EGP，包括 OSPF 协议、RIP 等，此处不再详述其配置方法。

若采用 GRE 协议隧道实现与 IPv6 协议的互通，则必须在 Tunnel 端口、与 IPv6 协议相连的物理端口上配置 IPv6 的路由协议。

（3）查看 GRE 协议配置结果

① 使用 display interface tunnel [interface-number]命令，查看 Tunnel 端口的工作状态。

② 使用 display tunnel-info { tunnel-id tunnel-id | all | statistics [slots] }命令，查看隧道信息。

③ 使用 display ip routing-table 命令，查看 IPv4 路由表，到指定目的地址的路由出端口为 Tunnel 端口。

使用 display ipv6 routing-table 命令，查看 IPv6 路由表，到指定目的地址的路由出端口为 Tunnel 端口。

④ 使用 ping -a source-ip-address host 命令，访问对端的 Tunnel 端口的 IP 地址，确认从本端 Tunnel 端口到对端 Tunnel 端口可以互通。

⑤ 启用Keepalive功能后，在Tunnel端口视图下使用display keepalive packets count命令，查看GRE协议的Tunnel端口发送给对端的报文数量、从对端接收的Keepalive报文的数量和Keepalive响应报文的数量。

10.3 项目实施

10.3.1 GRE协议实现IPv4网络互通配置实例

如图10.3所示，路由器AR1、路由器AR2、路由器AR3使用OSPF协议实现公网互通，在主机PC1和主机PC2上运行IPv4私网协议，现需要主机PC1和主机PC2通过公网实现IPv4私网互通，同时需要保证私网数据传输的可靠性。其中，主机PC1和主机PC2分别指定了路由器AR2和路由器AR3为其默认网关，需要在路由器AR2和路由器AR3之间使用GRE协议隧道直连。而Tunnel端口以及与私网相连的端口上使用了OSPF协议，为了能够检测隧道链路状态，在GRE协议隧道两端的Tunnel端口上启用Keepalive功能，并配置与主机相连的网段运行IGP，配置相关端口与IP地址，进行网络拓扑连接。

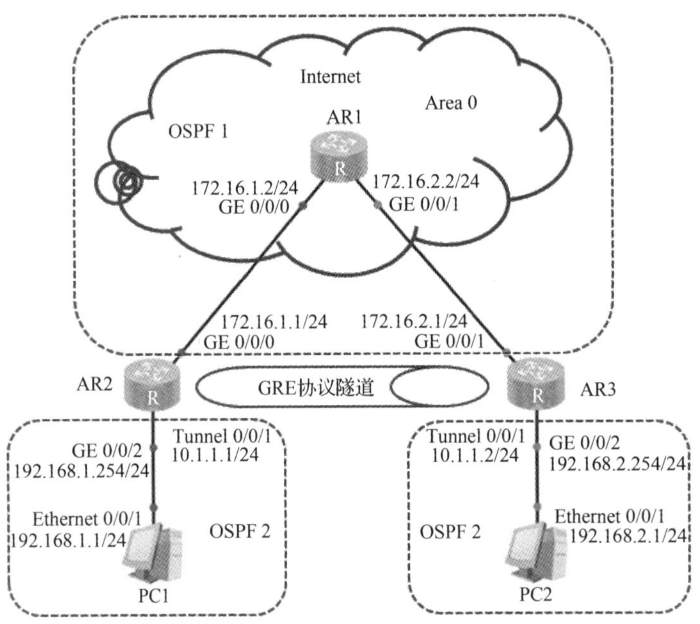

图10.3 GRE协议实现IPv4网络互通配置实例

V10-1 GRE协议实现IPv4网络互通配置实例

V10-2 GRE协议实现IPv4网络互通配置实例——测试结果

（1）配置路由器AR1、路由器AR2、路由器AR3各端口的IP地址，这里以路由器AR1为例，其他路由器各端口的IP地址与此配置一致。

```
<Huawei>system-view
[Huawei]sysname   AR1
[AR1]interface GigabitEthernet 0/0/0
[AR1-GigabitEthernet0/0/0]ip address 172.16.1.2 24
[AR1-GigabitEthernet0/0/0]quit
[AR1]interface GigabitEthernet 0/0/1
[AR1-GigabitEthernet0/0/1]ip address 172.16.2.2 24
[AR1-GigabitEthernet0/0/1]quit
[AR1]
```

（2）配置各路由器的 OSPF 协议路由。

配置路由器 AR1 的 OSPF 协议路由。

```
[AR1]ospf 1
[AR1-ospf-1]area 0
[AR1-ospf-1-area-0.0.0.0]network 172.16.1.0 0.0.0.255
[AR1-ospf-1-area-0.0.0.0]network 172.16.2.0 0.0.0.255
[AR1-ospf-1-area-0.0.0.0]quit
[AR1-ospf-1]quit
[AR1]
```

配置路由器 AR2 的 OSPF 协议路由。

```
[AR2]ospf 1
[AR2-ospf-1]area 0
[AR2-ospf-1-area-0.0.0.0]network 172.16.1.0 0.0.0.255
[AR2-ospf-1-area-0.0.0.0]quit
[AR2-ospf-1]quit
[AR2]
```

配置路由器 AR3 的 OSPF 协议路由。

```
[AR3]ospf 1
[AR3-ospf-1]area 0
[AR3-ospf-1-area-0.0.0.0]network 172.16.2.0 0.0.0.255
[AR3-ospf-1-area-0.0.0.0]quit
[AR3-ospf-1]quit
[AR3]
```

（3）配置完成后，在路由器 AR2 和路由器 AR3 上使用 display ip routing-table protocol ospf 命令，可以看出它们学习到了去往对端端口网段地址的 OSPF 协议路由，这里以路由器 AR2 为例。

```
[AR2]display ip routing-table protocol ospf
Route Flags: R - relay, D - download to fib
------------------------------------------------------------------------------
Public routing table : OSPF
         Destinations : 1          Routes : 1
OSPF routing table status : <Active>
         Destinations : 1          Routes : 1
Destination/Mask   Proto   Pre   Cost    Flags    NextHop         Interface
    172.16.2.0/24  OSPF    10    2       D        172.16.1.2      GigabitEthernet 0/0/0
OSPF routing table status : <Inactive>
         Destinations : 0          Routes : 0
[AR2]
```

（4）配置 Tunnel 端口。

配置路由器 AR2。

```
[AR2]interface Tunnel 0/0/1
[AR2-Tunnel0/0/1]tunnel-protocol gre
[AR2-Tunnel0/0/1]ip address 10.1.1.1 24
[AR2-Tunnel0/0/1]source 172.16.1.1
[AR2-Tunnel0/0/1]destination 172.16.2.1
[AR2-Tunnel0/0/1]keepalive
[AR2-Tunnel0/0/1]quit
[AR2]
```

配置路由器 AR3。

```
[AR3]interface Tunnel 0/0/1
[AR3-Tunnel0/0/1]tunnel-protocol gre
[AR3-Tunnel0/0/1]ip address 10.1.1.2 24
[AR3-Tunnel0/0/1]source 172.16.2.1
[AR3-Tunnel0/0/1]destination 172.16.1.1
[AR3-Tunnel0/0/1]keepalive
[AR3-Tunnel0/0/1]quit
[AR3]
```

（5）配置完成后，Tunnel 端口状态变为 Up，Tunnel 端口之间可以互通，这里以路由器 AR2 为例。

```
<AR2>ping -a 10.1.1.1 10.1.1.2
  PING 10.1.1.2: 56   data bytes, press CTRL_C to break
    Reply from 10.1.1.2: bytes=56 Sequence=1 ttl=255 time=40 ms
    Reply from 10.1.1.2: bytes=56 Sequence=2 ttl=255 time=20 ms
    Reply from 10.1.1.2: bytes=56 Sequence=3 ttl=255 time=40 ms
    Reply from 10.1.1.2: bytes=56 Sequence=4 ttl=255 time=20 ms
    Reply from 10.1.1.2: bytes=56 Sequence=5 ttl=255 time=30 ms
  --- 10.1.1.2 ping statistics ---
    5 packet(s) transmitted
    5 packet(s) received
    0.00% packet loss
    round-trip min/avg/max = 20/30/40 ms
<AR2>
```

（6）查看 Keepalive 报文统计信息，这里以路由器 AR2 为例。

```
[AR2-Tunnel0/0/1]display keepalive packets count
Send 59 keepalive packets to peers, Receive 59 keepalive response packets from peers
Receive 57 keepalive packets from peers, Send 57 keepalive response packets to peers.
[AR2-Tunnel0/0/1]
```

（7）配置 Tunnel 端口，使用 OSPF 协议路由。

配置路由器 AR2。

```
[AR2]ospf 2
[AR2-ospf-2]area 0
[AR2-ospf-2-area-0.0.0.0]network 10.1.1.0 0.0.0.255
[AR2-ospf-2-area-0.0.0.0]network 192.168.1.0 0.0.0.255
[AR2-ospf-2-area-0.0.0.0]quit
[AR2-ospf-2]quit
[AR2]
```

配置路由器 AR3。

```
[AR3]ospf 2
[AR3-ospf-2]area 0
[AR3-ospf-2-area-0.0.0.0]network 10.1.1.0 0.0.0.255
[AR3-ospf-2-area-0.0.0.0]network 192.168.2.0 0.0.0.255
[AR3-ospf-2-area-0.0.0.0]quit
[AR3-ospf-2]quit
[AR3]
```

（8）验证配置结果，配置完成后，在路由器 AR2 和路由器 AR3 上使用 display ip routing-table protocol ospf 命令，可以看到经过 Tunnel 端口去往对端用户侧网段的 OSPF 协议路由，且去往 Tunnel

目的端物理地址（10.1.1.0/24）的路由的下一跳是 Tunnel 端口，这里以路由器 AR2 为例。

```
[AR2]display ip routing-table protocol ospf
Route Flags: R - relay, D - download to fib
------------------------------------------------------------------------------
Public routing table : OSPF
          Destinations : 2          Routes : 2
OSPF routing table status : <Active>
          Destinations : 2          Routes : 2
Destination/Mask    Proto   Pre  Cost      Flags   NextHop        Interface
   172.16.2.0/24    OSPF    10   2         D       172.16.1.2     GigabitEthernet 0/0/0
  192.168.2.0/24    OSPF    10   1563      D       10.1.1.2       Tunnel0/0/1
OSPF routing table status : <Inactive>
          Destinations : 0          Routes : 0
[AR2]
```

（9）显示路由器 AR1、路由器 AR2、路由器 AR3 的配置信息，这里以路由器 AR3 为例。

```
<AR3>display current-configuration
#
 sysname   AR3
#
interface GigabitEthernet0/0/1
 ip address 172.16.2.1 255.255.255.0
#
interface GigabitEthernet0/0/2
 ip address 192.168.2.254 255.255.255.0
#
interface Tunnel0/0/1
 ip address 10.1.1.2 255.255.255.0
 tunnel-protocol gre
 keepalive
 source 172.16.2.1
 destination 172.16.1.1
#
ospf 1
 area 0.0.0.0
  network 172.16.2.0 0.0.0.255
#
ospf 2
 area 0.0.0.0
  network 10.1.1.0 0.0.0.255
  network 192.168.2.0 0.0.0.255
#
user-interface con 0
 authentication-mode password
user-interface vty 0 4
user-interface vty 16 20
#
<AR3>
```

（10）配置主机 PC1 与主机 PC2 的 IP 地址，如图 10.4 所示。

（11）验证配置结果，使用 ping 命令，主机 PC1 访问主机 PC2，其测试结果如图 10.5 所示。

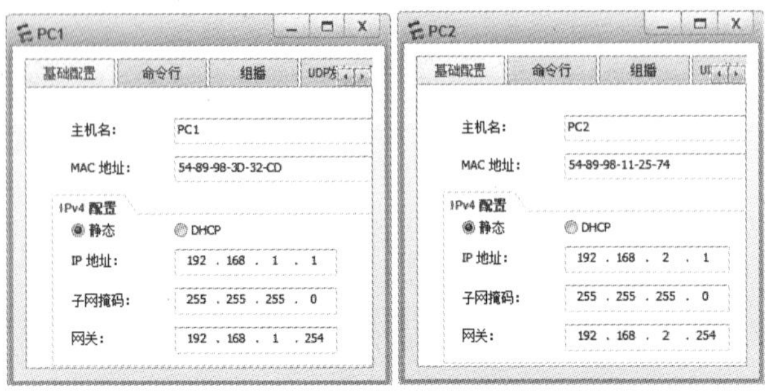

图 10.4　配置主机 PC1 与主机 PC2 的 IP 地址

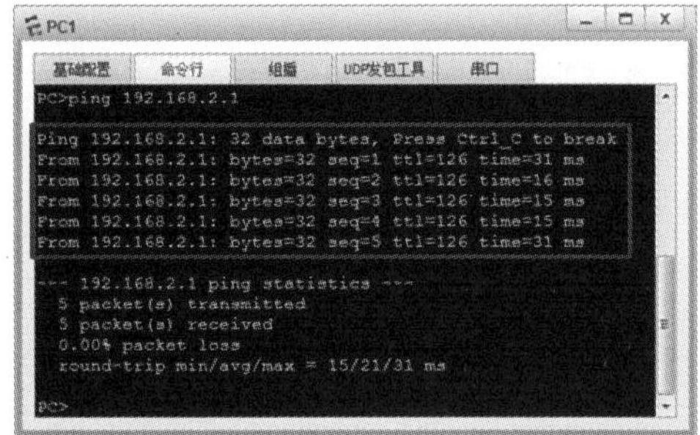

图 10.5　主机 PC1 访问主机 PC2 的测试结果

10.3.2　GRE 协议隧道实现 IPv6 网络互通配置实例

如图 10.6 所示，两个 IPv6 网络分别通过路由器 AR2 和路由器 AR3 与 IPv4 网络中的路由器 AR1 连接，实现两个 IPv6 网络中的主机 PC1 和主机 PC2 的互通。其中，主机 PC1 和主机 PC2 分别指定了路由器 AR2 和路由器 AR3 为其默认网关，在路由器 AR2 和路由器 AR3 之间建立直连链路，部署 GRE 协议隧道，通过静态路由指定到达对端的报文通过 Tunnel 端口转发，且主干网络使用动态 OSPF 协议。配置相关端口与 IP 地址，进行网络拓扑连接。

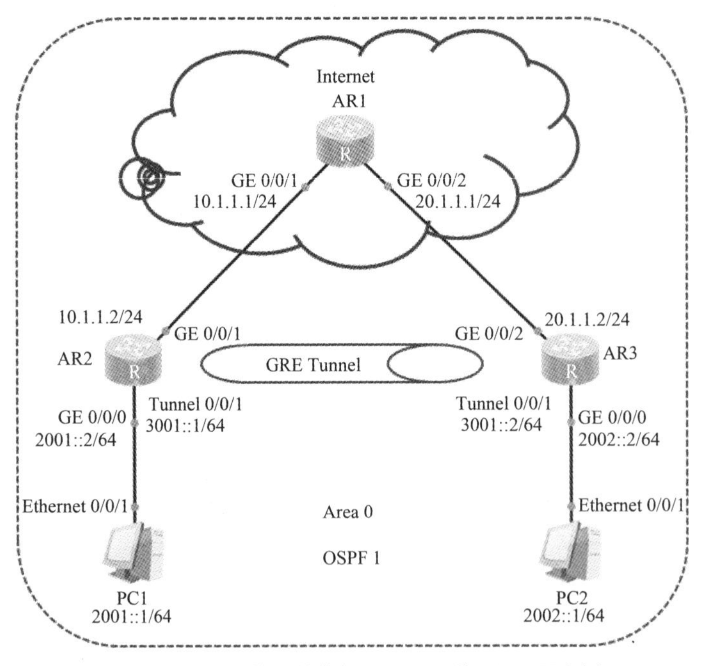

图 10.6　GRE 协议隧道实现 IPv6 网络互通配置实例

V10-3　GRE 协议隧道实现 IPv6 网络互通配置实例

V10-4　GRE 协议隧道实现 IPv6 网络互通配置实例——测试结果

（1）配置路由器 AR1、路由器 AR2、路由器 AR3 各端口的 IP 地址，这里以路由器 AR1 为例，其他路由器各端口的 IP 地址与此配置一致。

```
<Huawei>system-view
[Huawei]sysname  AR1
[AR1]interface GigabitEthernet 0/0/1
```

```
[AR1-GigabitEthernet0/0/1]ip address 10.1.1.1 24
[AR1-GigabitEthernet0/0/1]quit
[AR1]interface GigabitEthernet 0/0/2
[AR1-GigabitEthernet0/0/2]ip address 20.1.1.1 24
[AR1-GigabitEthernet0/0/2]quit
[AR1]
```

（2）配置路由器的 OSPF 协议路由。

配置路由器 AR1 的 OSPF 协议路由。

```
[AR1]router id 1.1.1.1
[AR1]ospf 1
[AR1-ospf-1]area 0
[AR1-ospf-1-area-0.0.0.0]network 10.1.1.0 0.0.0.255
[AR1-ospf-1-area-0.0.0.0]network 20.1.1.0 0.0.0.255
[AR1-ospf-1-area-0.0.0.0]quit
[AR1-ospf-1]quit
[AR1]
```

配置路由器 AR2 的 OSPF 协议路由。

```
[AR2]router id 2.2.2.2
[AR2]ospf 1
[AR2-ospf-1]area 0
[AR2-ospf-1-area-0.0.0.0]network 10.1.1.0 0.0.0.255
[AR2-ospf-1-area-0.0.0.0]quit
[AR2-ospf-1]quit
[AR2]
```

配置路由器 AR3 的 OSPF 协议路由。

```
[AR3]router id 3.3.3.3
[AR3]ospf 1
[AR3-ospf-1]area 0
[AR3-ospf-1-area-0.0.0.0]network 20.1.1.0 0.0.0.255
[AR3-ospf-1-area-0.0.0.0]quit
[AR3-ospf-1]quit
[AR3]
```

（3）配置完成后，在路由器 AR2 和路由器 AR3 上使用 display ip routing-table protocol ospf 命令，可以看出它们学习到了去往对端端口网段地址的 OSPF 协议路由，这里以路由器 AR2 为例。

```
[AR2]display ip routing-table protocol ospf
Route Flags: R - relay, D - download to fib
------------------------------------------------------------------------------
Public routing table : OSPF
         Destinations : 1          Routes : 1
OSPF routing table status : <Active>
         Destinations : 1          Routes : 1
Destination/Mask    Proto    Pre  Cost      Flags     NextHop        Interface
 20.1.1.0/24        OSPF     10   2         D         10.1.1.1       GigabitEthernet 0/0/1
OSPF routing table status : <Inactive>
        Destinations : 0          Routes : 0
[AR2]
```

（4）在路由器 AR2 上使用 ping 命令，访问路由器 AR3 的 GE 0/0/2 端口的 IP 地址。

```
[AR2]ping -a 10.1.1.2 20.1.1.2
  PING 20.1.1.2: 56   data bytes, press CTRL_C to break
    Reply from 20.1.1.2: bytes=56 Sequence=1 ttl=254 time=40 ms
    Reply from 20.1.1.2: bytes=56 Sequence=2 ttl=254 time=30 ms
    Reply from 20.1.1.2: bytes=56 Sequence=3 ttl=254 time=20 ms
    Reply from 20.1.1.2: bytes=56 Sequence=4 ttl=254 time=30 ms
    Reply from 20.1.1.2: bytes=56 Sequence=5 ttl=254 time=30 ms
  --- 20.1.1.2 ping statistics ---
    5 packet(s) transmitted
    5 packet(s) received
    0.00% packet loss
    round-trip min/avg/max = 20/30/40 ms
[AR2]
```

（5）配置 Tunnel 端口，建立 GRE 协议隧道，配置 IPv6 地址，启用 IPv6 协议。

配置路由器 AR2。

```
[AR2]ipv6
[AR2]interface GigabitEthernet 0/0/0
[AR2-GigabitEthernet0/0/0]ipv6 enable
[AR2-GigabitEthernet0/0/0]ipv6 address 2001::2/64
[AR2-GigabitEthernet0/0/0]quit
[AR2]interface Tunnel 0/0/1
[AR2-Tunnel0/0/1] ipv6 enable
[AR2-Tunnel0/0/1] ipv6 address 3001::1/64
[AR2-Tunnel0/0/1]tunnel-protocol gre
[AR2-Tunnel0/0/1]source 10.1.1.2
[AR2-Tunnel0/0/1]destination 20.1.1.2
[AR2-Tunnel0/0/1]quit
[AR2]
```

配置路由器 AR3。

```
[AR3]ipv6
[AR3]interface GigabitEthernet 0/0/0
[AR3-GigabitEthernet0/0/0]ipv6 enable
[AR3-GigabitEthernet0/0/0]ipv6 address 2002::2/64
[AR3-GigabitEthernet0/0/0]quit
[AR3]interface Tunnel 0/0/1
[AR3-Tunnel0/0/1] ipv6 enable
[AR3-Tunnel0/0/1] ipv6 address 3001::2/64
[AR3-Tunnel0/0/1]tunnel-protocol gre
[AR3-Tunnel0/0/1]source 20.1.1.2
[AR3-Tunnel0/0/1]destination 10.1.1.2
[AR3-Tunnel0/0/1]quit
[AR3]
```

（6）配置 Tunnel 端口的静态路由。

配置路由器 AR2。

```
[AR2]ipv6 route-static 2002:: 64 Tunnel0/0/1
```

配置路由器 AR3。

```
[AR3]ipv6 route-static 2001:: 64 Tunnel0/0/1
```

（7）在路由器 AR2 上使用 ping 命令，访问路由器 AR3 的 GE 0/0/0 端口的 IP 地址。

```
[AR2]ping ipv6 -a 2001::2 2002::2
  PING 2002::2:56   data bytes, press CTRL_C to break
    Reply from 2002::2      bytes=56 Sequence=1 hop limit=64   time = 30 ms
    Reply from 2002::2      bytes=56 Sequence=2 hop limit=64   time = 30 ms
    Reply from 2002::2      bytes=56 Sequence=3 hop limit=64   time = 20 ms
    Reply from 2002::2      bytes=56 Sequence=4 hop limit=64   time = 20 ms
    Reply from 2002::2      bytes=56 Sequence=5 hop limit=64   time = 20 ms
  --- 2002::2 ping statistics ---
    5 packet(s) transmitted
    5 packet(s) received
    0.00% packet loss
    round-trip min/avg/max = 20/24/30 ms
[AR2]
```

（8）显示路由器 AR1、路由器 AR2、路由器 AR3 的配置信息，这里以路由器 AR3 为例，其主要配置实例代码如下。

```
<AR3>display current-configuration
#
 sysname   AR3
#
ipv6
#
router id 3.3.3.3
#
interface GigabitEthernet0/0/0
 ipv6 enable
 ipv6 address 2002::2/64
#
interface GigabitEthernet0/0/2
 ip address 20.1.1.2 255.255.255.0
#
interface Tunnel0/0/1
 ipv6 enable
 ipv6 address 3001::2/64
 tunnel-protocol gre
 source 20.1.1.2
 destination 10.1.1.2
#
ospf 1
 area 0.0.0.0
  network 20.1.1.0 0.0.0.255
#
ipv6 route-static 2001:: 64 Tunnel0/0/1
#
<AR3>
```

（9）配置主机 PC1 和主机 PC2 的 IPv6 地址，如图 10.7 所示。

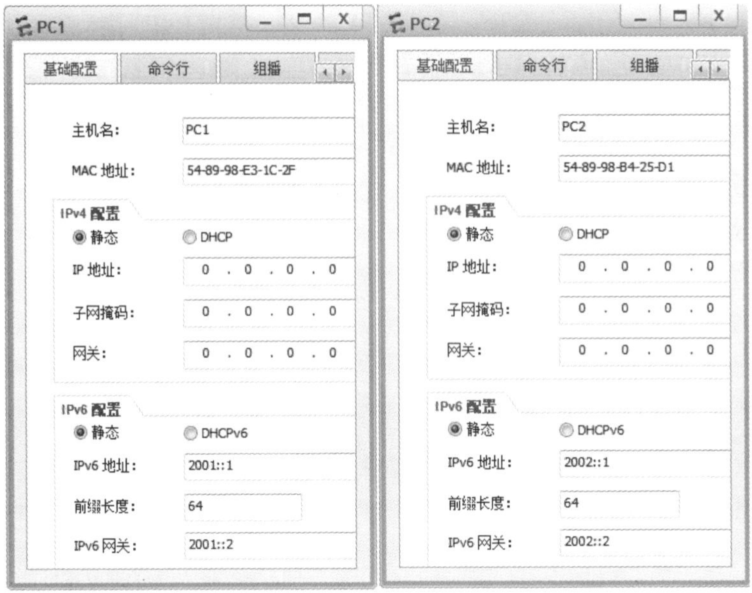

图 10.7　配置主机 PC1 和主机 PC2 的 IPv6 地址

（10）验证配置结果，主机 PC1 访问主机 PC2，其测试结果如图 10.8 所示。

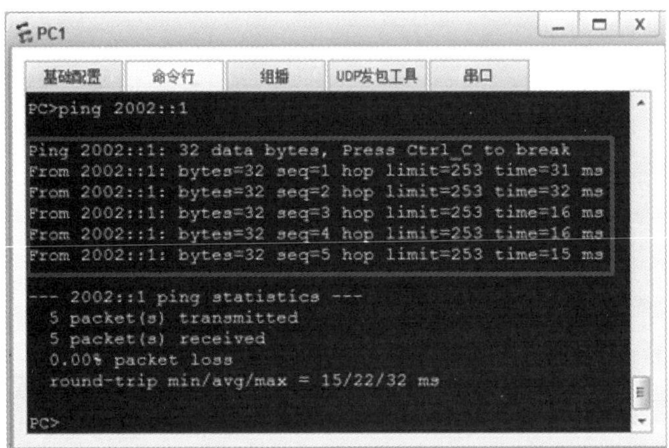

图 10.8　主机 PC1 访问主机 PC2 的测试结果

课后习题

简答题

（1）简述 GRE 协议的工作原理。

（2）简述 GRE 协议的配置方法。

项目11 IPSec

【学习目标】

- 掌握IPSec的基本原理。
- 掌握IPSec的配置方法。

【素质目标】

- 使学生认识到掌握IPSec技术对提升国家网络防御能力、保障数据安全的重要性。
- 培养学生严格遵守网络安全法律法规，尊重用户隐私，具备高度的IPSec安全意识，在设计、实施和维护IPSec隧道时，充分考虑安全策略与合规性要求。

11.1 项目描述

小李是公司的网络工程师。由于公司的规模扩大，建立了分公司，现需要通过公网将总公司与分公司的网络连接起来，并加强公司网络的安全性。公司决定建立互联网安全协议（Internet Protocol Security，IPSec）隧道（Tunnel）实现网络路由信息的交换。那么小李应如何配置网络设备呢？

11.2 必备知识

11.2.1 IPSec 概述

随着 Internet 的发展，越来越多的企业直接通过 Internet 进行互联，但由于 IP 未考虑安全性，而且 Internet 中有大量的不可靠用户和网络设备，用户的业务数据穿越这些未知网络时，根本无法保证数据的安全性，数据易被伪造、篡改或窃取。因此，迫切需要一种兼容 IP 的通用的网络安全方案。

为了解决上述问题，IPSec 应运而生。IPSec 是对 IP 的安全性补充，其工作在 IP 层，为 IP 网络通信提供透明的安全服务。

IPSec 是 IETF 制订的一组开放的网络安全协议。它并不是一种单独的协议，而是一系列为 IP 网络提供安全性的协议和服务的集合，包括 AH 和 ESP 两种安全协议、密钥交换和用于认证及加密的一些算法，如图 11.1 所示。使用这些协议和服务可在两台设备之间建立一条 IPSec 隧道，并通过 IPSec 隧道进行数据转发，以保护数据的安全。

<table>
<tr><td>安全协议</td><td colspan="5">ESP</td><td colspan="3">AH</td></tr>
<tr><td>加密</td><td>DES</td><td>3DES</td><td>AES</td><td>SM1</td><td>SM4</td><td colspan="3"></td></tr>
<tr><td>认证</td><td>MD5</td><td colspan="2">SHA1</td><td colspan="2">SHA2</td><td>MD5</td><td>SHA1</td><td>SHA2</td></tr>
<tr><td>密钥交换</td><td colspan="8">IKE（MD5、SHA1、SHA2、SM3）</td></tr>
</table>

图 11.1 IPSec 体系

1. 安全协议

IPSec 使用 AH 和 ESP 两种 IP 传输层协议来提供认证和加密等安全服务。

（1）AH

AH 仅支持认证功能，不支持加密功能。AH 在每一个数据包的标准 IP 头后面添加一个 AH 头，AH 对数据包和认证密钥进行 Hash 计算，接收方收到带有计算结果的数据包后，执行同样的 Hash 计算并与原计算结果进行比较，传输过程中对数据的任何更改都将使计算结果无效，这样就提供了数据来源认证和数据完整性校验。AH 协议的完整性验证范围为整个 IP 报文。

（2）ESP

ESP 支持认证和加密功能。ESP 会在每一个数据包的标准 IP 头后面添加一个 ESP 头，并在数据包后面追加一个 ESP 尾（ESP Trailer 和 ESP Auth data）。与 AH 不同的是，ESP 对数据中的有效载荷进行加密后封装到数据包中，以保证数据的机密性，但 ESP 没有对 IP 头的内容进行保护，除非 IP 头被封装在 ESP 内部（采用隧道模式）。

2. 封装模式

封装是指将 AH 或 ESP 相关的字段插入原始 IP 报文中，以实现对报文的认证和加密。封装模式有传输模式和隧道模式两种。

（1）传输模式

在传输模式中，AH 头或 ESP 头被放在 IP 头与传输层协议头之间，以保护 TCP/UDP/因特网控制报文协议（Internet Control Message Protocol，ICMP）负载。由于传输模式未添加额外的 IP 头，所以原始报文中的 IP 地址在加密后报文的 IP 头中可见。以 TCP 报文为例，原始报文经过传输模式封装后，报文格式如图 11.2 所示。

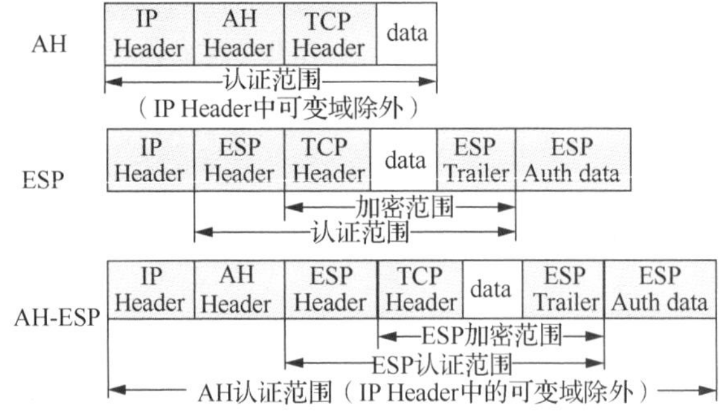

图 11.2 TCP 报文经传输模式封装后的报文格式

在传输模式中，与 AH 协议相比，ESP 的完整性验证范围不包括 IP 头，无法保证 IP 头的安全。

（2）隧道模式

在隧道模式中，AH 头或 ESP 头被放在原始 IP 头之前，另外生成一个新的 IP 头放到 AH 头或 ESP 头之前，以保护原始 IP 头和负载。以 TCP 报文为例，原始报文经隧道模式封装后的报文格式如图 11.3 所示。

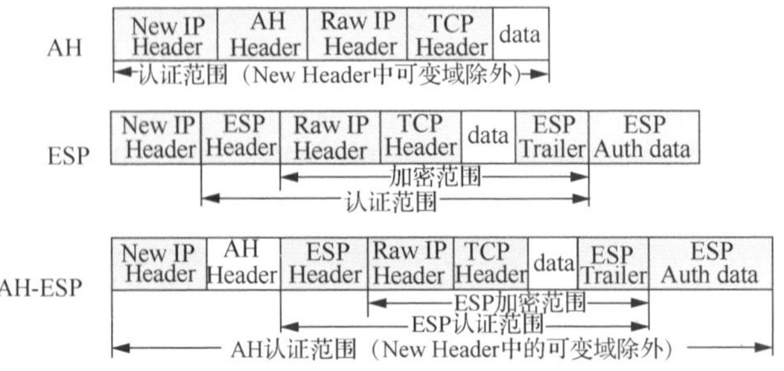

图 11.3 TCP 报文经隧道模式封装后的报文格式

在隧道模式中，与 AH 协议相比，ESP 的完整性认证范围不包括新 IP 头，无法保证新 IP 头的安全。

传输模式和隧道模式的区别如下。

（1）从安全性来讲，隧道模式优于传输模式。隧道模式可以对原始 IP 数据进行完全的认证和加密。在此模式下可以隐藏内部 IP 地址、协议类型和端口。

（2）从性能来讲，隧道模式有一个额外的 IP 头，比传输模式占用更多的带宽。

（3）从应用场景来讲，传输模式主要用于两台主机之间或一台主机和一台 VPN 网关之间的通信；隧道模式主要用于两台 VPN 网关之间或一台主机与一台 VPN 网关之间的通信。

当同时采用 AH 协议和 ESP 时，AH 协议和 ESP 必须采用相同的封装模式。

3. 加密和认证

IPSec 提供了两种安全机制：加密和认证。加密机制保证了数据的机密性，防止数据在传输过程中被窃听；认证机制能保证数据真实可靠，防止数据在传输过程中被仿冒和篡改。

（1）加密

IPSec 采用对称加密算法对数据进行加密和解密。如图 11.4 所示，IPSec 发送方和 IPSec 接收方使用相同的密钥进行加密、解密。

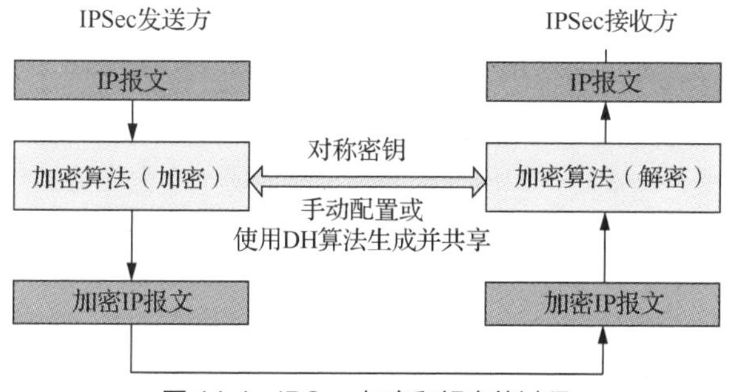

图 11.4　IPSec 加密和解密的过程

用于加密和解密的对称密钥可以手动配置，也可以通过互联网密钥交换（Internet Key Exchange，IKE）协议自动协商生成。

常用的对称加密算法包括数据加密标准（Data Encryption Standard，DES）、三重数据加密标准（Triple Data Encryption Standard，3DES）、先进加密标准（Advanced Encryption Standard，AES）、SM1 和 SM4。其中，DES 和 3DES 算法的安全性低，存在安全风险，不推荐使用。

（2）认证

IPSec 的加密功能无法判断解密后的信息是否为原始发送的信息或是否完整。IPSec 采用了密钥散列消息认证码（Hash-based Message Authentication Code，HMAC）功能比较数字签名，以进行数据包完整性和真实性认证。

通常情况下，加密和认证需要配合使用。如图 11.5 所示，IPSec 发送方加密后的报文通过认证算法和对称密钥生成数字签名，IP 报文和数字签名同时发给对端，数字签名填写在 AH 和 ESP 报文头的完整性校验值（Integrity Check Value，ICV）字段中；IPSec 接收方使用相同的认证算法和对称密钥对加密报文进行处理，同样得到数字签名，再比较数字签名进行数据完整性和真实性认证，丢弃认证不通过的报文，对认证通过的报文进行解密。

同加密一样，用于认证的对称密钥也可以手动配置，或者通过 IKE 协议自动协商生成。

常用的认证算法包括信息摘要 5（Message Digest 5，MD5）、安全散列算法 1（Secure Hash Algorithm 1，SHA1）、安全散列算法 2（Secure Hash Algorithm 2，SHA2）。其中，MD5、SHA1 的安全性低，存在安全风险，不推荐使用。

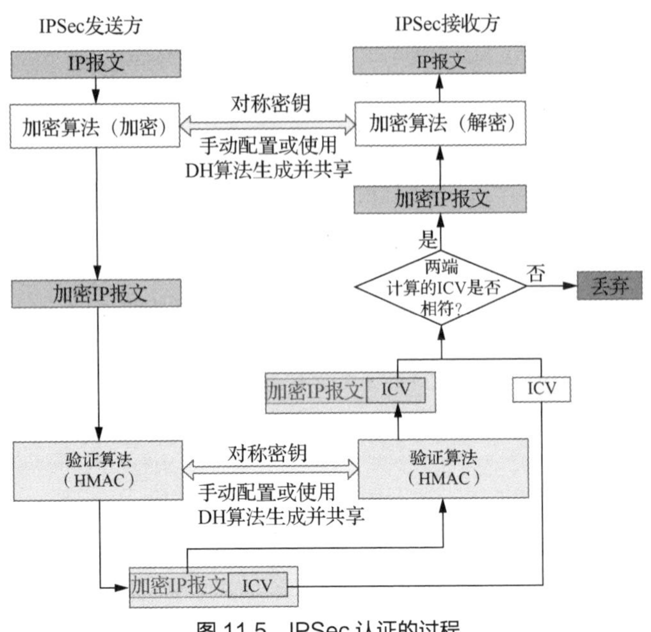

图 11.5　IPSec 认证的过程

4. 密钥交换

使用对称密钥进行加密、认证时，如何安全地共享密钥是一个很重要的问题。以下两种方式可以解决这个问题。

（1）带外共享密钥

带外共享密钥可在发送、接收设备上手动配置静态的加密、验证密钥，双方通过带外共享的方式（如电话或邮件）保证密钥一致性。这种方式的缺点是安全性低、可扩展性差，在点对多点组网中配置密钥的工作量成倍增加。另外，为提升网络安全性，需要周期性地修改密钥，而这在带外共享密钥方式下很难实施。

（2）使用安全的密钥分发协议

通过 IKE 协议自动协商密钥。IKE 协议采用 DH（Diffie-Hellman）算法，能在不安全的网络中安全地分发密钥，这种方式配置简单、可扩展性好，在大型动态的网络环境中更能突出其优势。同时，通信双方通过交换密钥材料来计算共享的密钥，即使第三方截获了双方用于计算密钥的所有交换数据，也无法计算出真正的密钥，极大地提高了数据的安全性。

IKE 协议建立在 Internet 安全联盟（Security Association，SA）和密钥管理协议的基础上，是基于 UDP 的应用层协议。它能为 IPSec 提供自动协商密钥、建立 IPSec 安全联盟的服务，从而简化 IPSec 的配置和维护工作。

IKE 协议与 IPSec 的关系如图 11.6 所示，对等体之间通过建立一个 IKE SA 完成身份验证和密钥信息交换后，在 IKE SA 的保护下，根据配置的 AH/ESP 安全协议等参数协商出一对 IPSec SA。此后，对等体间的数据将在 IPSec 隧道中加密传输。IKE SA 是一个双向的逻辑连接，两个对等体间只建立一个 IKE SA。

IKE 协议具有一套自我保护机制，可以在网络中安全地认证身份、分发密钥、建立 IPSec SA。

（1）身份认证

身份认证指确认通信双方的身份（对等体的 IP 地址或名称），包括预共享密钥（Pre-Shared Key，PSK）认证、RSA 数字证书（RSA-Signature）签名和数字信封认证。

① 在预共享密钥认证中，通信双方采用共享的密钥对报文进行 Hash 计算，判断双方的计算结果是否相同。如果相同，则认证通过，否则认证失败。当有一个对等体对应多个对等体时，需要为每个对等体配置预共享密钥，该认证在小型网络中容易建立，但安全性较低。

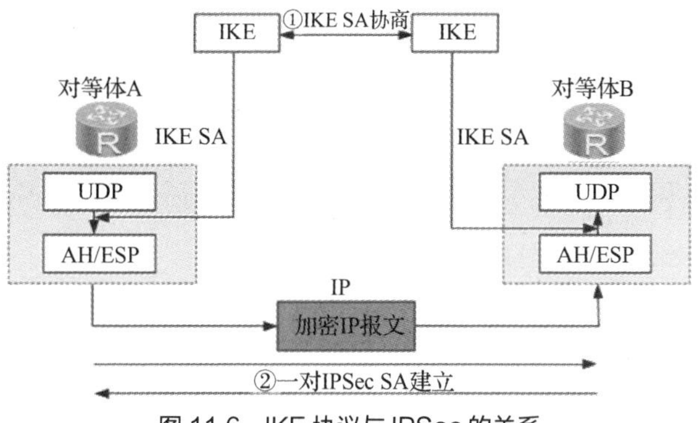

图 11.6 IKE 协议与 IPSec 的关系

② 在 RSA 数字证书认证中，通信双方使用证书颁发机构（Certificate Authority，CA）颁发的证书进行数字证书合法性验证，双方各有自己的公钥（网络上传输）和私钥（自己持有）。发送方对原始报文进行 Hash 计算，并用自己的私钥对报文计算结果进行加密，生成数字签名。接收方使用发送方的公钥对数字签名进行解密，并对报文进行 Hash 计算，判断计算结果与解密后的结果是否相同。如果相同，则认证通过，否则认证失败。使用 RSA 数字证书认证的安全性高，但需要 CA 来颁发数字证书，适合在大型网络中使用。

③ 在数字信封认证中，发送方先随机产生一个对称密钥，使用接收方的公钥对此对称密钥进行加密（被公钥加密的对称密钥称为数字信封），然后发送方用对称密钥加密报文，同时用自己的私钥生成数字签名。接收方用自己的私钥解密数字信封，得到对称密钥，再用对称密钥解密报文，同时根据发送方的公钥对数字签名进行解密，验证发送方的数字签名是否正确。如果正确，则认证通过，否则认证失败。使用数字信封认证需要设备符合国家密码管理局的要求，且此认证方法只能在 IKEv1 协议的主模式协商过程中使用。IKE 协议支持的认证算法包括 MD5、SHA1、SHA2-256、SHA2-384、SHA2-512、SM3。

（2）身份保护

身份数据在密钥产生之后加密传送，实现了对身份数据的保护。

IKE 协议支持的加密算法包括 DES、3DES、AES-128、AES-192、AES-256、SM1 和 SM4。

11.2.2 配置采用虚拟隧道端口方式建立 IPSec 隧道

虚拟隧道端口是一种三层逻辑端口，针对协议类型为 GRE 协议、mGRE 协议或 IPSec 的逻辑端口，设备可提供 IPSec 功能。它建立在 IKE 协商的基础上。配置虚拟隧道端口后，就能在虚拟隧道端口视图下应用 IPSec 安全框架建立 IPSec 隧道。

在采用虚拟隧道端口方式建立 IPSec 隧道之前，需完成以下任务。

（1）确定源端口和目的端口之间的路由可达。

（2）确定需要 IPSec 保护的数据流，并将数据流引到虚拟隧道端口上。

（3）确定数据流需被保护的强度，即确定使用的 IPSec 安全提议的参数。

1. 配置 IPSec 安全提议

IPSec 安全提议是安全策略或者安全框架的一个组成部分，它包括 IPSec 使用的安全协议、认证算法、加密算法及数据的封装模式，定义了 IPSec 的保护方法，为 IPSec 协商 SA 提供了各种安全参数。IPSec 隧道两端的设备需要配置相同的安全参数。

（1）使用 system-view 命令，进入系统视图。

（2）使用 ipsec proposal proposal-name 命令，创建 IPSec 安全提议并进入 IPSec 安全提议视图。

（3）使用 transform { ah | esp | ah-esp }命令，配置安全协议。默认情况下，IPSec 安全提议采用 ESP。

（4）配置安全协议的认证算法、加密算法。

① 安全协议采用 AH 协议时，AH 协议只能对报文进行认证，只能配置 AH 协议的认证算法。

使用 ah authentication-algorithm { md5 | sha1 | sha2-256 | sha2-384 | sha2-512 |sm3 } * 命令，配置 AH 协议使用的认证算法。默认情况下，AH 协议使用的认证算法为 SHA2-256。

② 安全协议采用 ESP 时，ESP 可对报文同时进行加密和认证，也可以只加密或只认证，根据需要配置 ESP 的认证算法、加密算法即可。

使用 esp authentication-algorithm { md5 | sha1 | sha2-256 | sha2-384 |sha2-512 | sm3 } * 命令，配置 ESP 使用的认证算法。默认情况下，ESP 使用的认证算法为 SHA2-256。

使用 esp encryption-algorithm { 3des | des | aes-128 | aes-192 | aes-256 |sm1 | sm4 } *命令，配置 ESP 使用的加密算法。默认情况下，ESP 使用的加密算法为 AES-256。

③ 安全协议同时采用 AH 协议和 ESP 时，允许 AH 协议进行认证、ESP 对报文进行加密和认证，AH 协议的认证算法、ESP 的认证算法和加密算法均可选择并配置。此时，设备先对报文进行 ESP 封装，再进行 AH 封装。

（5）使用 encapsulation-mode { transport | tunnel }命令，选择安全协议对数据的封装模式。默认情况下，安全协议对数据的封装模式为隧道模式。IKE 对等体采用 IKEv2 协议时，IKE 协议协商发起方配置的所有 IPSec 安全提议的报文封装模式必须一致，否则会导致 IKE 协议协商失败。

（6）使用 quit 命令，退出 IPSec 安全提议视图。

2. 配置 IPSec 安全策略

IPSec 安全策略是创建 SA 的前提，它规定了对哪些数据流采用哪种保护方法。配置 IPSec 安全策略时，可引用 ACL 和 IPSec 安全提议，将 ACL 定义的数据流和 IPSec 安全提议定义的保护方法关联起来，还可以指定 SA 的协商方式、IPSec 隧道的起点和终点、所需要的密钥和 SA 的生存周期等。

一个 IPSec 安全策略由名称和序号共同确定，相同名称的 IPSec 安全策略为一个 IPSec 安全策略组。IPSec 安全策略分为手动方式 IPSec 安全策略、互联网安全关联和密钥管理协议（Internet Security Association Key Management Protocol，ISAKMP）方式 IPSec 安全策略和策略模板方式 IPSec 安全策略 3 种。其中，ISAKMP 方式 IPSec 安全策略和策略模板方式 IPSec 安全策略均由 IKE 协议自动协商生成各参数。

（1）使用 system-view 命令，进入系统视图。

（2）使用 ipsec profile profile-name 命令，创建安全框架，并进入安全框架视图。默认情况下，系统中没有安全框架。

（3）使用 proposal proposal-name 命令，在安全框架中引用 IPSec 安全提议。默认情况下，安全框架没有引用 IPSec 安全提议。其中，proposal-name 是一个已创建的 IPSec 安全提议。

（4）使用 ike-peer peer-name 命令，在安全框架中引用 IKE 对等体。默认情况下，安全框架没有引用 IKE 对等体。其中，peer-name 是一个已创建的 IKE 对等体。

3. 配置虚拟隧道端口

协议类型为 IPSec 的 Tunnel 端口的 IP 地址可以手动配置，也可以通过 IKEv2 协商动态申请。后者在大规模分支接入总部的场景中可减少分支设备的配置和维护工作量。虚拟隧道模板（Tunnel-Template）端口与虚拟隧道端口类似，但配置了 Tunnel-Template 的端口不能发起协商，只能作为协商响应方接收对端的协商请求，一般用于配置总部网关。每当增加一个分支网关接入时，总部网关就会动态生成一个虚拟隧道端口。

（1）配置虚拟隧道端口。

① 使用 system-view 命令，进入系统视图。

② 使用 interface tunnel interface-number 命令，进入 Tunnel 端口视图。

③ 使用 tunnel-protocol { gre [p2mp] | ipsec }命令，配置 Tunnel 端口的封装模式。

④ 根据实际需要选择如下配置之一。

使用 ip address ip-address { mask | mask-length } [sub]命令，手动配置 Tunnel 端口的 IPv4 私网地址。

对 IPSec 类型的 Tunnel 端口，使用 ip address ike-negotiated 命令，通过 IKEv2 协商为 Tunnel 端口申请 IPv4 地址。

⑤ 使用 source { [vpn-instance vpn-instance-name] source-ip-address |interface-type interface-number [standby] }命令，配置 Tunnel 端口的源地址或源端口。其中，vpn-instance vpn-instance-name 参数只在 Tunnel 端口的隧道为 IPSec 或 mGRE 方式时支持设置此参数。

⑥ 使用 ipsec profile profile-name [shared]命令，在 Tunnel 端口上应用 IPSec 安全框架，使其具有 IPSec 的保护功能。默认情况下，Tunnel 端口上没有应用 IPSec 安全框架。

（2）配置 Tunnel-Template 端口。

① 使用 system-view 命令，进入系统视图。

② 使用 interface tunnel-template interface-number 命令，进入 Tunnel-Template 端口视图。

③ 配置 Tunnel-Template 端口地址。

使用 ip address ip-address { mask | mask-length } [sub]命令，配置 Tunnel-Template 端口的 IPv4 私网地址。

使用 ip address unnumbered interface interface-type interface-number 命令，配置 Tunnel-Template 端口借用其他端口的 IP 地址。

④ 使用 tunnel-protocol ipsec 命令，配置 Tunnel-Template 端口的封装模式为 IPSec 方式。

⑤ 使用 source { [vpn-instance vpn-instance-name] source-ip-address |interface-type interface-number }命令，配置 Tunnel-Template 端口的源地址或源端口。

⑥ 使用 ipsec profile profile-name 命令，在 Tunnel-Template 端口上应用 IPSec 安全框架，使其具有 IPSec 的保护功能。默认情况下，Tunnel-Template 端口上没有应用 IPSec 安全框架。一个 Tunnel-Template 端口只能应用一个 IPSec 安全框架，一个 IPSec 安全框架也只能应用到一个 Tunnel-Template 端口上。

（3）查看采用虚拟隧道端口方式建立 IPSec 隧道的配置信息。

① 使用 display ipsec proposal [brief | name proposal-name]命令，查看 IPSec 安全提议的信息。

② 使用 display ipsec profile [brief | name profile-name]命令，查看 IPSec 安全框架的信息。

③ 使用 display ike identity [name identity-name]命令，查看身份过滤集的配置信息。

④ 使用 display ipsec sa [brief | duration | policy policy-name [seq-number] |remote ipv4-address]命令，查看 IPSec SA 相关信息。

（4）使用 display ipsec global config 命令，查看 IPSec 的全局配置信息。

11.2.3 配置 IKE 协议

在配置 IKE 协议之前，需完成以下任务。

（1）确定进行 IKE 协商时算法的强度，即确定使用的 IKE 安全提议的参数。

（2）当认证方法为数字证书公钥基础设施（Public Key Infrastructure，PKI）认证时，需要确定对等体所属的 PKI 域。

1. 配置 IKE 安全提议

IKE 安全提议是 IKE 对等体的一个组成部分，定义了对等体进行 IKE 协商时使用的参数，包括加密算法、认证方法、认证算法、DH 组和 IKE SA 的生存周期。

在进行 IKE 协商时，协商发起方会将自己的 IKE 安全提议发送给协商响应方，协商响应方从自己优先级最高的 IKE 安全提议开始，按照优先级顺序进行匹配，直到找到一条匹配的 IKE 安全提议。匹配的 IKE 安全提议将被用来建立 IKE 的安全隧道。

优先级由 IKE 安全提议的序号表示，数值越小表示优先级越高。用户可以创建多条 IKE 安全提议，但是协商双方必须至少有一条匹配的 IKE 安全提议才能协商成功。

IKE 安全提议的匹配原则如下：协商双方具有相同的加密算法、认证方法、认证算法和 DH 组。IKE SA 的生存周期取两端对等体的最小值。

（1）使用 system-view 命令，进入系统视图。

（2）使用 ike proposal proposal-number 命令，创建一条 IKE 安全提议，并进入 IKE 安全提议视图。

（3）使用 authentication-method { pre-share | rsa-signature | digital-envelope }命令，配置认证方法。默认情况下，IKE 安全提议使用预共享密钥认证方法。

在进行 IKE 协商时，两端对等体使用的 IKE 安全提议中的认证方法必须保持一致，否则会导致 IKE 协商失败。

（4）在进行 IKEv1 协商时，需要配置认证算法。使用 authentication-algorithm { md5 | sha1 | sha2-256 | sha2-384 | sha2-512 | sm3 }*命令，配置 IKEv1 协商时所使用的认证算法。默认情况下，IKEv1 协商时所使用的认证算法为 SHA2-256。

认证算法安全级别由高到低为 SM3 > SHA2-512 > SHA2-384 > SHA2-256 > SHA1 > MD5。不建议使用 MD5 和 SHA1 算法，因为无法满足安全防御的要求。

（5）使用 encryption-algorithm { des | 3des | aes-128 | aes-192 | aes-256 | sm4 | sm1 } *命令，配置进行 IKE 协商时所使用的加密算法。默认情况下，IKE 协商时所使用的加密算法为 AES-256。

加密算法安全级别由高到低为 SM4 > SM1 > AES-256 > AES-192 > AES-128 >3DES > DES。不建议使用 DES 和 3DES 算法，因为无法满足安全防御的要求。

（6）使用 dh { group1 | group2 | group5 | group14 | group19 | group20 | group21 |group24 } *命令，配置 IKE 协商时采用的 DH 组。默认情况下，IKE 协商时采用的 DH 组为 group14。

DH 密钥交换组安全级别由高到低为 group24 > group21 > group20 > group19 > group14 > group5 > group2 > group1。不建议使用 group1、group2 和 group5，因为无法满足安全防御的要求。

（7）使用 prf { aes-xcbc-128 | hmac-md5 | hmac-sha1 | hmac-sha2-256 | hmac-sha2-384 |hmac-sha2-512 } *命令，配置 IKEv2 协商时所使用的伪随机数产生函数的算法。默认情况下，IKEv2 协商所使用的伪随机数产生函数算法为 HMAC-SHA2-256。不建议使用 HMAC-MD5 和 HMAC-SHA1 算法，因为无法满足安全防御的要求。

（8）使用 integrity-algorithm { aes-xcbc-96 | hmac-md5-96 | hmac-sha1-96 | hmac-sha2-256 | hmac-sha2-384 | hmac-sha2-512 } *命令，配置 IKEv2 协商时所使用的完整性算法。默认情况下，IKEv2 协商时所使用的完整性算法为 HMAC-SHA2-256。

2. 配置 IKE 对等体

配置 IKE 协议以动态协商方式建立 IPSec 隧道时，需要引用 IKE 对等体，并配置 IKE 协商时对等体的一系列属性。配置时需要注意以下几点。

（1）IKE 对等体两端使用相同的 IKE 版本。

（2）IKE 对等体两端使用 IKEv1 时必须采用相同的协商模式。

（3）IKE 对等体两端的身份认证参数必须匹配。

IKE 对等体使用的 IKE 协议有 IKEv1 协议和 IKEv2 协议两个版本。IKE 对等体使用 IKEv1 协议与使用 IKEv2 协议，存在以下差异。

（1）IKEv1 协议需要配置第一阶段协商模式，而 IKEv2 协议不需要。

（2）采用数字证书认证时，IKEv1 协议不支持通过 IKE 协议进行数字证书的在线状态认证，但 IKEv2 协议支持。

（3）IKEv2 协议可以配置重认证时间间隔以提高安全性，但 IKEv1 不支持此功能。

如果使用 RSA（Rivest Shamir Adleman）公钥密码算法进行签名认证，则要求被验证端已经导入本地证书和 CA 根证书，验证端已经导入 CA 根证书。

如果使用 RSA 认证，则要求被验证端已经生成 RSA 密钥对。当 IKEv1 使用证书方式协商时，如果配置的认证算法为 SHA2-512，则 RSA 密钥对长度必须为 1024 位以上。

配置步骤如下。

① 使用 system-view 命令，进入系统视图。

② 使用 ike peer peer-name 命令，创建 IKE 对等体并进入 IKE 对等体视图。

默认情况下，系统没有配置 IKE 对等体。

③ 使用 version { 1 | 2 }命令，配置 IKE 对等体使用的 IKE 协议版本号。默认情况下，一个 IKE 对等体同时支持 IKEv1 和 IKEv2 两个协议版本。

④ 使用 ike-proposal proposal-number 命令，引用 IKE 安全提议。proposal-number 是一条已创建的 IKE 安全提议。默认情况下，IKE 对等体没有引用 IKE 安全提议。

⑤ 配置身份认证参数。不同的认证方法下，身份认证参数的配置大不相同，要根据 IKE 安全提议选定的认证方法配置身份认证参数。

3. 查看 IKE 协议的配置结果

（1）使用 display ike identity [name identity-name]命令，查看 IKE 身份过滤集的配置信息。

（2）使用 display ike peer [brief | name peer-name]命令，查看 IKE 对等体配置的信息。

（3）使用 display ike proposal [number proposal-number]命令，查看 IKE 安全提议配置的参数。

（4）使用 display ike sa [remote ipv4-address]命令，查看当前 IKE SA 的摘要信息。

（5）使用 display ike sa [remote-id-type remote-id-type] remote-id remote-id 命令，根据对端 ID 查看 IKE SA 的摘要信息。

（6）使用 display ike sa verbose { remote ipv4-address | connection-id connection-id |[remote-id-type remote-id-type] remote-id remote-id }命令，查看当前 IKE SA 的详细信息。

（7）使用 display ike global config 命令，查看 IKE 协议的全局配置信息。

（8）使用 display ike user-table [number user-table-id [user-name user-name]]命令，查看 IKE 用户表的信息。

11.3 项目实施

11.3.1 虚拟隧道端口建立 IPSec 隧道配置实例

V11-1 虚拟隧道端口建立 IPSec 隧道配置实例——基础配置

如图 11.7 所示，路由器 AR1 为企业分公司的网关，分公司的子网为 192.168.1.0/24，路由器 AR2 为企业总公司的网关，总公司的子网为 192.168.2.0/24，分公司与总公司通过公网建立通信。企业希望对分公司子网与总公司子网之间相互访问的流量进行安全保护。由于分公司与总公司通过公网建立通信，因此，可以在分公司的网关与总公司的网关之间建立一个 IPSec 隧道来实施安全保护。配置相关端口与 IP 地址，进行网络拓扑连接。

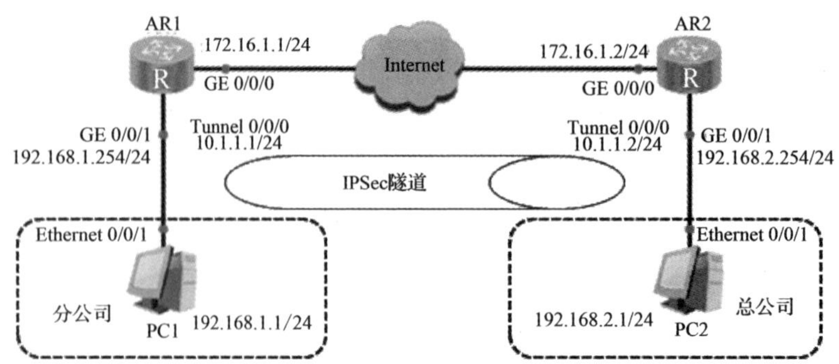

图 11.7　虚拟隧道端口建立 IPSec 隧道配置实例

V11-2　虚拟隧道端口建立 IPSec 隧道配置实例——IPSec 配置

1. 配置思路

由于分公司的子网较为庞大，有大量需要 IPSec 保护的数据流，因此可基于虚拟隧道端口建立 IPSec 隧道，对 Tunnel 端口下的流量进行保护。

采用虚拟隧道端口方式建立 IPSec 隧道，相关思路如下。

（1）配置端口的 IP 地址和到对端的静态路由，保证两端路由可达。

（2）配置 IPSec 安全提议，定义 IPSec 的保护方法。

（3）配置 IKE 对等体，定义 IKE 协商时对等体的属性。

（4）配置安全框架，并引用安全提议和 IKE 对等体，确定对何种数据流采取何种保护方法。

（5）在 Tunnel 端口上应用安全框架，使端口具有 IPSec 的保护功能。

（6）配置 Tunnel 端口的转发路由，将需要 IPSec 保护的数据流引到 Tunnel 端口上。

2. 配置步骤与方法

V11-3　虚拟隧道端口建立 IPSec 隧道配置实例——测试结果

（1）配置路由器 AR1、路由器 AR2 各端口的 IP 地址，这里以路由器 AR1 为例，路由器 AR2 各端口的 IP 地址与此配置一致。

```
<Huawei>system-view
[Huawei]sysname   AR1
[AR1]interface GigabitEthernet 0/0/0
[AR1-GigabitEthernet0/0/0]ip address 172.16.1.1 24
[AR1-GigabitEthernet0/0/0]quit
[AR1]interface GigabitEthernet 0/0/1
[AR1-GigabitEthernet0/0/1]ip address 192.168.1.254 24
[AR1-GigabitEthernet0/0/1]quit
[AR1]
```

（2）配置静态路由。

配置路由器 AR1。

```
[AR1]ip route-static 192.168.2.0 255.255.255.0 172.16.1.2
[AR1]
```

配置路由器 AR2。

```
[AR2]ip route-static 192.168.1.0 255.255.255.0 172.16.1.1
[AR2]
```

（3）分别在路由器 AR1 和路由器 AR2 上配置 IPSec 安全提议。

在路由器 AR1 上配置 IPSec 安全提议。

```
[AR1]ipsec proposal tran-sec-1              //创建 IPSec 安全提议，其名称为 tran-sec-1
[AR1-ipsec-proposal-tran-sec-1]esp authentication-algorithm sha2-256
                                            //配置 ESP 使用的认证算法
```

```
[AR1-ipsec-proposal-tran-sec-1]esp encryption-algorithm aes-128
                                           //配置 ESP 使用的加密算法
[AR1-ipsec-proposal-tran-sec-1]quit
[AR1]
```

在路由器 AR2 上配置 IPSec 安全提议。

```
[AR2]ipsec proposal tran-sec-1             //创建 IPSec 安全提议，其名称为 tran-sec-1
[AR2-ipsec-proposal-tran-sec-1]esp authentication-algorithm sha2-256
                                           //配置 ESP 使用的认证算法
[AR2-ipsec-proposal-tran-sec-1]esp encryption-algorithm aes-128
                                           //配置 ESP 使用的加密算法
[AR2-ipsec-proposal-tran-sec-1]quit
[AR2]
```

（4）分别在路由器 AR1 和路由器 AR2 上使用 display ipsec proposal 命令，显示所配置的信息，这里以路由器 AR1 为例。

```
[AR1]display ipsec proposal
Number of proposals: 1
IPSec proposal name: tran-sec-1
 Encapsulation mode: Tunnel
 Transform          : esp-new
 ESP protocol       : Authentication SHA2-HMAC-256
                      Encryption     AES-128
[AR1]
```

（5）分别在路由器 AR1 和路由器 AR2 上配置 IKE 对等体。

在路由器 AR1 上配置 IKE 安全提议。

```
[AR1]ike proposal 1                                  //创建一个 IKE 安全提议
[AR1-ike-proposal-1]authentication-algorithm sm3     //配置 IKEv1 协商时所使用的认证算法
[AR1-ike-proposal-1]encryption-algorithm aes-cbc-128
                                                     //配置 IKE 协商时所使用的加密算法
[AR1-ike-proposal-1]dh group14                       //配置 IKE 协商时所使用的 DH 组
[AR1-ike-proposal-1]quit
[AR1]
```

在路由器 AR1 上配置 IKE 对等体。

```
[AR1]ike peer spu-AR2 v1                   //创建 IKE 对等体
[AR1-ike-peer-spu-AR2]ike-proposal 1       //引用 IKE 安全提议
[AR1-ike-peer-spu-AR2]pre-shared-key cipher Huawei123456
                                 //配置身份认证为预共享密钥认证，加密密码为 Huawei123456
[AR1-ike-peer-spu-AR1-AR2]quit
[AR1]
```

在路由器 AR2 上配置 IKE 安全提议。

```
[AR2]ike proposal 1                                  //创建一个 IKE 安全提议
[AR2-ike-proposal-1]authentication-algorithm sm3     //配置 IKEv1 协商时所使用的认证算法
[AR2-ike-proposal-1]encryption-algorithm aes-cbc-128
                                                     //配置 IKE 协商时所使用的加密算法
[AR2-ike-proposal-1]dh group14                       //配置 IKE 协商时所使用的 DH 组
[AR2-ike-proposal-1]quit
[AR2]
```

在路由器 AR2 上配置 IKE 对等体。

```
[AR2]ike peer spu-AR1 v1                                  //创建 IKE 对等体
[AR2-ike-peer- spu-AR1]ike-proposal 1                     //引用 IKE 安全提议
[AR2-ike-peer- spu-AR1]pre-shared-key cipher Huawei123456
                        //配置身份认证为预共享密钥认证，加密密码为 Huawei123456
[AR2-ike-peer- spu-AR1-AR2]quit
[AR2]
```

（6）分别在路由器 AR1 和路由器 AR2 上创建安全框架。

在路由器 AR1 上创建安全框架。

```
[AR1]ipsec profile profile-1                          //创建安全框架，并进入安全框架视图
[AR1-ipsec-profile-profile-1]proposal tran-sec-1      //在安全框架中引用 IPSec 安全提议
[AR1-ipsec-profile-profile-1]ike-peer spu-AR2         //在安全框架中引用 IKE 对等体
[AR1-ipsec-profile-profile-1]quit
[AR1]
```

在路由器 AR2 上创建安全框架。

```
[AR2]ipsec profile profile-1                          //创建安全框架，并进入安全框架视图
[AR2-ipsec-profile-profile-1]proposal tran-sec-1      //在安全框架中引用 IPSec 安全提议
[AR2-ipsec-profile-profile-1]ike-peer spu-AR1         //在安全框架中引用 IKE 对等体
[AR2-ipsec-profile-profile-1]quit
[AR2]
```

（7）分别在路由器 AR1 和路由器 AR2 的端口上引用各自的安全框架。

在路由器 AR1 的端口上引用安全框架。

```
[AR1]interface Tunnel 0/0/0
[AR1-Tunnel0/0/0]ip address 10.1.1.1 255.255.255.0
[AR1-Tunnel0/0/0]tunnel-protocol ipsec                //隧道启用 IPSec 协议
[AR1-Tunnel0/0/0]source 172.16.1.1
[AR1-Tunnel0/0/0]destination 172.16.1.2
[AR1-Tunnel0/0/0]ipsec profile profile-1              //引入 IPSec 安全框架
[AR1]
```

在路由器 AR2 的端口上引用安全框架。

```
[AR2]interface Tunnel 0/0/0
[AR2-Tunnel0/0/0]ip address 10.1.1.2 255.255.255.0
[AR2-Tunnel0/0/0]tunnel-protocol ipsec                //隧道启用 IPSec 协议
[AR2-Tunnel0/0/0]source 172.16.1.2
[AR2-Tunnel0/0/0]destination 172.16.1.1
[AR2-Tunnel0/0/0]ipsec profile profile-1              //引入 IPSec 安全框架
[AR2]
```

（8）在路由器 AR1 和路由器 AR2 上使用 display ipsec profile 命令，显示所配置的信息，这里以路由器 AR1 为例。

```
<AR1>display ipsec profile
===========================================
IPSec profile   : profile-1
Using interface: Tunnel0/0/0
===========================================
 IPSec Profile Name          :profile-1
 Peer Name                   : spu- AR2
 PFS    Group                :0 (0:Disable 1:Group1 2:Group2 5:Group5 14:Group14)
```

```
 SecondsFlag                  :0 (0:Global 1:Local)
 SA Life Time Seconds         :3600
 KilobytesFlag                :0 (0:Global 1:Local)
 SA Life Kilobytes            :1843200
 Anti-replay window size      :32
 Qos pre-classify             :0 (0:Disable 1:Enable)
 Number of IPSec Proposals    :1
 IPSec Proposals Name         :tran-sec-1
<AR1>
```

（9）配置 Tunnel 端口的转发路由，将需要 IPSec 保护的数据流引到 Tunnel 端口上。

在路由器 AR1 上配置 Tunnel 端口的转发路由。

```
[AR1]ip route-static 192.168.2.0 255.255.255.0 Tunnel 0/0/0
[AR1]ip route-static 192.168.2.0 255.255.255.0 10.1.1.2
[AR1]
```

在路由器 AR2 上配置 Tunnel 端口的转发路由。

```
[AR2]ip route-static 192.168.1.0 255.255.255.0 Tunnel 0/0/0
[AR2]ip route-static 192.168.1.0 255.255.255.0 10.1.1.1
[AR2]
```

（10）配置成功后，分别在路由器 AR1 和路由器 AR2 上使用 display ike sa 命令，显示所配置的信息，这里以路由器 AR1 为例。

```
<AR1>display ike sa
    Conn-ID  Peer            VPN     Flag(s)                 Phase
  ------------------------------------------------------------------

       43    172.16.1.2      0       RD|ST                   2
       42    172.16.1.2      0       RD|ST                   1
  Flag Description:
  RD--READY  ST--STAYALIVE  RL--REPLACED  FD--FADING  TO--TIMEOUT
  HRT--HEARTBEAT   LKG--LAST KNOWN GOOD SEQ NO.   BCK--BACKED UP
<AR1>
```

（11）显示路由器 AR1、路由器 AR2 的配置信息，这里以路由器 AR1 为例，主要配置实例代码如下。

```
<AR1>display current-configuration
#
 sysname   AR1
#
ipsec proposal tran-sec-1
 esp authentication-algorithm sha2-256
 esp encryption-algorithm aes-128
#
ike proposal 1
 encryption-algorithm aes-cbc-128
 dh group14
 authentication-algorithm sm3
#
ike peer spu-AR2 v1
 pre-shared-key cipher %$%$fU#m5_ep_4zcRC)R[Zk=,.2n%$%$
 ike-proposal 1
#
```

```
ipsec profile profile-1
 ike-peer spu-AR2
 proposal tran-sec-1
#
interface GigabitEthernet0/0/0
 ip address 172.16.1.1 255.255.255.0
#
interface GigabitEthernet0/0/1
 ip address 192.168.1.254 255.255.255.0
#
interface Tunnel0/0/0
 ip address 10.1.1.1 255.255.255.0
 tunnel-protocol ipsec
 source 172.16.1.1
 destination 172.16.1.2
 ipsec profile profile-1
#
ip route-static 192.168.2.0 255.255.255.0 172.16.1.2
ip route-static 192.168.2.0 255.255.255.0 Tunnel0/0/0
#
<AR1>
```

（12）配置主机 PC1 与主机 PC2 的 IP 地址，如图 11.8 所示。

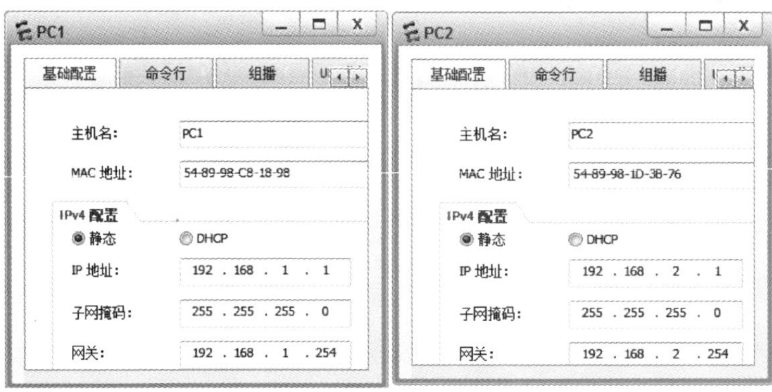

图 11.8　配置主机 PC1 与主机 PC2 的 IP 地址

（13）验证配置结果，使用 ping 命令，在主机 PC1 上访问主机 PC2，其测试结果如图 11.9 所示。

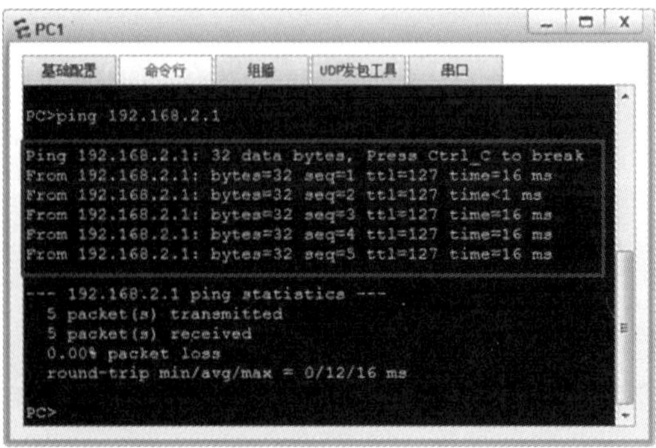

图 11.9　主机 PC1 访问主机 PC2 的测试结果

11.3.2 虚拟隧道端口建立 GRE over IPSec 隧道配置实例

如图 11.10 所示，全网运行 OSPF 协议，路由器 AR2 为企业总公司的网关，路由器 AR3 为企业分公司的网关，总公司与分公司通过公网建立通信。

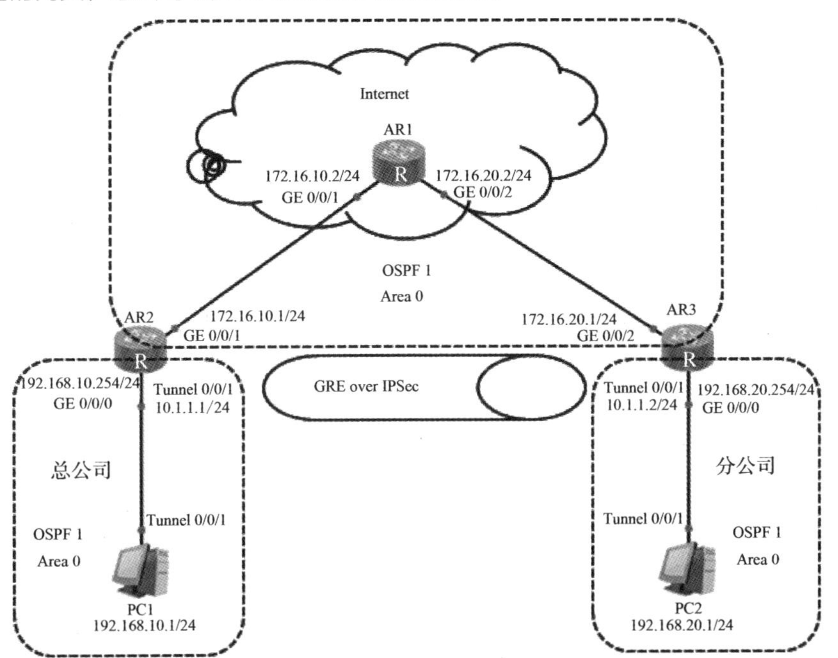

图 11.10 虚拟隧道端口建立 GRE over IPSec 隧道配置实例

V11-4 虚拟隧道端口建立 GRE over IPSec 隧道配置实例——基础配置

V11-5 虚拟隧道端口建立 GRE over IPSec 隧道配置实例——GRE over IPSec 配置

企业希望对总公司与分公司之间相互访问的流量进行安全保护，因为多播数据无法直接应用 IPSec，所以可基于虚拟隧道端口建立 GRE over IPSec，对 Tunnel 端口下的流量进行保护。配置相关端口与 IP 地址，进行网络拓扑连接。

V11-6 虚拟隧道端口建立 GRE over IPSec 隧道配置实例——测试结果

1. 配置思路

采用如下思路建立 GRE over IPSec 隧道。

（1）配置物理端口的 IP 地址和到对端的 OSPF 协议动态路由，保证两端路由可达。

（2）配置 GRE Tunnel 端口。

（3）配置 IPSec 安全提议，定义 IPSec 的保护方法。

（4）配置 IKE 对等体，定义对等体间进行 IKE 协商时的属性。

（5）配置安全框架，并引用安全提议和 IKE 对等体。

（6）在 Tunnel 端口上应用安全框架，使端口具有 IPSec 的保护功能。

（7）配置 Tunnel 端口的转发路由，将需要 IPSec 保护的数据流引到 Tunnel 端口上。

2. 配置步骤与方法

（1）配置路由器 AR1、路由器 AR2、路由器 AR3 各端口的 IP 地址，这里以路由器 AR1 为例，其他路由器各端口的 IP 地址与此配置一致。

```
<Huawei>system-view
[Huawei]sysname   AR1
[AR1]interface GigabitEthernet 0/0/1
[AR1-GigabitEthernet0/0/1]ip address 172.16.10.2 24
```

```
[AR1-GigabitEthernet0/0/1]quit
[AR1]interface GigabitEthernet 0/0/2
[AR1-GigabitEthernet0/0/2]ip address 172.16.20.2 24
[AR1-GigabitEthernet0/0/2]quit
[AR1]
```

（2）配置路由器的 OSPF 协议路由。

配置路由器 AR1 的 OSPF 协议路由。

```
[AR1]router id 1.1.1.1
[AR1]ospf 1
[AR1-ospf-1]area 0
[AR1-ospf-1-area-0.0.0.0]network 172.16.10.0 0.0.0.255
[AR1-ospf-1-area-0.0.0.0]network 172.16.20.0 0.0.0.255
[AR1-ospf-1-area-0.0.0.0]quit
[AR1-ospf-1]quit
[AR1]
```

配置路由器 AR2 的 OSPF 协议路由。

```
[AR2]router id 2.2.2.2
[AR2]ospf 1
[AR2-ospf-1]area 0
[AR2-ospf-1-area-0.0.0.0]network 172.16.10.0 0.0.0.255
[AR2-ospf-1-area-0.0.0.0]quit
[AR2-ospf-1]quit
[AR2]
```

配置路由器 AR3 的 OSPF 协议路由。

```
[AR3] router id 3.3.3.3
[AR3]ospf 1
[AR3-ospf-1]area 0
[AR3-ospf-1-area-0.0.0.0]network 172.16.20.0 0.0.0.255
[AR3-ospf-1-area-0.0.0.0]quit
[AR3-ospf-1]quit
[AR3]
```

（3）配置完成后，在路由器 AR2 和路由器 AR3 上使用 display ip routing-table protocol ospf 命令，可以看出它们学习到了去往对端端口网段地址的 OSPF 协议路由，这里以路由器 AR2 为例。

```
<AR2>display ip routing-table protocol ospf
Route Flags: R - relay, D - download to fib
------------------------------------------------------------------------------
Public routing table : OSPF
          Destinations : 1          Routes : 1
OSPF routing table status : <Active>
          Destinations : 1          Routes : 1
Destination/Mask    Proto   Pre  Cost      Flags    NextHop         Interface
172.16.20.0/24      OSPF    10   2         D        172.16.10.2     GigabitEthernet 0/0/1
OSPF routing table status : <Inactive>
         Destinations : 0          Routes : 0
<AR2>
```

（4）验证配置结果，使用 ping 命令，在路由器 AR2 上访问路由器 AR3 的 GE 0/0/2 端口的 IP 地址。

```
<AR2>ping -a 172.16.10.1 172.16.20.1
```

```
  PING 172.16.20.1: 56   data bytes, press CTRL_C to break
    Reply from 172.16.20.1: bytes=56 Sequence=1 ttl=254 time=30 ms
    Reply from 172.16.20.1: bytes=56 Sequence=2 ttl=254 time=30 ms
    Reply from 172.16.20.1: bytes=56 Sequence=3 ttl=254 time=30 ms
    Reply from 172.16.20.1: bytes=56 Sequence=4 ttl=254 time=20 ms
    Reply from 172.16.20.1: bytes=56 Sequence=5 ttl=254 time=30 ms
  --- 172.16.20.1 ping statistics ---
    5 packet(s) transmitted
    5 packet(s) received
    0.00% packet loss
    round-trip min/avg/max = 20/28/30 ms
<AR2>
```

（5）配置 GRE Tunnel 端口。

配置路由器 AR2。

```
[AR2]interface Tunnel 0/0/1
[AR2-Tunnel0/0/1]tunnel-protocol gre                //配置 GRE 协议
[AR2-Tunnel0/0/1]ip address 10.1.1.1 24
[AR2-Tunnel0/0/1]source 172.16.10.1
[AR2-Tunnel0/0/1]destination 172.16.20.1
[AR2-Tunnel0/0/1]keepalive
[AR2-Tunnel0/0/1]quit
[AR2]
```

配置路由器 AR3。

```
[AR3]interface Tunnel 0/0/1
[AR3-Tunnel0/0/1]tunnel-protocol gre                //配置 GRE 协议
[AR3-Tunnel0/0/1]ip address 10.1.1.2 24
[AR3-Tunnel0/0/1]source 172.16.20.1
[AR3-Tunnel0/0/1]destination 172.16.10.1
[AR3-Tunnel0/0/1]keepalive
[AR3-Tunnel0/0/1]quit
[AR3]
```

（6）配置完成后，Tunnel 端口的状态变为 Up，Tunnel 端口之间可以联通，这里以路由器 AR2 为例。

```
<AR2>ping -a 10.1.1.1 10.1.1.2
  PING 10.1.1.2: 56   data bytes, press CTRL_C to break
    Reply from 10.1.1.2: bytes=56 Sequence=1 ttl=255 time=50 ms
    Reply from 10.1.1.2: bytes=56 Sequence=2 ttl=255 time=20 ms
    Reply from 10.1.1.2: bytes=56 Sequence=3 ttl=255 time=20 ms
    Reply from 10.1.1.2: bytes=56 Sequence=4 ttl=255 time=30 ms
    Reply from 10.1.1.2: bytes=56 Sequence=5 ttl=255 time=30 ms
  --- 10.1.1.2 ping statistics ---
    5 packet(s) transmitted
    5 packet(s) received
    0.00% packet loss
    round-trip min/avg/max = 20/30/50 ms
<AR2>
```

（7）分别在路由器 AR2 和路由器 AR3 上创建 IPSec 安全提议。

在路由器 AR2 上创建 IPSec 安全提议。

```
[AR2]ipsec proposal tran-sec-1
[AR2-ipsec-proposal-tran-sec-1]esp authentication-algorithm sha2-256
[AR2-ipsec-proposal-tran-sec-1]esp encryption-algorithm aes-128
[AR2-ipsec-proposal-tran-sec-1]quit
[AR2]
```

在路由器 AR3 上创建 IPSec 安全提议。

```
[AR3]ipsec proposal tran-sec-1
[AR3-ipsec-proposal-tran-sec-1]esp authentication-algorithm sha2-256
[AR3-ipsec-proposal-tran-sec-1]esp encryption-algorithm aes-128
[AR3-ipsec-proposal-tran-sec-1]quit
[AR3]
```

（8）分别在路由器 AR2 和路由器 AR3 上配置 IKE 安全提议。

在路由器 AR2 上配置 IKE 安全提议。

```
[AR2]ike proposal 1
[AR2-ike-proposal-1]authentication-algorithm sha2-256
[AR2-ike-proposal-1]encryption-algorithm aes-cbc-128
[AR2-ike-proposal-1]dh group14
[AR2-ike-proposal-1]quit
[AR2]
```

在路由器 AR3 上配置 IKE 安全提议。

```
[AR3]ike proposal 1
[AR3-ike-proposal-1]authentication-algorithm sha2-256
[AR3-ike-proposal-1]encryption-algorithm aes-cbc-128
[AR3-ike-proposal-1]dh group14
[AR3-ike-proposal-1]quit
[AR3]
```

（9）分别在路由器 AR2 和路由器 AR3 上配置 IKE 对等体。

在路由器 AR2 上配置 IKE 对等体。

```
[AR2]ike peer spu-AR3 v1
[AR2-ike-peer-spu-AR3]ike-proposal 1
[AR2-ike-peer-spu-AR3]pre-shared-key cipher Huawei123456
[AR2-ike-peer-spu-AR3]quit
[AR2]
```

在路由器 AR3 上配置 IKE 对等体。

```
[AR3]ike peer spu-AR2 v1
[AR3-ike-peer-spu-AR2]ike-proposal 1
[AR3-ike-peer-spu-AR2]pre-shared-key cipher Huawei123456
[AR3-ike-peer-spu-AR2]quit
[AR3]
```

（10）分别在路由器 AR2 和路由器 AR3 上创建安全框架。

在路由器 AR2 上创建安全框架。

```
[AR2]ipsec profile profile-1
[AR2-ipsec-profile-profile-1]proposal tran-sec-1
[AR2-ipsec-profile-profile-1]ike-peer spu-AR3
[AR2-ipsec-profile-profile-1]quit
[AR2]
```

在路由器 AR3 上创建安全框架。

```
[AR3]ipsec profile profile-1
[AR3-ipsec-profile-profile-1]proposal tran-sec-1
[AR3-ipsec-profile-profile-1]ike-peer spu-AR2
[AR3-ipsec-profile-profile-1]quit
[AR3]
```

（11）分别在路由器 AR2 和路由器 AR3 的端口上应用各自的安全框架。

在路由器 AR2 的端口上应用安全框架。

```
[AR2]interface Tunnel 0/0/1
[AR2-Tunnel0/0/1]ipsec profile profile-1
[AR2-Tunnel0/0/1]quit
[AR2]
```

在路由器 AR3 的端口上应用安全框架。

```
[AR3]interface Tunnel 0/0/1
[AR3-Tunnel0/0/1]ipsec profile profile-1
[AR3-Tunnel0/0/1]quit
[AR3]
```

（12）分别在路由器 AR2 和路由器 AR3 上使用 display ipsec profile 命令，以显示所配置的信息。

在路由器 AR2 上使用 display ipsec profile 命令。

```
[AR2]display ipsec profile
===========================================
IPSec profile    : profile-1
Using interface: Tunnel0/0/1
===========================================
 IPSec Profile Name              :profile-1
 Peer Name                       :spu-AR3
 PFS     Group                   :0 (0:Disable 1:Group1 2:Group2 5:Group5 14:Group14)
 SecondsFlag                     :0 (0:Global 1:Local)
 SA Life Time Seconds            :3600
 KilobytesFlag                   :0 (0:Global 1:Local)
 SA Life Kilobytes               :1843200
 Anti-replay window size         :32
 Qos pre-classify                :0 (0:Disable 1:Enable)
 Number of IPSec Proposals       :1
 IPSec Proposals Name            :tran-sec-1
[AR2]
```

在路由器 AR3 上使用 display ipsec profile 命令。

```
[AR3]display ipsec profile
===========================================
IPSec profile    : profile-1
Using interface: Tunnel0/0/1
===========================================
 IPSec Profile Name              :profile-1
 Peer Name                       :spu-AR2
 PFS     Group                   :0 (0:Disable 1:Group1 2:Group2 5:Group5 14:Group14)
 SecondsFlag                     :0 (0:Global 1:Local)
 SA Life Time Seconds            :3600
 KilobytesFlag                   :0 (0:Global 1:Local)
 SA Life Kilobytes               :1843200
```

```
 Anti-replay window size        :32
 Qos pre-classify               :0 (0:Disable 1:Enable)
 Number of IPSec Proposals      :1
 IPSec Proposals Name           :tran-sec-1
[AR3]
```

（13）配置 Tunnel 端口的转发路由，将需要 IPSec 保护的数据流引到 Tunnel 端口上。

在路由器 AR2 上配置 Tunnel 端口的转发路由。

```
[AR2]ip route-static 192.168.20.0 255.255.255.0 tunnel 0/0/1
[AR2]
```

在路由器 AR3 上配置 Tunnel 端口的转发路由。

```
[AR3]ip route-static 192.168.10.0 255.255.255.0 tunnel 0/0/1
[AR3]
```

（14）配置成功后，分别在路由器 AR2 和路由器 AR3 上使用 display ike sa 命令，显示所配置的信息，这里以路由器 AR3 为例。

```
[AR3]display ike sa
    Conn-ID  Peer            VPN    Flag(s)              Phase
  ---------------------------------------------------------------
        2    172.16.10.1     0      RD|ST                2
        1    172.16.10.1     0      RD|ST                1
  Flag Description:
RD--READY   ST--STAYALIVE   RL--REPLACED    FD--FADING    TO--TIMEOUT
HRT--HEARTBEAT    LKG--LAST KNOWN GOOD SEQ NO.    BCK--BACKED UP
[AR3]
```

（15）显示路由器 AR1、路由器 AR2 和路由器 AR3 的配置信息，这里以路由器 AR3 为例，主要配置实例代码如下。

```
<AR3>display current-configuration
#
 sysname   AR3
#
router id 3.3.3.3
#
ipsec proposal tran-sec-1
 esp authentication-algorithm sha2-256
 esp encryption-algorithm aes-128
#
ike proposal 1
 encryption-algorithm aes-cbc-128
 dh group14
#
ike peer spu-AR2 v1
 pre-shared-key cipher %$%$fU#m5_ep_4zcRC)R[Zk=,.2n%$%$
 ike-proposal 1
#
ipsec profile profile-1
 ike-peer spu-AR2
 proposal tran-sec-1
#
interface GigabitEthernet0/0/0
```

```
 ip address 192.168.20.254 255.255.255.0
#
interface GigabitEthernet0/0/2
 ip address 172.16.20.1 255.255.255.0
#
interface Tunnel0/0/1
 ip address 10.1.1.2 255.255.255.0
 tunnel-protocol gre
 source 172.16.20.1
 destination 172.16.10.1
 ipsec profile profile-1
#
ospf 1
 area 0.0.0.0
  network 172.16.20.0 0.0.0.255
#
ip route-static 192.168.10.0 255.255.255.0 Tunnel0/0/1
#
<AR3>
```

（16）配置主机 PC1 和主机 PC2 的 IP 地址，如图 11.11 所示。

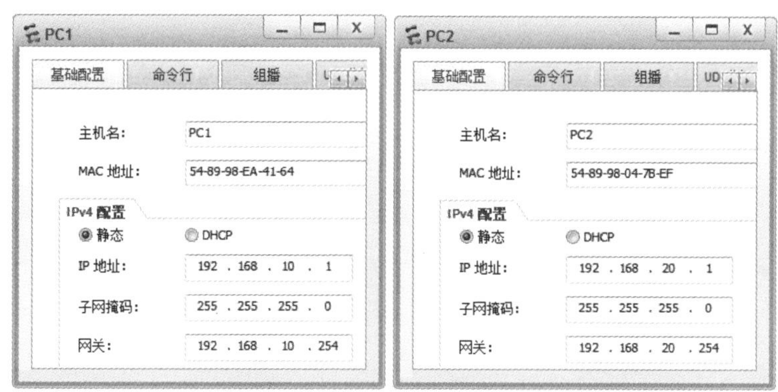

图 11.11　配置主机 PC1 和主机 PC2 的 IP 地址

（17）验证配置结果，使用 ping 命令，在主机 PC1 上访问主机 PC2，其测试结果如图 11.12 所示。

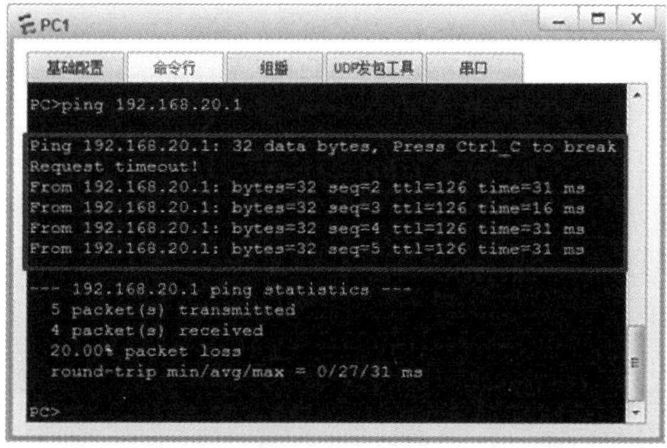

图 11.12　主机 PC1 访问主机 PC2 的测试结果

11.3.3 虚拟隧道端口建立 IPSec over GRE 隧道配置实例

如图 11.13 所示，全网运行 OSPF 协议，路由器 AR2 为企业总公司的网关，路由器 AR3 为企业分公司的网关，总公司与分公司通过公网建立通信。

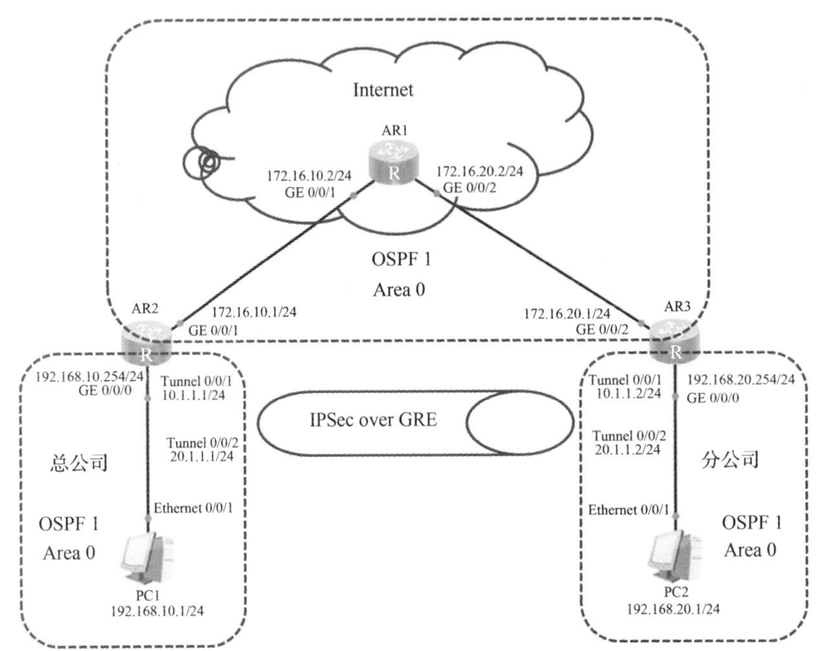

图 11.13 虚拟隧道端口建立 IPSec over GRE 隧道配置实例

V11-7 虚拟隧道端口建立 IPSec over GRE 隧道配置实例——基础配置

企业希望对总公司与分公司之间相互访问的流量进行安全保护，因为多播数据无法直接应用 IPSec，所以需要基于虚拟隧道端口建立 IPSec over GRE 隧道，对 Tunnel 端口下的流量进行保护。配置相关端口与 IP 地址，进行网络拓扑连接。

1. 配置思路

采用如下思路建立 IPSec over GRE 隧道。

（1）配置物理端口的 IP 地址和到对端的静态路由，保证两端路由可达。

（2）配置 GRE Tunnel 端口。

（3）配置 IPSec 安全提议，定义 IPSec 的保护方法。

（4）配置 IKE 对等体，定义对等体进行 IKE 协商时的属性。

（5）配置安全框架，并引用安全提议和 IKE 对等体。

（6）配置 IPSec Tunnel 端口，将 IPSec Tunnel 的源端口配置为 GRE Tunnel 端口，且 IPSec Tunnel 的目的地址的路由必须从 GRE Tunnel 端口出去。

（7）在 IPSec Tunnel 端口上应用安全框架，使端口具有 IPSec 的保护功能。

（8）配置 IPSec Tunnel 端口的转发路由，将需要 IPSec 保护的数据流引到 IPSec Tunnel 端口上。

V11-8 虚拟隧道端口建立 IPSec over GRE 隧道配置实例——IPSec over GRE 配置

2. 配置步骤与方法

（1）配置路由器 AR1、路由器 AR2 和路由器 AR3 各端口的 IP 地址，这里以路由器 AR1 为例，其他路由器各端口的 IP 地址与此配置一致。

```
<Huawei>system-view
[Huawei]sysname  AR1
```

```
[AR1]interface GigabitEthernet 0/0/1
[AR1-GigabitEthernet0/0/1]ip address 172.16.10.2 24
[AR1-GigabitEthernet0/0/1]quit
[AR1]interface GigabitEthernet 0/0/2
[AR1-GigabitEthernet0/0/2]ip address 172.16.20.2 24
[AR1-GigabitEthernet0/0/2]quit
[AR1]
```

（2）配置各路由器的 OSPF 协议路由。

配置路由器 AR1 的 OSPF 协议路由。

```
[AR1]router id 1.1.1.1
[AR1]ospf 1
[AR1-ospf-1]area 0
[AR1-ospf-1-area-0.0.0.0]network 172.16.10.0 0.0.0.255
[AR1-ospf-1-area-0.0.0.0]network 172.16.20.0 0.0.0.255
[AR1-ospf-1-area-0.0.0.0]quit
[AR1-ospf-1]quit
[AR1]
```

配置路由器 AR2 的 OSPF 协议路由。

```
[AR2]router id 2.2.2.2
[AR2]ospf 1
[AR2-ospf-1]area 0
[AR2-ospf-1-area-0.0.0.0]network 172.16.10.0 0.0.0.255
[AR2-ospf-1-area-0.0.0.0]quit
[AR2-ospf-1]quit
[AR2]
```

配置路由器 AR3 的 OSPF 协议路由。

```
[AR3] router id 3.3.3.3
[AR3]ospf 1
[AR3-ospf-1]area 0
[AR3-ospf-1-area-0.0.0.0]network 172.16.20.0 0.0.0.255
[AR3-ospf-1-area-0.0.0.0]quit
[AR3-ospf-1]quit
[AR3]
```

（3）配置完成后，在路由器 AR2 和路由器 AR3 上使用 display ip routing-table protocol ospf 命令，可以看出它们学习到了去往对端端口网段地址的 OSPF 协议路由，这里以路由器 AR2 为例。

```
<AR2>display ip routing-table protocol ospf
Route Flags: R - relay, D - download to fib
------------------------------------------------------------------------------
Public routing table : OSPF
         Destinations : 1          Routes : 1
OSPF routing table status : <Active>
         Destinations : 1          Routes : 1
Destination/Mask    Proto   Pre  Cost      Flags    NextHop         Interface
172.16.20.0/24      OSPF    10   2         D        172.16.10.2     GigabitEthernet 0/0/1
OSPF routing table status : <Inactive>
         Destinations : 0          Routes : 0
<AR2>
```

（4）验证配置结果，使用 ping 命令，在路由器 AR2 上访问路由器 AR3 的 GE 0/0/2 端口的 IP

地址。

```
<AR2>ping -a 172.16.10.1 172.16.20.1
  PING 172.16.20.1: 56   data bytes, press CTRL_C to break
    Reply from 172.16.20.1: bytes=56 Sequence=1 ttl=254 time=30 ms
    Reply from 172.16.20.1: bytes=56 Sequence=2 ttl=254 time=30 ms
    Reply from 172.16.20.1: bytes=56 Sequence=3 ttl=254 time=30 ms
    Reply from 172.16.20.1: bytes=56 Sequence=4 ttl=254 time=20 ms
    Reply from 172.16.20.1: bytes=56 Sequence=5 ttl=254 time=30 ms
  --- 172.16.20.1 ping statistics ---
    5 packet(s) transmitted
    5 packet(s) received
    0.00% packet loss
    round-trip min/avg/max = 20/28/30 ms
<AR2>
```

（5）配置 GRE Tunnel 端口。

配置路由器 AR2。

```
[AR2]interface Tunnel 0/0/1
[AR2-Tunnel0/0/1]tunnel-protocol gre          //配置 GRE 协议
[AR2-Tunnel0/0/1]ip address 10.1.1.1 24
[AR2-Tunnel0/0/1]source 172.16.10.1
[AR2-Tunnel0/0/1]destination 172.16.20.1
[AR2-Tunnel0/0/1]keepalive
[AR2-Tunnel0/0/1]quit
[AR2]
```

配置路由器 AR3。

```
[AR3]interface Tunnel 0/0/1
[AR3-Tunnel0/0/1]tunnel-protocol gre        //配置 GRE 协议
[AR3-Tunnel0/0/1]ip address 10.1.1.2 24
[AR3-Tunnel0/0/1]source 172.16.20.1
[AR3-Tunnel0/0/1]destination 172.16.10.1
[AR3-Tunnel0/0/1]keepalive
[AR3-Tunnel0/0/1]quit
[AR3]
```

（6）配置完成后，Tunnel 端口的状态变为 Up，Tunnel 端口之间可以联通，这里以路由器 AR2 为例。

```
<AR2>ping -a 10.1.1.1 10.1.1.2
  PING 10.1.1.2: 56   data bytes, press CTRL_C to break
    Reply from 10.1.1.2: bytes=56 Sequence=1 ttl=255 time=50 ms
    Reply from 10.1.1.2: bytes=56 Sequence=2 ttl=255 time=20 ms
    Reply from 10.1.1.2: bytes=56 Sequence=3 ttl=255 time=20 ms
    Reply from 10.1.1.2: bytes=56 Sequence=4 ttl=255 time=30 ms
    Reply from 10.1.1.2: bytes=56 Sequence=5 ttl=255 time=30 ms
  --- 10.1.1.2 ping statistics ---
    5 packet(s) transmitted
    5 packet(s) received
    0.00% packet loss
    round-trip min/avg/max = 20/30/50 ms
<AR2>
```

（7）分别在路由器 AR2 和路由器 AR3 上创建 IPSec 安全提议。

在路由器 AR2 上创建 IPSec 安全提议。

```
[AR2]ipsec proposal tran-sec-1
[AR2-ipsec-proposal-tran-sec-1]esp authentication-algorithm sha2-256
[AR2-ipsec-proposal-tran-sec-1]esp encryption-algorithm aes-128
[AR2-ipsec-proposal-tran-sec-1]quit
[AR2]
```

在路由器 AR3 上创建 IPSec 安全提议。

```
[AR3]ipsec proposal tran-sec-1
[AR3-ipsec-proposal-tran-sec-1]esp authentication-algorithm sha2-256
[AR3-ipsec-proposal-tran-sec-1]esp encryption-algorithm aes-128
[AR3-ipsec-proposal-tran-sec-1]quit
[AR3]
```

（8）分别在路由器 AR2 和路由器 AR3 上配置 IKE 安全提议。

在路由器 AR2 上配置 IKE 安全提议。

```
[AR2]ike proposal 1
[AR2-ike-proposal-1]authentication-algorithm sha1
[AR2-ike-proposal-1]encryption-algorithm aes-cbc-128
[AR2-ike-proposal-1]dh group14
[AR2-ike-proposal-1]quit
[AR2]
```

在路由器 AR3 上配置 IKE 安全提议。

```
[AR3]ike proposal 1
[AR3-ike-proposal-1]authentication-algorithm sha1
[AR3-ike-proposal-1]encryption-algorithm aes-cbc-128
[AR3-ike-proposal-1]dh group14
[AR3-ike-proposal-1]quit
[AR3]
```

（9）分别在路由器 AR2 和路由器 AR3 上配置 IKE 对等体。

在路由器 AR2 上配置 IKE 对等体。

```
[AR2]ike peer spu-AR3 v1
[AR2-ike-peer-spu-AR3]ike-proposal 1
[AR2-ike-peer-spu-AR3]pre-shared-key cipher Huawei123456
[AR2-ike-peer-spu-AR3]quit
[AR2]
```

在路由器 AR3 上配置 IKE 对等体。

```
[AR3]ike peer spu-AR2 v1
[AR3-ike-peer-spu-AR2]ike-proposal 1
[AR3-ike-peer-spu-AR2]pre-shared-key cipher Huawei123456
[AR3-ike-peer-spu-AR2]quit
[AR3]
```

（10）分别在路由器 AR2 和路由器 AR3 上创建安全框架。

在路由器 AR2 上创建安全框架。

```
[AR2]ipsec profile profile-1
[AR2-ipsec-profile-profile-1]proposal tran-sec-1
[AR2-ipsec-profile-profile-1]ike-peer spu-AR3
[AR2-ipsec-profile-profile-1]quit
```

```
[AR2]
```

在路由器 AR3 上创建安全框架。

```
[AR3]ipsec profile profile-1
[AR3-ipsec-profile-profile-1]proposal tran-sec-1
[AR3-ipsec-profile-profile-1]ike-peer spu-AR2
[AR3-ipsec-profile-profile-1]quit
[AR3]
```

（11）分别在路由器 AR2 和路由器 AR3 上创建 IPSec Tunnel 端口，其中，IPSec Tunnel 的源端口为 GRE Tunnel 端口，且 IPSec Tunnel 的目的地址的路由必须从 GRE Tunnel 端口出去。

在路由器 AR2 上配置 IPSec Tunnel 端口。

```
[AR2]interface Tunnel 0/0/2
[AR2-Tunnel0/0/2]ip address 20.1.1.1 24
[AR2-Tunnel0/0/2]tunnel-protocol ipsec          //配置 IPSec
[AR2-Tunnel0/0/2]source Tunnel 0/0/1
[AR2-Tunnel0/0/2]destination 10.1.1.2
[AR2-Tunnel0/0/2]quit
[AR2]
```

在路由器 AR3 上配置 IPSec Tunnel 端口。

```
[AR3]interface Tunnel 0/0/2
[AR3-Tunnel0/0/2]ip address 20.1.1.2 24
[AR3-Tunnel0/0/2]tunnel-protocol ipsec      //配置 IPSec
[AR3-Tunnel0/0/2]source Tunnel 0/0/1
[AR3-Tunnel0/0/2]destination 10.1.1.1
[AR3-Tunnel0/0/2]quit
[AR3]
```

（12）分别在路由器 AR2 和路由器 AR3 的端口上应用各自的安全框架。

在路由器 AR2 的端口上应用安全框架。

```
[AR2]interface Tunnel 0/0/2
[AR2-Tunnel0/0/2]ipsec profile profile-1
[AR2-Tunnel0/0/2]quit
[AR2]
```

在路由器 AR3 的端口上应用安全框架。

```
[AR3]interface Tunnel 0/0/2
[AR3-Tunnel0/0/2]ipsec profile profile-1
[AR3-Tunnel0/0/2]quit
[AR3]
```

（13）分别在路由器 AR2 和路由器 AR3 上使用 display ipsec profile 命令，以显示所配置的信息。

在路由器 AR2 上使用 display ipsec profile 命令。

```
<AR2>display ipsec profile
===========================================
IPSec profile   : profile-1
Using interface: Tunnel0/0/2
===========================================
 IPSec Profile Name              :profile-1
 Peer Name                       :spu-AR3
 PFS     Group                   :0 (0:Disable 1:Group1 2:Group2 5:Group5 14:Group14)
 SecondsFlag                     :0 (0:Global 1:Local)
```

```
 SA Life Time Seconds           :3600
 KilobytesFlag                  :0 (0:Global 1:Local)
 SA Life Kilobytes              :1843200
 Anti-replay window size        :32
 Qos pre-classify               :0 (0:Disable 1:Enable)
 Number of IPSec Proposals      :1
 IPSec Proposals Name           :tran-sec-1
<AR2>
```

在路由器 AR3 上使用 display ipsec profile 命令。

```
<AR3>display ipsec profile
===========================================
IPSec profile   : profile-1
Using interface: Tunnel0/0/2
===========================================
 IPSec Profile Name             :profile-1
 Peer Name                      :spu-AR2
 PFS    Group                   :0 (0:Disable 1:Group1 2:Group2 5:Group5 14:Group14)
 SecondsFlag                    :0 (0:Global 1:Local)
 SA Life Time Seconds           :3600
 KilobytesFlag                  :0 (0:Global 1:Local)
 SA Life Kilobytes              :1843200
 Anti-replay window size        :32
 Qos pre-classify               :0 (0:Disable 1:Enable)
 Number of IPSec Proposals      :1
 IPSec Proposals Name           :tran-sec-1
<AR3>
```

（14）配置 Tunnel 端口的转发路由，将需要 IPSec 保护的数据流引到 Tunnel 端口上。

在路由器 AR2 上配置 Tunnel 端口的转发路由。

```
[AR2]ip route-static 192.168.20.0 255.255.255.0 tunnel 0/0/2
```

在路由器 AR3 上配置 Tunnel 端口的转发路由。

```
[AR3]ip route-static 192.168.10.0 255.255.255.0 tunnel 0/0/2
```

（15）显示路由器 AR1、路由器 AR2 和路由器 AR3 的配置信息，这里以路由器 AR3 为例，主要配置实例代码如下。

```
<AR3>display current-configuration
#
 sysname  AR3
#
router id 3.3.3.3
#
ipsec proposal tran-sec-1
 esp authentication-algorithm sha2-256
 esp encryption-algorithm aes-128
#
ike proposal 1
 encryption-algorithm aes-cbc-128
 dh group14
#
ike peer spu-AR2 v1
```

```
 pre-shared-key cipher %$%$fU#m5_ep_4zcRC)R[Zk=,.2n%$%$
 ike-proposal 1
#
ipsec profile profile-1
 ike-peer spu-AR2
 proposal tran-sec-1
#
interface GigabitEthernet0/0/0
 ip address 192.168.20.254 255.255.255.0
#
interface GigabitEthernet0/0/2
 ip address 172.16.20.1 255.255.255.0
#
interface Tunnel0/0/1
 ip address 10.1.1.2 255.255.255.0
 tunnel-protocol gre
 source 172.16.20.1
 destination 172.16.10.1
#
interface Tunnel0/0/2
 ip address 20.1.1.2 255.255.255.0
 tunnel-protocol ipsec
 source Tunnel0/0/1
 destination 10.1.1.1
 ipsec profile profile-1
#
ospf 1
 area 0.0.0.0
  network 172.16.20.0 0.0.0.255
#
ip route-static 192.168.10.0 255.255.255.0 Tunnel0/0/2
#
wlan ac
#
return
<AR3>
```

（16）配置主机 PC1 和主机 PC2 的 IP 地址，如图 11.11 所示。验证配置结果，主机 PC1 访问主机 PC2，其测试结果如图 11.12 所示。

课后习题

简答题

（1）简述 IPSec 的工作原理。

（2）简述 IPSec 的配置方法。

项目12 MPLS技术

【学习目标】

- 掌握MPLS技术的基本原理。
- 掌握MPLS技术的配置方法。

【素质目标】

- 以小组形式进行MPLS网络拓扑设计、故障排查等实训，要求学生分工合作，锻炼团队协作与项目管理能力。
- 鼓励学生在MPLS技术学习中积极思考，勇于探索创新解决方案，培养其面对复杂网络环境时的独立分析与解决问题的能力。

12.1 项目描述

小李是公司的网络工程师。由于公司的规模扩大，现行网络运行速度较慢，需要在公司骨干网络上实现快速转发。公司决定通过多协议标签交换（Multi-Protocol Label Switching，MPLS）协议实现公司网络的快速转发，那么小李应如何配置网络设备呢？

12.2 必备知识

12.2.1 MPLS 技术概述

MPLS 是由 IETF 提出的新一代的 IP 高速骨干网络交换标准，是一种在开放的通信网上利用标签引导数据高速、高效传输的新技术，不仅可以支持多种网络层协议，还可以兼容多种数据链路层技术。

MPLS 协议最初是为了提高转发速度而提出的，现在还可用于解决其他网络问题，如网络速度、可扩展性、服务质量管理及流量管理等，同时为下一代 IP 骨干网络解决了宽带管理及服务请求等问题。与传统 IP 路由方式相比，它利用标签进行数据转发，只在网络边缘分析 IP 头，而不用在每一跳中都分析 IP 头，从而节约了处理时间。

MPLS 协议独立于第二层和第三层协议，它可将 IP 地址映射为简单的具有固定长度的标签，用于不同的包转发和包交换技术。MPLS 是现有路由和交换协议的端口，如 IP、ATM、帧中继、资源预留协议（Resource reSerVation Protocol，RSVP）、OSPF 协议等。在 MPLS 协议中，数据传输发生在 LSP 上，LSP 是每一个从源端到终端的路径上节点的标签序列。

1. MPLS 常用术语

（1）Ingress LSR

Ingress LSR（入站 LSR）处于 MPLS 域的边界，用于对 IP 报文进行处理，压入标签并产生标签报文。

（2）Transit LSR

Transit LSR（中转 LSR）用于对标签报文进行处理，如标签的置换。它们只会对标签进行操作，不处理 IP 头的信息。

（3）Egress LSR

Egress LSR（出站 LSR）是指将标签报文中的标签移除并将报文还原为 IP 报文的 LSR。

（4）Label

Label（标签）是一个 IP 报文在进入 MPLS 域时被压入的标识符，其位于三层头和二层头的中间，长度为固定的 32bit，分为 4 个字段，其格式如图 12.1 所示。

① 标签位：用于存储标签值，长度固定为 20bit。

② Experimental：主要用于表示服务类型（Class of Service，CoS），长度固定为 3bit。

③ Bottom of Stack：栈底位，用于表示标签是否为该标签栈的栈底，1 表示为栈底，0 表示非栈底，长度固定为 1bit。

④ TTL（Time To Live，生存时间）：用于防止当网络中出现环路时标签被无限转发，长度固定为 8bit。标签的取值范围为 0～15（特殊标签）、16～1023（静态 LSP 的标签）、1024 以上（标签分发协议所用）。

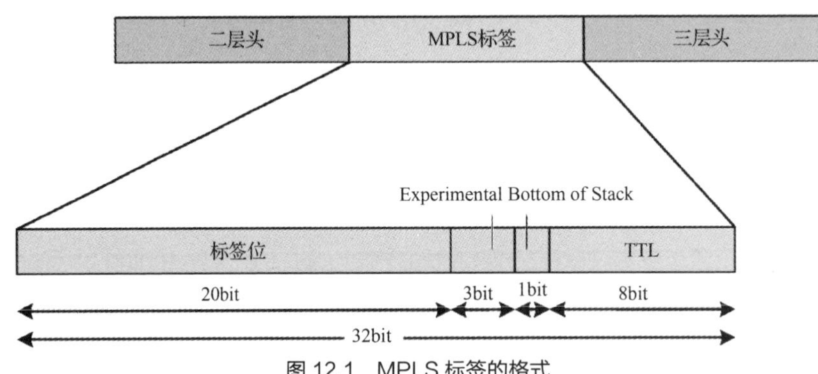

图 12.1　MPLS 标签的格式

（5）LSR

开启了 MPLS 协议的路由器就是标签交换路由器（Label Switching Router，LSR）。这些路由器维护着用于指导标签报文转发的信息，并且能够根据这些信息对标签报文进行处理，如标签交换、标签分发。

（6）LER

标签边缘路由器（Label Edge Router，LER）负责对进入 MPLS 域的报文划分转发等价类型（Forwarding Equivalence Class，FEC），并将这些 FEC 压入标签，进行 MPLS 转发。当报文离开 MPLS 域时会弹出标签，恢复为原来的报文，再进行相应转发。LER 一定是 LSR，但 LSR 不一定是 LER。

（7）FEC

FEC 是指具有相同特征的报文，这些报文在 LSR 转发过程中采用相同的方式进行处理。

（8）LSP

标签交换路径（Label Switched Path，LSP）是指报文在 MPLS 域中所经过的路径。

（9）LIB

标签信息库（Label Information Base，LIB）用于存储本机对于某个网络的标签和邻居发送给本机的对于某个网络的标签。LIB 由标签分发协议生成，用于管理标签信息。

（10）FIB

转发信息库（Forwarding Information Base，FIB）用于指明到达某网段或主机的报文应该通过路由器的哪个物理端口或逻辑端口发送。其由 RIB 中提取的必要的路由信息生成，负责普通 IP 报文的转发。

（11）LFIB

标签转发信息库（Label Forwarding Information Base，LFIB）用于指明入栈标签和出栈标签所对应的转发端口，由标签分发协议在 LSR 上建立，负责转发带 MPLS 标签的报文。

（12）LDP

标签分发协议（Label Distribution Protocol，LDP）是一种公有协议，负责标签的分配、标签转发信息库的建立、标签交换路径的建立及拆除等，使用 UDP 发现邻居，再使用 TCP 建立邻居关系，目的端口号都为 646。LDP 为路由表中的每一条 IGP 前缀绑定了一个标签，LSR 和邻居交换这些标签，并将其存储在 LIB 中。

（13）RIB

路由信息库（Routing Information Base，RIB）由 IP 路由协议（IP Routing Protocol）生成，用于选择路由。

2. MPLS 网络的运行过程

（1）路由器运行 IGP，生成 FIB 和 RIB。

（2）路由器运行 LDP，为每一个路由前缀捆绑一个标签，LDP 邻居相互交换标签信息，生成 LIB。

（3）路由器通过 LIB 和 FIB 中的数据生成 LFIB。

（4）路由器通过 LFIB 转发数据。

3. 传统的 IP 与 MPLS 网络转发的区别

（1）IP 转发是基于目的 IP 地址和 RIB 的，而 MPLS 转发是基于 MPLS 标签和 LFIB 的。

（2）MPLS 转发和 IP 都是逐跳转发的，但 IP 转发在每一跳都对分组进行了识别分类，而 MPLS 转发只在入口路由器上进行分类，分好类后即可通过 FEC 进行转发。

12.2.2 MPLS 体系结构

IP 报文进入 MPLS 网络时，MPLS 入口的 LER 分析 IP 报文的内容并为这些 IP 报文添加合适的标签，所有 MPLS 网络中的 LSR 都根据标签转发数据。当 IP 报文离开 MPLS 网络时，标签由出口 LER 弹出。

IP 报文在 MPLS 网络中经过的路径称为 LSP。LSP 是一个单向路径，与数据流的方向一致。

LSP 的入口 LER 称为入（Ingress）节点，位于 LSP 中间的 LSR 称为中转（Transit）节点，LSP 的出口 LER 称为出（Egress）节点。一条 LSP 可以有 0 个、1 个或多个 Transit 节点，但有且只有一个 Ingress 节点和 Egress 节点。

根据 LSP 的方向，若 MPLS 报文由 Ingress 节点发往 Egress 节点，则 Ingress 节点是 Transit 节点的上游节点，Transit 节点是 Ingress 节点的下游节点。同理，Transit 节点是 Egress 节点的上游节点，Egress 节点是 Transit 节点的下游节点。

MPLS 体系结构被分为两个独立的单元，即控制平面（Control Plane）和转发平面（Forwarding Plane），如图 12.2 所示。

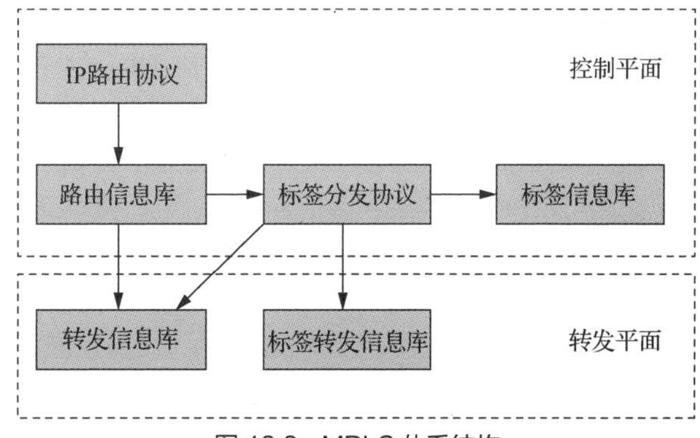

图 12.2 MPLS 体系结构

（1）控制平面：负责产生和维护路由信息及标签信息。

（2）转发平面：也被称为数据平面（Data Plane），负责普通IP报文的转发，以及带MPLS标签报文的转发。

12.2.3 MPLS转发过程

标签操作类型包括标签压入（Push）、标签交换（Swap）和标签弹出（Pop），它们是标签转发的基本动作。

（1）标签压入：当IP报文进入MPLS域时，MPLS边界设备在报文二层头和IP头之间插入一个新标签；或者，MPLS中间设备根据需要在标签栈顶增加一个新的标签（标签嵌套封装）。

（2）标签交换：当报文在MPLS域内转发时，根据LFIB，以下一跳分配的标签替换MPLS报文的栈顶标签。

（3）标签弹出：当报文离开MPLS域时，将MPLS报文的标签剥掉。

在最后一跳的节点上，标签已经没有使用价值了。这时可以利用倒数第二跳弹出（Penultimate Hop Popping，PHP）特性，在倒数第二跳节点处将标签弹出，减少最后一跳的负担。此时，在最后一跳的节点上直接进行IP转发或者下一层标签转发。

默认情况下，设备支持PHP特性，支持PHP特性的Egress节点分配给倒数第二跳节点的标签值为3。下面以支持PHP特性的LSP为例，说明MPLS的基本转发过程，如图12.3所示。

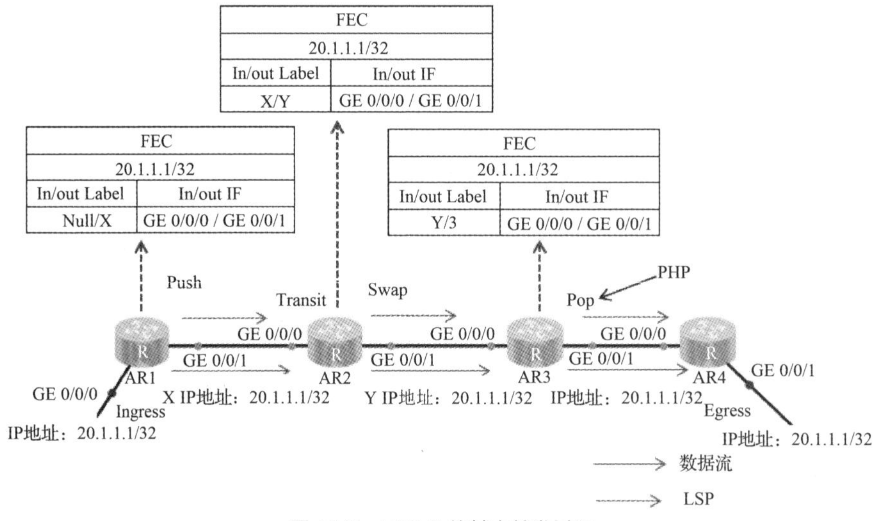

图12.3 MPLS的基本转发过程

若MPLS标签已分发完成，建立了一条LSP，其目的地址为20.1.1.1/32，则MPLS的基本转发过程如下。

（1）Ingress节点收到目的地址为20.1.1.1/32的IP报文，压入标签X并转发。

（2）Transit节点收到该标签报文，进行标签交换，将标签X换成标签Y。

（3）倒数第二跳的Transit节点收到带标签Y的报文，因为Egress节点分给它的标签值为3，所以进行PHP操作，弹出标签Y并转发报文。从倒数第二跳转发给Egress节点的报文以IP报文形式传输。

（4）Egress节点收到该IP报文，并将其转发给目的地址20.1.1.1/32。

12.3 项目实施

如图12.4所示，配置MPLS，全网运行OSPF协议。为解决IP网络转发性能低下问题，现需使用 MPLS 技术来提高路由器的转发速度。配置相关端口与 IP 地址，进行网络拓扑连接。

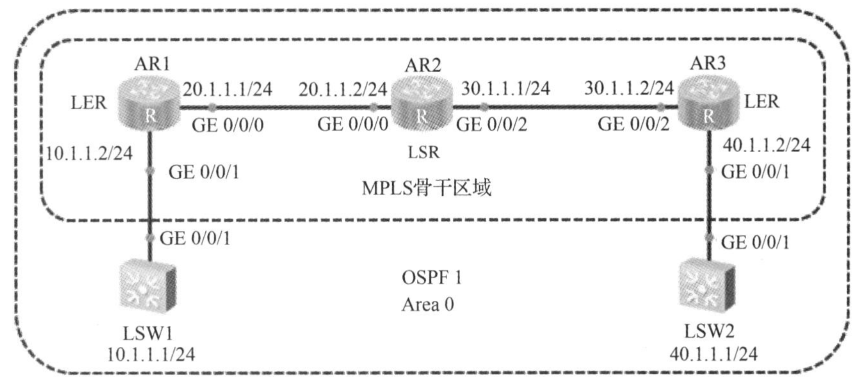

图 12.4　MPLS 配置实例

（1）配置交换机 LSW1、交换机 LSW2，以及路由器 AR1、路由器 AR2 和路由器 AR3 各端口的 IP 地址，这里以交换机 LSW1、路由器 AR1 为例，其他交换机和路由器各端口的 IP 地址配置与此一致。

V12-1　MPLS 配置实例——基础配置

配置交换机 LSW1 各端口的 IP 地址。

```
<Huawei>system-view
[Huawei]sysname LSW1
[LSW1]interface GigabitEthernet 0/0/1
[LSW1-GigabitEthernet0/0/1]port link-type access
[LSW1-GigabitEthernet0/0/1]quit
[LSW1]interface Vlanif 1
[LSW1-Vlanif1]ip address 10.1.1.1 24
[LSW1-Vlanif1]quit
[LSW1]
```

V12-2　MPLS 配置实例——MPLS 配置

配置路由器 AR1 各端口的 IP 地址。

```
<Huawei>system-view
[Huawei]sysname   AR1
[AR1]interface GigabitEthernet 0/0/0
[AR1-GigabitEthernet0/0/0]ip address 20.1.1.1 24
[AR1-GigabitEthernet0/0/0]quit
[AR1]interface GigabitEthernet 0/0/1
[AR1-GigabitEthernet0/0/1]ip address 10.1.1.2 24
[AR1-GigabitEthernet0/0/1]quit
[AR1]
```

V12-3　MPLS 配置实例——测试结果

（2）配置 OSPF 协议。

配置交换机 LSW1 的 OSPF 协议。

```
[LSW1]router id 1.1.1.1
[LSW1]ospf 1
[LSW1-ospf-1]area 0
[LSW1-ospf-1-area-0.0.0.0]network 10.1.1.0 0.0.0.255
[LSW1-ospf-1-area-0.0.0.0]quit
[LSW1-ospf-1]quit
[LSW1]
```

配置交换机 LSW2 的 OSPF 协议。

```
[LSW2]router id 2.2.2.2
[LSW2]ospf 1
[LSW2-ospf-1]area 0
[LSW2-ospf-1-area-0.0.0.0]network 40.1.1.0 0.0.0.255
[LSW2-ospf-1-area-0.0.0.0]quit
[LSW2-ospf-1]quit
[LSW2]
```

配置路由器 AR1 的 OSPF 协议。

```
[AR1]router id 3.3.3.3
[AR1]ospf 1
[AR1-ospf-1]area 0
[AR1-ospf-1-area-0.0.0.0]network 10.1.1.0 0.0.0.255
[AR1-ospf-1-area-0.0.0.0]network 20.1.1.0 0.0.0.255
[AR1-ospf-1-area-0.0.0.0]quit
[AR1-ospf-1]quit
[AR1]
```

配置路由器 AR2 的 OSPF 协议。

```
[AR2]router id 4.4.4.4
[AR2]ospf 1
[AR2-ospf-1]area 0
[AR2-ospf-1-area-0.0.0.0]network 20.1.1.0 0.0.0.255
[AR2-ospf-1-area-0.0.0.0]network 30.1.1.0 0.0.0.255
[AR2-ospf-1-area-0.0.0.0]quit
[AR2-ospf-1]quit
[AR2]
```

配置路由器 AR3 的 OSPF 协议。

```
[AR3]router id 5.5.5.5
[AR3]ospf 1
[AR3-ospf-1]area 0
[AR3-ospf-1-area-0.0.0.0]network 30.1.1.0 0.0.0.255
[AR3-ospf-1-area-0.0.0.0]network 40.1.1.0 0.0.0.255
[AR3-ospf-1-area-0.0.0.0]quit
[AR3-ospf-1]quit
[AR3]
```

（3）配置完成后，使用 ping 命令测试全网的联通性。

```
<LSW1>ping -a 10.1.1.1 40.1.1.1
  PING 40.1.1.1: 56  data bytes, press CTRL_C to break
    Reply from 40.1.1.1: bytes=56 Sequence=1 ttl=252 time=60 ms
    Reply from 40.1.1.1: bytes=56 Sequence=2 ttl=252 time=50 ms
    Reply from 40.1.1.1: bytes=56 Sequence=3 ttl=252 time=50 ms
    Reply from 40.1.1.1: bytes=56 Sequence=4 ttl=252 time=50 ms
    Reply from 40.1.1.1: bytes=56 Sequence=5 ttl=252 time=70 ms
  --- 40.1.1.1 ping statistics ---
    5 packet(s) transmitted
    5 packet(s) received
    0.00% packet loss
    round-trip min/avg/max = 50/56/70 ms
<LSW1>
```

（4）查看设备的路由表信息，这里以交换机 LSW1 为例。

```
<LSW1>display ip routing-table
Route Flags: R - relay, D - download to fib
------------------------------------------------------------------------------
Routing Tables: Public
         Destinations : 7        Routes : 7
  Destination/Mask  Proto   Pre   Cost    Flags   NextHop      Interface
        10.1.1.0/24 Direct  0     0       D       10.1.1.1     Vlanif1
        10.1.1.1/32 Direct  0     0       D       127.0.0.1    Vlanif1
        20.1.1.0/24 OSPF    10    2       D       10.1.1.2     Vlanif1
        30.1.1.0/24 OSPF    10    3       D       10.1.1.2     Vlanif1
        40.1.1.0/24 OSPF    10    4       D       10.1.1.2     Vlanif1
        127.0.0.0/8 Direct  0     0       D       127.0.0.1    InLoopBack0
       127.0.0.1/32 Direct  0     0       D       127.0.0.1    InLoopBack0
<LSW1>
```

（5）在各路由器的端口上配置 MPLS 和 LDP。

在路由器 AR1 的各端口上配置 MPLS 和 LDP。

```
[AR1]mpls lsr-id 3.3.3.3
[AR1]mpls
[AR1]interface LoopBack 0
[AR1-LoopBack0]ip address 3.3.3.3 24
[AR1-LoopBack0]quit
[AR1]ospf 1
[AR1-ospf-1-area-0.0.0.0]network 3.3.3.0 0.0.0.255
[AR1-ospf-1-area-0.0.0.0]quit
[AR1-ospf-1]quit
[AR1]interface GigabitEthernet 0/0/0
[AR1-GigabitEthernet0/0/0]mpls
[AR1-GigabitEthernet0/0/0]mpls ldp
[AR1-GigabitEthernet0/0/0]quit
[AR1]interface GigabitEthernet 0/0/1
[AR1-GigabitEthernet0/0/1]mpls
[AR1-GigabitEthernet0/0/1]mpls ldp
[AR1-GigabitEthernet0/0/1]quit
[AR1]
```

在路由器 AR2 的各端口上配置 MPLS 和 LDP。

```
[AR2]mpls lsr-id 4.4.4.4
[AR2]mpls
[AR2]interface LoopBack 0
[AR2-LoopBack0]ip address 4.4.4.4 24
[AR2-LoopBack0]quit
[AR2]ospf 1
[AR2-ospf-1-area-0.0.0.0]network 4.4.4.0 0.0.0.255
[AR2-ospf-1-area-0.0.0.0]quit
[AR2-ospf-1]quit
[AR2]interface GigabitEthernet 0/0/0
[AR2-GigabitEthernet0/0/0]mpls
[AR2-GigabitEthernet0/0/0]mpls ldp
```

```
[AR2-GigabitEthernet0/0/0]quit
[AR2]interface GigabitEthernet 0/0/2
[AR2-GigabitEthernet0/0/2]mpls
[AR2-GigabitEthernet0/0/2]mpls ldp
[AR2-GigabitEthernet0/0/2]quit
[AR2]
```

在路由器 AR3 的各端口上配置 MPLS 和 LDP。

```
[AR3]mpls lsr-id 5.5.5.5
[AR3]mpls
[AR3]interface LoopBack 0
[AR3-LoopBack0]ip address 5.5.5.5 24
[AR3-LoopBack0]quit
[AR3]ospf 1
[AR3-ospf-1-area-0.0.0.0]network 5.5.5.0 0.0.0.255
[AR3-ospf-1-area-0.0.0.0]quit
[AR3-ospf-1]quit
[AR3]interface GigabitEthernet 0/0/1
[AR3-GigabitEthernet0/0/1]mpls
[AR3-GigabitEthernet0/0/1]mpls ldp
[AR3-GigabitEthernet0/0/1]quit
[AR3]interface GigabitEthernet 0/0/2
[AR3-GigabitEthernet0/0/2]mpls
[AR3-GigabitEthernet0/0/2]mpls ldp
[AR3-GigabitEthernet0/0/2]quit
[AR3]
```

（6）配置完成后，在各节点上使用 display mpls ldp session 命令，可以查看路由器 AR1、路由器 AR2 和路由器 AR3 的本地 LDP 会话状态。

查看路由器 AR1 的本地 LDP 会话状态。

```
<AR1>display mpls ldp session
 LDP Session(s) in Public Network
 Codes: LAM(Label Advertisement Mode), SsnAge Unit(DDDD:HH:MM)
 A '*' before a session means the session is being deleted.
 ------------------------------------------------------------------------
 PeerID            Status       LAM   SsnRole   SsnAge       KASent/Rcv
 ------------------------------------------------------------------------
 4.4.4.4:0         Operational  DU    Passive   0000:00:29   118/118
 ------------------------------------------------------------------------
 TOTAL: 1 session(s) Found.
<AR1>
```

查看路由器 AR2 的本地 LDP 会话状态。

```
<AR2>display mpls ldp session
 LDP Session(s) in Public Network
 Codes: LAM(Label Advertisement Mode), SsnAge Unit(DDDD:HH:MM)
 A '*' before a session means the session is being deleted.
 ------------------------------------------------------------------------
 PeerID            Status       LAM   SsnRole   SsnAge       KASent/Rcv
 ------------------------------------------------------------------------
 3.3.3.3:0         Operational  DU    Active    0000:00:31   126/126
```

```
  5.5.5.5:0          Operational   DU    Passive   0000:00:30     124/124
  ------------------------------------------------------------------------------
  TOTAL: 2 session(s) Found.
<AR2>
```

查看路由器 AR3 的本地 LDP 会话状态。

```
<AR3>display mpls ldp session
 LDP Session(s) in Public Network
 Codes: LAM(Label Advertisement Mode), SsnAge Unit(DDDD:HH:MM)
 A '*' before a session means the session is being deleted.
 ------------------------------------------------------------------------------
 PeerID             Status        LAM   SsnRole   SsnAge         KASent/Rcv
 ------------------------------------------------------------------------------
 4.4.4.4:0          Operational   DU    Active    0000:00:31     128/128
 ------------------------------------------------------------------------------
 TOTAL: 1 session(s) Found.
<AR3>
```

（7）在各 MPLS 路由器上将 LDP LSP 的触发策略修改为 all，使路由表中的所有静态路由和 IGP 表项都可以触发并建立 LDP LSP。

配置路由器 AR1。

```
[AR1]mpls
[AR1-mpls]lsp-trigger all
[AR1-mpls]quit
[AR1]
```

配置路由器 AR2。

```
[AR2]mpls
[AR2-mpls]lsp-trigger all
[AR2-mpls]quit
[AR2]
```

配置路由器 AR3。

```
[AR3]mpls
[AR3-mpls]lsp-trigger all
[AR3-mpls]quit
[AR3]
```

（8）配置完成后，在各节点上使用 display mpls ldp lsp 命令，可以看到 LDP LSP 的建立情况。

查看路由器 AR1 的 LDP LSP 的建立情况。

```
<AR1>display mpls ldp lsp
 LDP LSP Information
 ------------------------------------------------------------------------------
 DestAddress/Mask     In/OutLabel    UpstreamPeer    NextHop      OutInterface
 ------------------------------------------------------------------------------
 3.3.3.0/24           3/NULL         4.4.4.4         3.3.3.3      Loop0
 3.3.3.3/32           3/NULL         4.4.4.4         127.0.0.1    InLoop0
*3.3.3.3/32           Liberal/1024                   DS/4.4.4.4
*4.4.4.0/24           Liberal/3                      DS/4.4.4.4
 4.4.4.4/32           NULL/3         -               20.1.1.2     GE0/0/0
 4.4.4.4/32           1024/3         4.4.4.4         20.1.1.2     GE0/0/0
 5.5.5.5/32           NULL/1027      -               20.1.1.2     GE0/0/0
 5.5.5.5/32           1027/1027      4.4.4.4         20.1.1.2     GE0/0/0
```

```
 10.1.1.0/24          3/NULL        4.4.4.4         10.1.1.2       GE0/0/1
*10.1.1.0/24          Liberal/1025                  DS/4.4.4.4
 20.1.1.0/24          3/NULL        4.4.4.4         20.1.1.1       GE0/0/0
*20.1.1.0/24          Liberal/3                     DS/4.4.4.4
 30.1.1.0/24          NULL/3        -               20.1.1.2       GE0/0/0
 30.1.1.0/24          1025/3        4.4.4.4         20.1.1.2       GE0/0/0
 40.1.1.0/24          NULL/1026     -               20.1.1.2       GE0/0/0
 40.1.1.0/24          1026/1026        4.4.4.4      20.1.1.2       GE0/0/0
 ------------------------------------------------------------------------------
 TOTAL: 12 Normal LSP(s) Found.
 TOTAL: 4 Liberal LSP(s) Found.
 TOTAL: 0 Frr LSP(s) Found.
 A '*' before an LSP means the LSP is not established
 A '*' before a Label means the USCB or DSCB is stale
 A '*' before a UpstreamPeer means the session is stale
 A '*' before a DS means the session is stale
 A '*' before a NextHop means the LSP is FRR LSP
<AR1>
```

查看路由器AR2的LDP LSP的建立情况。

```
<AR2>display mpls ldp lsp
 LDP LSP Information
 ------------------------------------------------------------------------------
 DestAddress/Mask     In/OutLabel   UpstreamPeer    NextHop        OutInterface
 ------------------------------------------------------------------------------
*3.3.3.0/24           Liberal/3                     DS/3.3.3.3
 3.3.3.3/32           NULL/3        -               20.1.1.1       GE0/0/0
 3.3.3.3/32           1024/3        3.3.3.3         20.1.1.1       GE0/0/0
 3.3.3.3/32           1024/3        5.5.5.5         20.1.1.1       GE0/0/0
*3.3.3.3/32           Liberal/1024                  DS/5.5.5.5
 4.4.4.0/24           3/NULL        3.3.3.3         4.4.4.4        Loop0
 4.4.4.0/24           3/NULL        5.5.5.5         4.4.4.4        Loop0
 4.4.4.4/32           3/NULL        3.3.3.3         127.0.0.1      InLoop0
 4.4.4.4/32           3/NULL        5.5.5.5         127.0.0.1      InLoop0
*4.4.4.4/32           Liberal/1024                  DS/3.3.3.3
*4.4.4.4/32           Liberal/1025                  DS/5.5.5.5
*5.5.5.0/24           Liberal/3                     DS/5.5.5.5
 5.5.5.5/32           NULL/3        -               30.1.1.2       GE0/0/2
 5.5.5.5/32           1027/3        3.3.3.3         30.1.1.2       GE0/0/2
 5.5.5.5/32           1027/3        5.5.5.5         30.1.1.2       GE0/0/2
*5.5.5.5/32           Liberal/1027                  DS/3.3.3.3
 10.1.1.0/24          NULL/3        -               20.1.1.1       GE0/0/0
 10.1.1.0/24          1025/3        3.3.3.3         20.1.1.1       GE0/0/0
 10.1.1.0/24          1025/3        5.5.5.5         20.1.1.1       GE0/0/0
*10.1.1.0/24          Liberal/1026                  DS/5.5.5.5
 20.1.1.0/24          3/NULL        3.3.3.3         20.1.1.2       GE0/0/0
 20.1.1.0/24          3/NULL        5.5.5.5         20.1.1.2       GE0/0/0
*20.1.1.0/24          Liberal/3                     DS/3.3.3.3
*20.1.1.0/24          Liberal/1027                  DS/5.5.5.5
 30.1.1.0/24          3/NULL        3.3.3.3         30.1.1.1       GE0/0/2
```

```
 30.1.1.0/24          3/NULL        5.5.5.5          30.1.1.1       GE0/0/2
*30.1.1.0/24          Liberal/1025                   DS/3.3.3.3
*30.1.1.0/24          Liberal/3                      DS/5.5.5.5
 40.1.1.0/24          NULL/3        -                30.1.1.2       GE0/0/2
 40.1.1.0/24          1026/3        3.3.3.3          30.1.1.2       GE0/0/2
 40.1.1.0/24          1026/3        5.5.5.5          30.1.1.2       GE0/0/2
*40.1.1.0/24          Liberal/1026                   DS/3.3.3.3
 -------------------------------------------------------------------------------
 TOTAL: 20 Normal LSP(s) Found.
 TOTAL: 12 Liberal LSP(s) Found.
 TOTAL: 0 Frr LSP(s) Found.
 A '*' before an LSP means the LSP is not established
 A '*' before a Label means the USCB or DSCB is stale
 A '*' before a UpstreamPeer means the session is stale
 A '*' before a DS means the session is stale
 A '*' before a NextHop means the LSP is FRR LSP
<AR2>
```

查看路由器 AR3 的 LDP LSP 的建立情况。

```
<AR3>display mpls ldp lsp
 LDP LSP Information
 -------------------------------------------------------------------------------
 DestAddress/Mask     In/OutLabel   UpstreamPeer     NextHop        OutInterface
 -------------------------------------------------------------------------------
 3.3.3.3/32           NULL/1024     -                30.1.1.1       GE0/0/2
 3.3.3.3/32           1024/1024     4.4.4.4          30.1.1.1       GE0/0/2
*4.4.4.0/24           Liberal/3                      DS/4.4.4.4
 4.4.4.4/32           NULL/3        -                30.1.1.1       GE0/0/2
 4.4.4.4/32           1025/3        4.4.4.4          30.1.1.1       GE0/0/2
 5.5.5.0/24           3/NULL        4.4.4.4          5.5.5.5        Loop0
 5.5.5.5/32           3/NULL        4.4.4.4          127.0.0.1      InLoop0
*5.5.5.5/32           Liberal/1027                   DS/4.4.4.4
 10.1.1.0/24          NULL/1025     -                30.1.1.1       GE0/0/2
 10.1.1.0/24          1026/1025     4.4.4.4          30.1.1.1       GE0/0/2
 20.1.1.0/24          NULL/3        -                30.1.1.1       GE0/0/2
 20.1.1.0/24          1027/3        4.4.4.4          30.1.1.1       GE0/0/2
 30.1.1.0/24          3/NULL        4.4.4.4          30.1.1.2       GE0/0/2
*30.1.1.0/24          Liberal/3                      DS/4.4.4.4
 40.1.1.0/24          3/NULL        4.4.4.4          40.1.1.2       GE0/0/1
*40.1.1.0/24          Liberal/1026                   DS/4.4.4.4
 -------------------------------------------------------------------------------
 TOTAL: 12 Normal LSP(s) Found.
 TOTAL: 4 Liberal LSP(s) Found.
 TOTAL: 0 Frr LSP(s) Found.
 A '*' before an LSP means the LSP is not established
 A '*' before a Label means the USCB or DSCB is stale
 A '*' before a UpstreamPeer means the session is stale
 A '*' before a DS means the session is stale
 A '*' before a NextHop means the LSP is FRR LSP
<AR3>
```

（9）查看路由器 AR1、路由器 AR2、路由器 AR3 的配置信息，这里以路由器 AR1 为例，其主要配置实例代码如下。

```
<AR1>display current-configuration
#
 sysname   AR1
#
router id 3.3.3.3
#
mpls lsr-id 3.3.3.3
mpls
 lsp-trigger all
#
mpls ldp
#
interface GigabitEthernet0/0/0
 ip address 20.1.1.1 255.255.255.0
 mpls
 mpls ldp
#
interface GigabitEthernet0/0/1
 ip address 10.1.1.2 255.255.255.0
 mpls
 mpls ldp
#
interface LoopBack0
 ip address 3.3.3.3 255.255.255.0
#
ospf 1
 area 0.0.0.0
  network 3.3.3.0 0.0.0.255
  network 10.1.1.0 0.0.0.255
  network 20.1.1.0 0.0.0.255
#
return
<AR1>
```

课后习题

1. 选择题

（1）推入一层 MPLS 标签的报文比原来的 IP 报文多（　　）字节。

A. 4　　　B. 8　　　C. 16　　　D. 32

（2）MPLS 支持多层标签和转发平面面向连接的特性已经在很多方面得到了应用，部署 MPLS 的原因不包括（　　）。

A. MPLS 支持流量工程功能
B. MPLS 支持使用 VPN 服务
C. MPLS 在基于软件的路由器上简化了路由查找
D. 各厂商标准普遍认可 MPLS

（3）在一个 MPLS 网络中，设备会根据 MPLS 数据帧的标签进行转发，其中 MPLS 的标签位于（　　）。

A. 二层头后　　B. 二层头前及三层头后
C. 三层头前　　D. 一层头前

（4）MPLS 又称为多协议标签交换技术，以下特性或者协议中，MPLS 不支持（　　）。

A. MULTICAST　　B. OSPF 协议　　C. BGP　　D. IS-IS 协议

（5）MPLS 技术以标签交换代替 IP 转发，当 MPLS 运行在以太网中时，它使用的封装模式是（　　）。

A. 包模式　　B. 传输模式　　C. 帧模式　　D. 通道模式

（6）在二层和三层网络中有很多防止环路产生的方法，MPLS 也可以通过使用多种方法来防止环路，下面不是 MPLS 防止环路方法的是（　　）。

A. LDP 环路检测机制
B. 硬件环路检测机制
C. 在 MPLS 网络中可以使用 TTL 防止报文的无限循环转发
D. MPLS 要依靠 IGP 建立 LSP，IGP 本身的一些机制可以避免自由环路发生

（7）IETF 定义的多协议标签交换技术是一种网络层交换技术，它由不同的设备组成，其中，负责为网络添加或删除标记的设备是（　　）。

A. 标签分发路由器　　B. 标签边缘路由器
C. 标签交换路由器　　D. 标签传送路由器

（8）【多选】多协议标签交换技术用于向 IP 层提供连接服务，MPLS 网络由（　　）组成。

A. 标签分发路由器　　B. 标签边缘路由器
C. 标签交换路由器　　D. 标签传送路由器

（9）MPLS 依据标签对数据进行转发，如果没有标签，则通过 MPLS 域的 IP 报文通过（　　）转发。

A. ATM　　B. 多标签 MPLS　　C. 普通 IP　　D. 单标签 MPLS

（10）【多选】在 MPLS 域中建立 LSP 时要防止环路产生，LDP 的环路检测包括（　　）。

A. 路径矢量法　　B. STP　　C. 硬件检测环路　　D. 最大跳数法

（11）MPLS 技术的核心是标签交换，这种说法是（　　）的。

A. 正确　　B. 错误

（12）下列关于传统 IP 网络在转发数据时的描述错误的是（　　）。

A. 传统 IP 转发是基于连接的，效率比较低
B. 传统 IP 网络基于 IGP Metric 计算最优路径
C. 传统 IP 转发采用的是逐跳转发的方法
D. 传统 IP 网络无法提供好的 QoS

2. 简答题

（1）简述 MPLS 的工作原理。

（2）简述 MPLS 的配置方法。

项目13
防火墙技术

【学习目标】

- 掌握防火墙技术的基本概念。
- 掌握防火墙技术的功能、优缺点及分类。
- 掌握防火墙端口区域及控制策略。
- 掌握防火墙技术的配置方法。

【素质目标】

- 使学生深刻理解防火墙在国家网络空间安全、关键信息基础设施保护等方面的重要意义，认识到掌握防火墙技术对提升国家网络安全防护能力的重要性。
- 提升学生的团队协作精神，学会有效沟通、协调资源，具备项目规划、执行与评估能力。

13.1 项目描述

小李是公司的网络工程师。公司的业务不断发展，越来越离不开网络。由于网络病毒日益增多，公司网络数据的安全性与可靠性越来越重要，公司领导决定启用硬件防火墙来保护公司内网的安全。小李根据公司的要求制订了一份合理的网络实施方案，那么小李应如何配置网络设备呢?

13.2 必备知识

13.2.1 防火墙概述

古时候，人们常在寓所之间砌起一道砖墙，一旦发生火灾，它就能够防止火势蔓延到别处。如果一个网络连接了 Internet，那么它的用户就可以访问外部网络并与之通信。但同时，外部网络同样可以访问该网络并与之交互。为了安全起见，可以在该网络和 Internet 之间插入一个中介系统，建立一道安全屏障。这道屏障用于阻断外部网络对本地网络的入侵，作为扼守本地网络安全的关卡。它的作用与古时候的防火砖墙有类似之处，因此人们把这道屏障称为“防火墙”。

1. 防火墙的定义

防火墙是一个由计算机硬件和软件组成的系统，部署于网络边界，是内部网络和外部网络之间的桥梁，同时会对进出网络的数据进行保护，防止恶意入侵、恶意代码的传播等，保障内部网络数据的安全。防火墙技术是建立在网络技术和信息安全技术基础上的应用性安全技术，几乎所有企业都会在内部网络与外部网络（如 Internet）之间放置防火墙，它是不同网络或网络安全域之间信息的唯一出入口。其部署方式如图 13.1 所示。

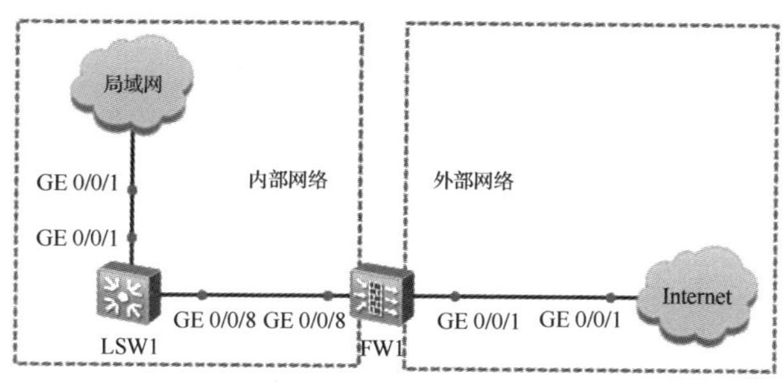

图 13.1 防火墙部署方式

防火墙遵循的基本准则有两条。第一，它会拒绝所有未经允许的命令。防火墙的审查是基础的逐项审阅，任何一个服务请求和应用操作都将被逐一审查，只有符合条件的命令才可能被执行，这为保证内部网络计算机的安全提供了切实可行的办法。用户可以申请的服务和服务数量是有限的，防火墙在提高了安全性的同时也减弱了可用性。第二，它会允许所有未拒绝的命令。防火墙在传递所有信息的时候都是按照约定的命令执行的，也就是在逐项审查后会拒绝存在潜在危害的命令，因为可用性优于安全性，从而导致安全性难以把控。

2. 防火墙的功能

网络安全概念中有一个“木桶”理论：一个桶能装的水量不取决于组成该桶最长的木板有多高，而取决于组成该桶的最短的那块木板的高度。防火墙是“木桶”理论在网络安全中的应用。在一个没有防火墙的环境里，网络的安全性只能依靠每一台主机，所有主机必须通力合作，才能使网络具有较高程度的安全性。而防火墙能够简化安全管理，使网络的安全性在防火墙系统上得到提高。

防火墙是分离器，也是限制器，更是一个分析器，它能有效地监控内部网络和外部网络之间的任何活动，保证内部网络的安全。典型的防火墙具有以下 3 个方面的基本特性。

（1）内部网络和外部网络之间的所有数据流都必须经过防火墙。

防火墙安装在信任网络（内部网络）和非信任网络（外部网络）之间，它可以隔离非信任网络与信任网络的连接，同时不会妨碍用户对非信任网络的访问。内部网络和外部网络之间的所有数据流都必须经过防火墙，因为只有防火墙是内部网络、外部网络之间的唯一通信通道时，才可以全面、有效地保护企业内部网络不受侵害。

（2）只有符合安全策略的数据流才能通过防火墙。

部署防火墙的目的就是在网络连接之间建立一道安全控制屏障，通过允许、拒绝或重新定向经过防火墙的数据流，实现对进出内部网络的服务和访问的审计及控制。防火墙最基本的功能是根据企业的安全规则控制（允许、拒绝、监测）出入网络的信息流，确保网络流量的合法性，并在此前提下将网络流量快速地从一条链路转发到另外的链路上。

（3）防火墙自身具有非常强的抗攻击能力。

防火墙自身具有非常强的抗攻击能力，它承担了企业内部网络安全的防护重任。防火墙处于网络边界，就像一个边界卫士一样，每时每刻都要抵御黑客的入侵，因此要求防火墙自身具有非常强的抗攻击入侵的能力。

防火墙除了具备上述 3 个方面的基本特性外，一般来说，还具有以下几个方面的功能。

（1）支持网络地址转换（Network Address Translation，NAT）。

防火墙可以作为部署 NAT 的逻辑地址，因此防火墙可以用来解决地址空间不足的问题，并避免机构在变换互联网服务提供商（Internet Service Provider，ISP）时带来的需要重新编址的麻烦。

（2）支持 VPN。

防火墙还支持具有 Internet 服务特性的企业内部网络技术体系 VPN。通过 VPN 可将企事业单位分布在全世界各地的局域网或专用子网有机地互联成一个整体。这不仅省去了专用通信线路，还为信息共享提供了技术保障。

（3）支持用户制定的各种访问控制策略。

（4）支持对网络存取和访问进行监控审计。

（5）支持身份认证等功能。

3. 防火墙的优缺点

（1）防火墙的优点

① 增强了网络安全性。防火墙可防止非法用户进入内部网络，从而降低主机遭受攻击的风险。

② 提供集中的安全管理。防火墙对内部网络实行集中的安全管理，制定安全策略后，其安全防护措施可运行于整个内部网络系统中，而无须在每台主机中分别设立。同时，可将内部网络中需改动的程序都存于防火墙中，而不是分散到每台主机中，便于集中保护。

③ 增强了保密性。防火墙可阻止攻击者获取网络系统的内部信息。

④ 提供对系统的访问控制。防火墙可提供对系统的访问控制，例如，允许外部网络用户访问某些主机，同时禁止其访问其他主机；允许内部网络用户使用某些资源而不能使用其他资源等。

⑤ 能有效地记录网络访问情况。因为所有进出信息都必须通过防火墙，所以非常便于收集关于系统和网络使用的信息。

（2）防火墙的缺点

① 防火墙不能防范来自内部网络的攻击。防火墙对内部网络用户偷窃数据、破坏硬件和软件等行为无能为力。

② 防火墙不能防范未经过防火墙的攻击。没有经过防火墙的数据，防火墙无法检查，如个别内部网络用户绕过防火墙进行拨号访问等。

③ 防火墙不能防范策略配置不当或错误配置带来的安全威胁。防火墙是一种被动的安全策略执行设备，只能根据相关规定来执行安全防护操作，而不能自作主张。

④ 防火墙不能防范未知的威胁。防火墙能较好地防范已知的威胁，但不能自动防范所有未知威胁。

4. 防火墙技术分类

（1）包过滤防火墙

包过滤防火墙也被称为第一代防火墙，其几乎与路由器同时出现，采用了包过滤技术，工作流程如图 13.2 所示。由于多数路由器本身就支持分组过滤功能，因此网络访问控制可通过路由控制来实现，具有分组过滤功能的路由器成为第一代防火墙。

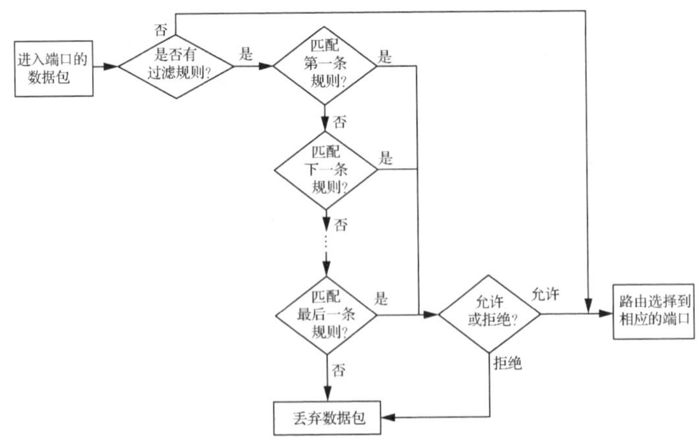

图 13.2 包过滤防火墙的工作流程

（2）代理防火墙

代理防火墙也被称为应用网关防火墙，其工作在应用层上，能够根据具体的应用对数据进行过滤或者转发，也就是人们常说的代理服务器、应用网关。这样的防火墙彻底隔断了内部网络与外部网络的直接通信，内部网络用户对外部网络的访问变成防火墙对外部网络的访问，然后由防火墙把访问的结果转发给内部网络用户。

（3）状态检测防火墙

状态检测防火墙是基于动态包过滤技术的防火墙，而动态包过滤技术也就是目前所说的状态检测防火墙技术。对于 TCP 连接，每个可靠连接的建立都需要经过 3 次握手，此时的数据包并不是独立的，它们前后之间有着密切的状态联系。状态检测防火墙将基于这种连接过程，根据数据包状态变化来决定访问控制的策略，如图 13.3 所示。

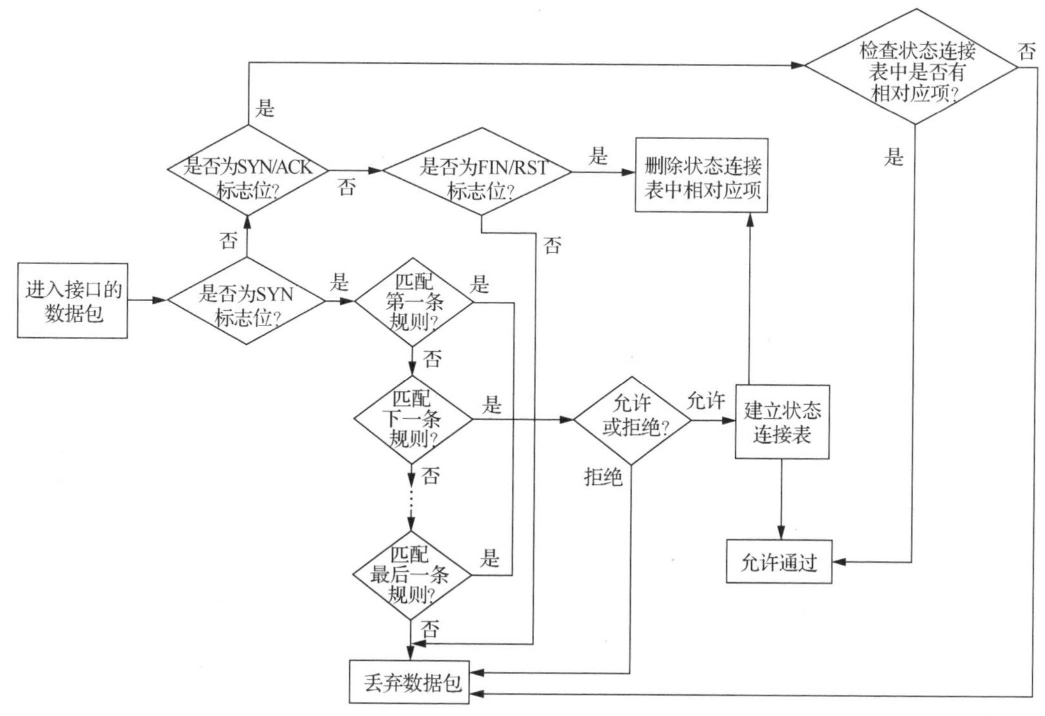

图 13.3 状态检测防火墙的工作流程

（4）复合型防火墙

复合型防火墙结合了代理防火墙的安全性和包过滤防火墙的高速等优点，实现了 OSI 参考模型的第三～七层自适应的数据转发。

（5）下一代防火墙

随着网络应用的爆发式增长，发生在应用网络中的安全事件越来越多，过去简单的网络攻击也转变为以混合攻击为主，单一的安全防护措施已经无法有效地解决企业面临的网络安全问题。随着网络带宽的增加，网络流量也变得越来越大。要对大流量进行应用层的精确识别，防火墙的性能必须更高，下一代防火墙就是在这种背景下出现的。为应对当前与未来的网络安全威胁，防火墙必须具备一些新的功能，如具有基于用户信息的高性能并行处理引擎，一些企业把具有多种功能的防火墙称为下一代防火墙。

13.2.2 认识防火墙设备

1. 防火墙设备外形

不同厂商、不同型号的防火墙设备的外形不同，但它们的功能、端口类型几乎相同，具体可参考相应厂商的产品说明书。这里主要介绍华为 USG6500 系列防火墙，其前后面板如图 13.4 所示。

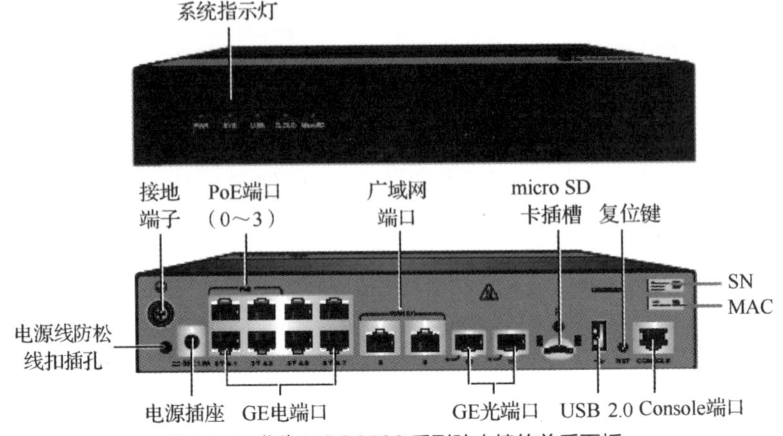

图 13.4　华为 USG6500 系列防火墙的前后面板

2. 防火墙的连接

按图 13.5 所示连接线缆，然后连接好电源适配器，给防火墙通电。防火墙没有电源开关，通电后会立即启动。若其前面板上的系统指示灯每 2s 闪一次，则表明防火墙已进入正常运行状态，可以登录防火墙进行配置。PoE 供电设备与防火墙之间必须通过网线直连。

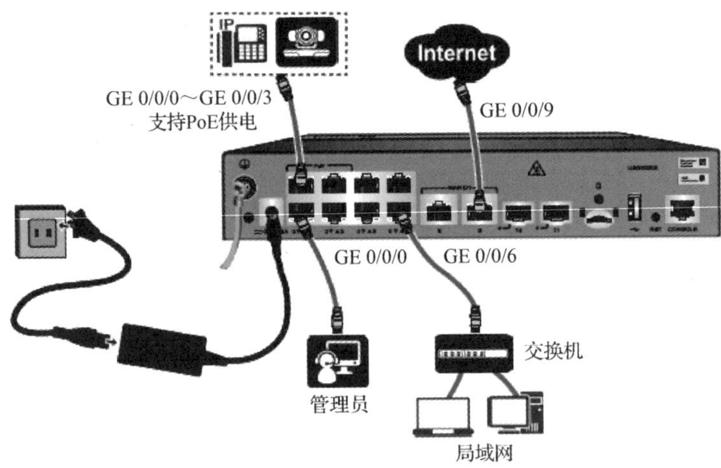

图 13.5　防火墙的连接

13.2.3　防火墙端口区域及控制策略

1. 防火墙端口区域

（1）Trust（内部，局域网）区域，连接内部网络，默认优先级为 85。

（2）Untrust（外部，Internet）区域，连接外部网络，默认优先级为 5。

（3）隔离区（Demilitarized Zone，DMZ），也称非军事化区域，DMZ 中的系统通常为提供对外服务的系统，默认优先级为 50，如 Web 服务器、文件传输协议（File Transfer Protocol，FTP）服务器、E-mail 服务器等。DMZ 可增强 Trust 区域中设备的安全性，并具有特殊的访问策略；Trust 区域中的设备也会对 DMZ 中的系统进行访问。防火墙通用部署方式如图 13.6 所示。

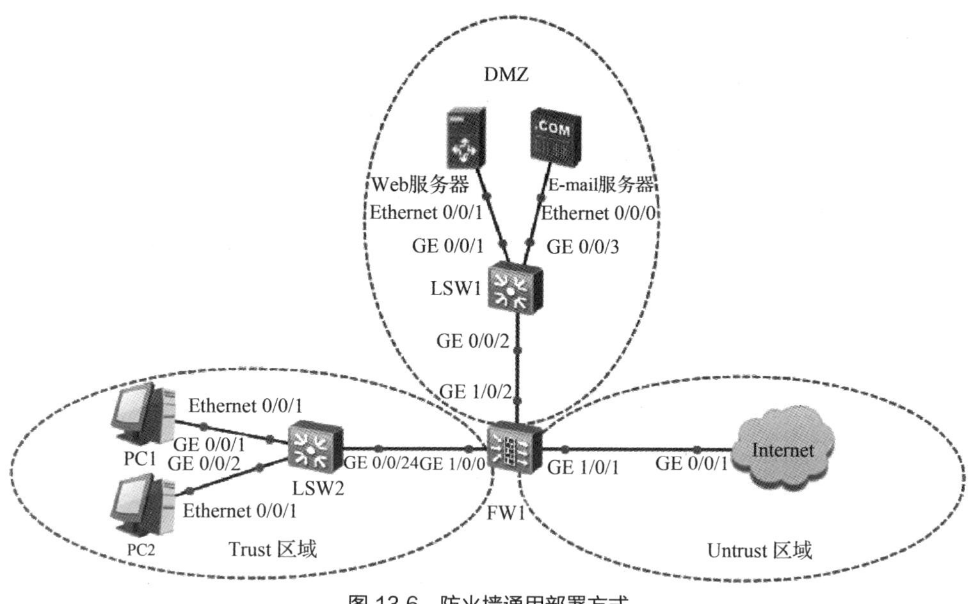

图 13.6　防火墙通用部署方式

2. DMZ 常规访问控制策略

（1）内部网络可以访问 DMZ，以方便用户使用和管理 DMZ 中的服务器。

（2）外部网络可以访问 DMZ 中的服务器，同时需要由防火墙完成外部网络地址到服务器实际地址的转换。

（3）DMZ 不能访问外部网络。此条策略也有例外，例如，如果 DMZ 中放置了 E-mail 服务器，则需要访问外部网络，否则它将不能正常工作。

13.3 项目实施

13.3.1 防火墙基本配置

（1）如图 13.7 所示，配置防火墙 FW1 与 FW2，实现网络之间的互联，配置相关端口与 IP 地址，进行网络拓扑连接。

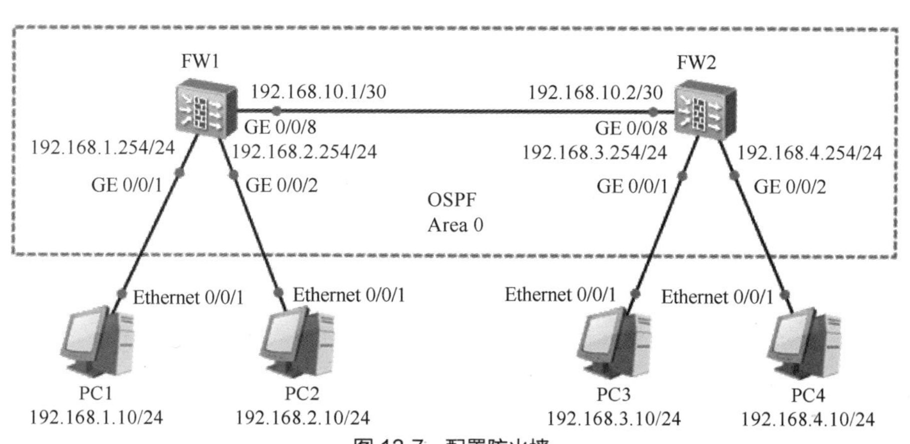

图 13.7　配置防火墙

V13-1　配置防火墙

（2）配置防火墙FW1，相关实例代码如下。

```
< SRG>system-view
[SRG]sysname FW1
[FW1]interface GigabitEthernet 0/0/1
[FW1-GigabitEthernet0/0/1]ip address 192.168.1.254 24
[FW1-GigabitEthernet0/0/1]quit
[FW1]interface GigabitEthernet 0/0/2
[FW1-GigabitEthernet0/0/2]ip address 192.168.2.254 24
[FW1-GigabitEthernet0/0/2]quit
[FW1]interface GigabitEthernet 0/0/8
[FW1-GigabitEthernet0/0/8]ip address 192.168.10.1 30
[FW1-GigabitEthernet0/0/8]quit
[FW1]firewall zone trust
[FW1-zone-trust]add interface GigabitEthernet 0/0/1
[FW1-zone-trust]add interface GigabitEthernet 0/0/2
[FW1-zone-trust]add interface GigabitEthernet 0/0/8
[FW1-zone-trust]quit
[FW1]router id 1.1.1.1
[FW1]ospf 1
[FW1-ospf-1]area 0
[FW1-ospf-1-area-0.0.0.0]network 192.168.1.0 0.0.0.255
[FW1-ospf-1-area-0.0.0.0]network 192.168.2.0 0.0.0.255
[FW1-ospf-1-area-0.0.0.0]network 192.168.10.0 0.0.0.3
[FW1-ospf-1-area-0.0.0.0]quit
[FW1-ospf-1]quit
[FW1]
```

（3）配置防火墙FW2，相关实例代码如下。

```
< SRG >system-view
[SRG]sysname FW2
[FW2]interface GigabitEthernet 0/0/1
[FW2-GigabitEthernet0/0/1]ip address 192.168.3.254 24
[FW2-GigabitEthernet0/0/1]quit
[FW2]interface GigabitEthernet 0/0/2
[FW2-GigabitEthernet0/0/2]ip address 192.168.4.254 24
[FW2-GigabitEthernet0/0/2]quit
[FW2]interface GigabitEthernet 0/0/8
[FW2-GigabitEthernet0/0/8]ip address 192.168.10.2 30
[FW2-GigabitEthernet0/0/8]quit
[FW2]firewall zone trust
[FW2-zone-trust]add interface GigabitEthernet 0/0/1
[FW2-zone-trust]add interface GigabitEthernet 0/0/2
[FW2-zone-trust]add interface GigabitEthernet 0/0/8
[FW2-zone-trust]quit
[FW2]router id 2.2.2.2
[FW2]ospf 1
[FW2-ospf-1]area 0
[FW2-ospf-1-area-0.0.0.0]network 192.168.3.0 0.0.0.255
[FW2-ospf-1-area-0.0.0.0]network 192.168.4.0 0.0.0.255
[FW2-ospf-1-area-0.0.0.0]network 192.168.10.0 0.0.0.3
```

```
[FW2-ospf-1-area-0.0.0.0]quit
[FW2-ospf-1]quit
[FW2]
```

（4）显示防火墙 FW1、FW2 的配置信息，以防火墙 FW1 为例，主要相关实例代码如下。

```
<FW1>display current-configuration
#
interface GigabitEthernet0/0/1
 ip address 192.168.1.254 255.255.255.0
#
interface GigabitEthernet0/0/2
 ip address 192.168.2.254 255.255.255.0
#
interface GigabitEthernet0/0/8
 ip address 192.168.10.1 255.255.255.252
#
firewall zone local
 set priority 100
#
firewall zone trust
 set priority 85
 add interface GigabitEthernet0/0/0
 add interface GigabitEthernet0/0/1
 add interface GigabitEthernet0/0/2
 add interface GigabitEthernet0/0/8
#
firewall zone untrust
 set priority 5
#
firewall zone dmz
 set priority 50
#
ospf 1
 area 0.0.0.0
  network 192.168.1.0 0.0.0.255
  network 192.168.2.0 0.0.0.255
  network 192.168.10.0 0.0.0.3
#
sysname FW1
#
 firewall packet-filter default permit interzone local trust direction inbound
 firewall packet-filter default permit interzone local trust direction outbound
 firewall packet-filter default permit interzone local untrust direction outbound
 firewall packet-filter default permit interzone local dmz direction outbound
#
 router id 1.1.1.1
#
<FW1>
```

（5）查看主机 PC2 访问主机 PC4 的结果，如图 13.8 所示。

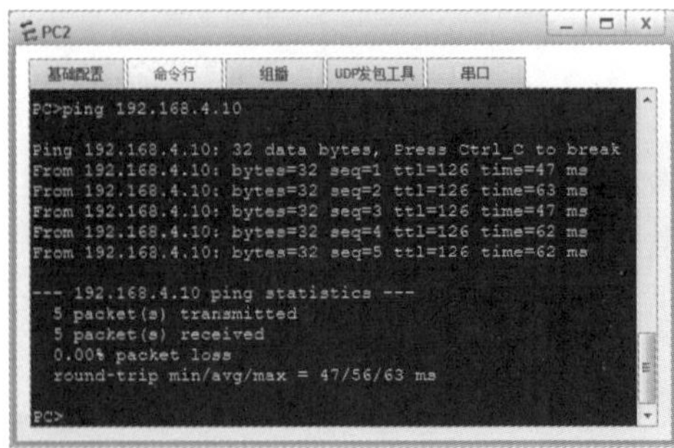

图 13.8　主机 PC2 访问主机 PC4 的结果

13.3.2　防火墙接入 Internet 配置

（1）配置防火墙 FW1，使网段 VLAN 10、VLAN 20、VLAN 30、VLAN 40 可以接入 Internet，相关端口与 IP 地址配置如图 13.9 所示，进行网络拓扑连接。

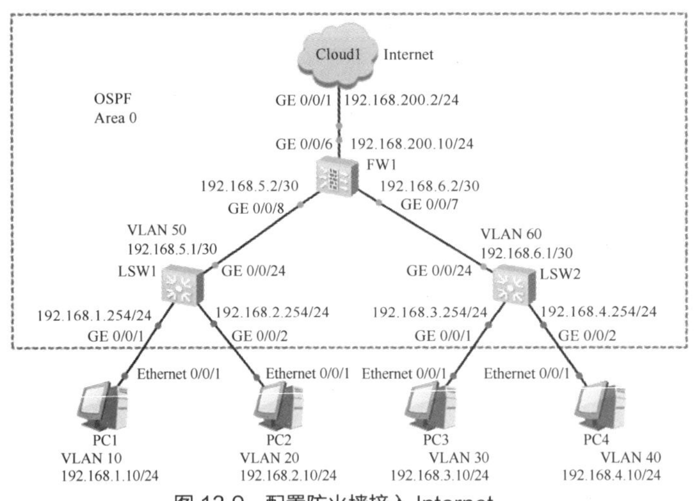

图 13.9　配置防火墙接入 Internet

V13-2　配置防火墙接入 Internet——LSW1 和 LSW2

（2）配置本地虚拟机 VMware 的网络地址，如图 13.10 所示。

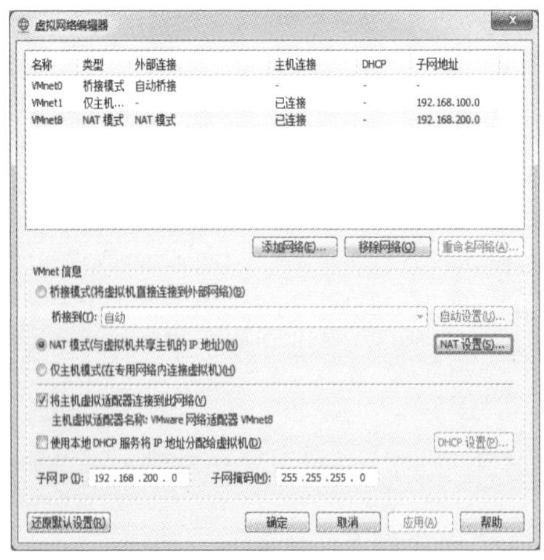

图 13.10　配置本地虚拟机 VMware 的网络地址

（3）配置本机 vmnet8 网络，进行 NAT 设置，网关 IP 地址为 192.168.200.2，此 IP 地址为 Cloud1 的入口地址，如图 13.11 所示。

（4）配置 Cloud1 端口的相关信息，如图 13.12 所示。

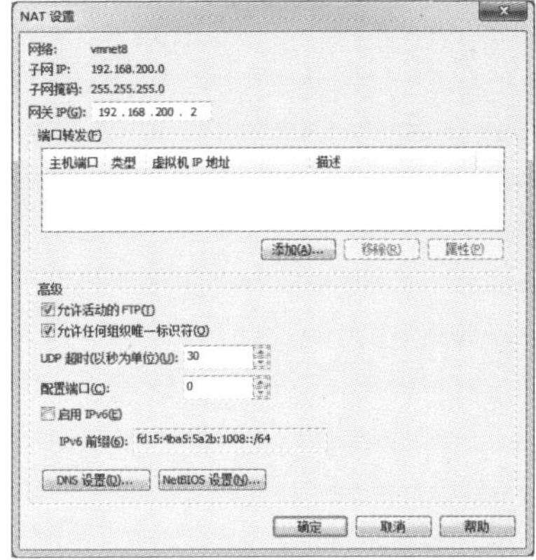

图 13.11　vmnet8 网络的 NAT 设置

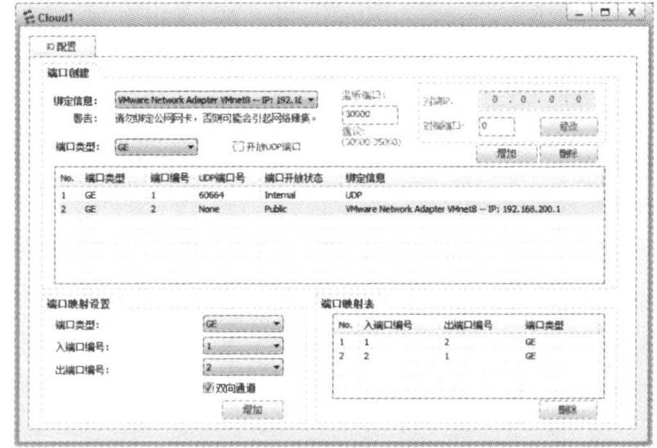

图 13.12　配置 Cloud1 端口的相关信息

（5）配置交换机 LSW1，相关实例代码如下。

```
<Huawei>system-view
[Huawei]sysname LSW1
[LSW1]vlan batch 10 20 50
[LSW1]interface GigabitEthernet 0/0/1
[LSW1-GigabitEthernet0/0/1]port link-type access
[LSW1-GigabitEthernet0/0/1]port default vlan 10
[LSW1-GigabitEthernet0/0/1]quit
[LSW1]interface GigabitEthernet 0/0/2
[LSW1-GigabitEthernet0/0/2]port link-type access
[LSW1-GigabitEthernet0/0/2]port default vlan 20
[LSW1-GigabitEthernet0/0/2]quit
[LSW1]interface GigabitEthernet 0/0/24
[LSW1-GigabitEthernet0/0/24]port link-type access
[LSW1-GigabitEthernet0/0/24]port default vlan 50
[LSW1-GigabitEthernet0/0/24]quit
[LSW1]interface Vlanif 10
[LSW1-Vlanif10]ip address 192.168.1.254 24
[LSW1-Vlanif10]quit
[LSW1]interface Vlanif 20
[LSW1-Vlanif20]ip address 192.168.2.254 24
[LSW1-Vlanif20]quit
[LSW1]interface Vlanif 50
[LSW1-Vlanif50]ip address 192.168.5.1 30
[LSW1-Vlanif50]quit
[LSW1]router id 1.1.1.1
[LSW1]ospf 1
[LSW1-ospf-1]area 0
[LSW1-ospf-1-area-0.0.0.0]network 192.168.5.0 0.0.0.3          //路由通告
[LSW1-ospf-1-area-0.0.0.0]network 192.168.1.0 0.0.0.255        //路由通告
[LSW1-ospf-1-area-0.0.0.0]network 192.168.2.0 0.0.0.255        //路由通告
```

```
[LSW1-ospf-1-area-0.0.0.0]quit
[LSW1-ospf-1]quit
[LSW1]
```

（6）配置交换机 LSW2，相关实例代码如下。

```
<Huawei>system-view
[Huawei]sysname LSW2
[LSW2]vlan batch 30 40 60
[LSW2]interface GigabitEthernet 0/0/1
[LSW2-GigabitEthernet0/0/1]port link-type access
[LSW2-GigabitEthernet0/0/1]port default vlan 30
[LSW2-GigabitEthernet0/0/1]quit
[LSW2]interface GigabitEthernet 0/0/2
[LSW2-GigabitEthernet0/0/2]port link-type access
[LSW2-GigabitEthernet0/0/2]port default vlan 40
[LSW2-GigabitEthernet0/0/2]quit
[LSW2]interface GigabitEthernet 0/0/24
[LSW2-GigabitEthernet0/0/24]port link-type access
[LSW2-GigabitEthernet0/0/24]port default vlan 60
[LSW2-GigabitEthernet0/0/24]quit
[LSW2]interface Vlanif 30
[LSW2-Vlanif30]ip address 192.168.3.254 24
[LSW2-Vlanif30]quit
[LSW2]interface Vlanif 40
[LSW2-Vlanif40]ip address 192.168.4.254 24
[LSW2-Vlanif40]quit
[LSW2]interface Vlanif 60
[LSW2-Vlanif60]ip address 192.168.6.1 30
[LSW2-Vlanif60]quit
[LSW2]router id 2.2.2.2
[LSW2]ospf 1
[LSW2-ospf-1]area 0
[LSW2-ospf-1-area-0.0.0.0]network 192.168.6.0 0.0.0.3          //路由通告
[LSW2-ospf-1-area-0.0.0.0]network 192.168.3.0 0.0.0.255        //路由通告
[LSW2-ospf-1-area-0.0.0.0]network 192.168.4.0 0.0.0.255        //路由通告
[LSW2-ospf-1-area-0.0.0.0]quit
[LSW2-ospf-1]quit
[LSW2]
```

（7）显示交换机 LSW1、LSW2 的配置信息，以交换机 LSW1 为例，主要相关实例代码如下。

```
<LSW1>display current-configuration
#
sysname LSW1
#
router id 1.1.1.1
#
vlan batch 10 20 50
#
interface Vlanif10
 ip address 192.168.1.254 255.255.255.0
#
```

```
interface Vlanif20
 ip address 192.168.2.254 255.255.255.0
#
interface Vlanif50
 ip address 192.168.5.1 255.255.255.252
#
interface GigabitEthernet0/0/1
 port link-type access
 port default vlan 10
#
interface GigabitEthernet0/0/2
 port link-type access
 port default vlan 20
#
interface GigabitEthernet0/0/24
 port link-type access
 port default vlan 50
#
ospf 1
 area 0.0.0.0
  network 192.168.1.0 0.0.0.255
  network 192.168.2.0 0.0.0.255
  network 192.168.5.0 0.0.0.3
#
<LSW1>
```

（8）配置防火墙 FW1，相关实例代码如下。

```
<SRG>system-view
[SRG]sysname FW1
[FW1]interface GigabitEthernet 0/0/6
[FW1-GigabitEthernet0/0/6]ip address 192.168.200.10 24
[FW1-GigabitEthernet0/0/6]quit
[FW1]interface GigabitEthernet 0/0/7
[FW1-GigabitEthernet0/0/7]ip address 192.168.6.2 30
[FW1-GigabitEthernet0/0/7]quit
[FW1]interface GigabitEthernet 0/0/8
[FW1-GigabitEthernet0/0/8]ip address 192.168.5.2 30
[FW1-GigabitEthernet0/0/8]quit
[FW1]firewall zone untrust
[FW1-zone-untrust]add interface GigabitEthernet 0/0/6
[FW1-zone-untrust]quit
[FW1]firewall zone trust
[FW1-zone-trust]add interface GigabitEthernet 0/0/7
[FW1-zone-trust]add interface GigabitEthernet 0/0/8
[FW1-zone-trust]quit
[FW1]policy interzone trust untrust outbound
[FW1-policy-interzone-trust-untrust-outbound]policy 0
[FW1-policy-interzone-trust-untrust-outbound-0]action permit
[FW1-policy-interzone-trust-untrust-outbound-0]policy source 192.168.0.0 0.0.255.255
[FW1-policy-interzone-trust-untrust-outbound-0]quit
```

```
[FW1-policy-interzone-trust-untrust-outbound]quit
[FW1]nat-policy interzone trust untrust outbound
[FW1-nat-policy-interzone-trust-untrust-outbound]policy 1
[FW1-nat-policy-interzone-trust-untrust-outbound-1]action source-nat
[FW1-nat-policy-interzone-trust-untrust-outbound-1]policy source 192.168.0.0 0.0.255.255
[FW1-nat-policy-interzone-trust-untrust-outbound-1]quit
[FW1-nat-policy-interzone-trust-untrust-outbound]quit
[FW1]router id 3.3.3.3
[FW1]ospf 1
[FW1-ospf-1]default-route-advertise always cost 200 type 1
[FW1-ospf-1]area 0
[FW1-ospf-1-area-0.0.0.0]network 192.168.5.0 0.0.0.3
[FW1-ospf-1-area-0.0.0.0]network 192.168.6.0 0.0.0.3
[FW1-ospf-1-area-0.0.0.0]network 192.168.200.0 0.0.0.255
[FW1-ospf-1-area-0.0.0.0]quit
[FW1-ospf-1]quit
[FW1]ip route-static 0.0.0.0 0.0.0.0 192.168.200.2
[FW1]
```

（9）显示防火墙 FW1 的配置信息，主要相关实例代码如下。

```
<FW1>display current-configuration
#
interface GigabitEthernet0/0/0
 alias GE0/MGMT
 ip address 192.168.0.1 255.255.255.0
dhcp select interface
dhcp server gateway-list 192.168.0.1
#
interface GigabitEthernet0/0/6
 ip address 192.168.200.10 255.255.255.0
#
interface GigabitEthernet0/0/7
 ip address 192.168.6.2 255.255.255.252
#
interface GigabitEthernet0/0/8
 ip address 192.168.5.2 255.255.255.252
#
firewall zone trust
 set priority 85                                //默认优先级为 85
 add interface GigabitEthernet0/0/0
 add interface GigabitEthernet0/0/7
 add interface GigabitEthernet0/0/8
#
firewall zone untrust
 set priority 5                                 //默认优先级为 5
 add interface GigabitEthernet0/0/6
#
firewall zone dmz
 set priority 50                                //默认优先级为 50
#
```

```
ospf 1
 default-route-advertise always cost 200 type 1
 area 0.0.0.0
  network 192.168.5.0 0.0.0.3
  network 192.168.6.0 0.0.0.3
  network 192.168.200.0 0.0.0.255
#
 ip route-static 0.0.0.0 0.0.0.0 192.168.200.2
#
 sysname FW1
#
 router id 3.3.3.3
#
policy interzone trust untrust outbound
 policy 0
  action permit
  policy source 192.168.0.0 0.0.255.255
#
nat-policy interzone trust untrust outbound
 policy 1
  action source-nat
  policy source 192.168.0.0 0.0.255.255
  easy-ip GigabitEthernet0/0/6
#
<FW1>
```

（10）查看主机 PC1 访问主机 PC3 的结果，如图 13.13 所示。

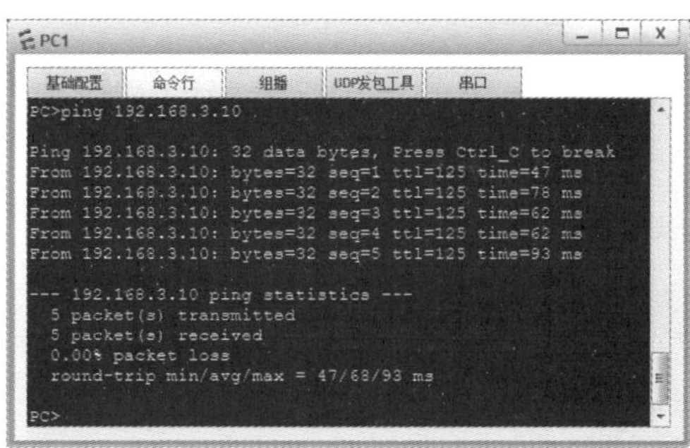

图 13.13　主机 PC1 访问主机 PC3 的结果

（11）查看本地主机访问 Internet（网易地址 www.163.com）的结果，可以看出网易 IP 地址为 111.32.151.14，如图 13.14 所示。

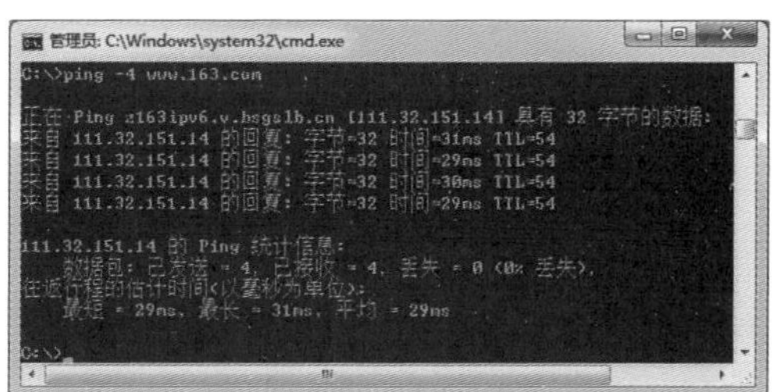

图 13.14　本地主机访问 Internet 的结果

（12）查看主机 PC1 访问网易 IP 地址 111.32.151.14 的结果，如图 13.15 所示。

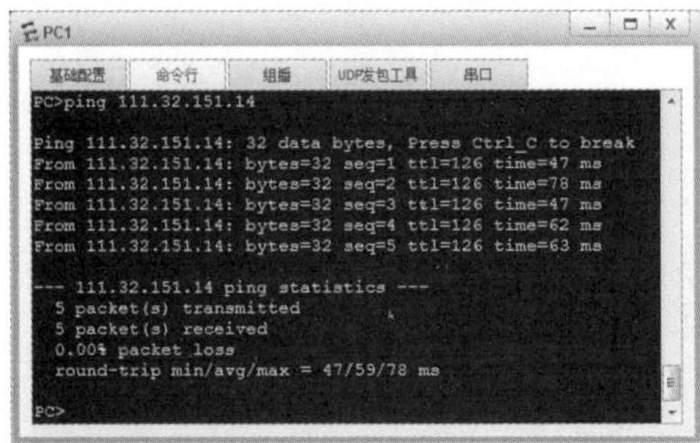

图 13.15　主机 PC1 访问网易 IP 地址的结果

（13）查看主机 PC3 访问网易 IP 地址 111.32.151.14 的结果，如图 13.16 所示。

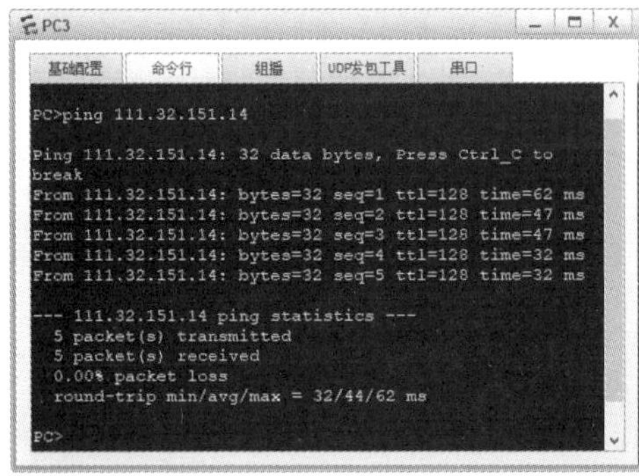

图 13.16　主机 PC3 访问网易 IP 地址的结果

课后习题

1. 选择题

（1）应用网关防火墙又称为（　　）。

A. 包过滤防火墙　　B. 代理防火墙
C. 状态检测防火墙　　D. 复合型防火墙

（2）防火墙 DMZ 的默认优先级为（　　）。

A. 5　　B. 50　　C. 85　　D. 100

（3）防火墙 Trust 区域的默认优先级为（　　）。

A. 5　　B. 50　　C. 85　　D. 100

（4）防火墙 Untrust 区域的默认优先级为（　　）。

A. 5　　B. 50　　C. 85　　D. 100

2. 简答题

（1）简述防火墙的功能。

（2）简述防火墙的优缺点。

（3）简述防火墙技术分类。

（4）简述防火墙端口区域及控制策略。